10	11	12	13	14	15	16	17	18
								2 **He** Helium ヘリウム 4.003 $1s^2$
			5 **B** Boron ホウ素 10.81 $[He]2s^22p^1$	6 **C** Carbon 炭素 12.01 $[He]2s^22p^2$	7 **N** Nitrogen 窒素 14.01 $[He]2s^22p^3$	8 **O** Oxygen 酸素 16.00 $[He]2s^22p^4$	9 **F** Fluorine フッ素 19.00 $[He]2s^22p^5$	10 **Ne** Neon ネオン 20.18 $[He]2s^22p^6$
			13 **Al** Aluminium (Aluminum) アルミニウム 26.98 $[Ne]3s^23p^1$	14 **Si** Silicon ケイ素 28.09 $[Ne]3s^23p^2$	15 **P** Phosphorus リン 30.97 $[Ne]3s^23p^3$	16 **S** Sulfur 硫黄 32.07 $[Ne]3s^23p^4$	17 **Cl** Chlorine 塩素 35.45 $[Ne]3s^23p^5$	18 **Ar** Argon アルゴン 39.95 $[Ne]3s^23p^6$
28 **Ni** Nickel ニッケル 58.69 $[Ar]3d^84s^2$	29 **Cu** Copper 銅 63.55 $[Ar]3d^{10}4s^1$	30 **Zn** Zinc 亜鉛 65.38 $[Ar]3d^{10}4s^2$	31 **Ga** Gallium ガリウム 69.72 $[Ar]3d^{10}4s^24p^1$	32 **Ge** Germanium ゲルマニウム 72.63 $[Ar]3d^{10}4s^24p^2$	33 **As** Arsenic ヒ素 74.92 $[Ar]3d^{10}4s^24p^3$	34 **Se** Selenium セレン 78.97 $[Ar]3d^{10}4s^24p^4$	35 **Br** Bromine 臭素 79.90 $[Ar]3d^{10}4s^24p^5$	36 **Kr** Krypton クリプトン 83.80 $[Ar]3d^{10}4s^24p^6$
46 **Pd** Palladium パラジウム 106.4 $[Kr]4d^{10}$	47 **Ag** Silver 銀 107.9 $[Kr]4d^{10}5s^1$	48 **Cd** Cadmium カドミウム 112.4 $[Kr]4d^{10}5s^2$	49 **In** Indium インジウム 114.8 $[Kr]4d^{10}5s^25p^1$	50 **Sn** Tin スズ 118.7 $[Kr]4d^{10}5s^25p^2$	51 **Sb** Antimony アンチモン 121.8 $[Kr]4d^{10}5s^25p^3$	52 **Te** Tellurium テルル 127.6 $[Kr]4d^{10}5s^25p^4$	53 **I** Iodine ヨウ素 126.9 $[Kr]4d^{10}5s^25p^5$	54 **Xe** Xenon キセノン 131.3 $[Kr]4d^{10}5s^25p^6$
78 **Pt** Platinum 白金 195.1 $e]4f^{14}5d^96s^1$	79 **Au** Gold 金 197.0 $[Xe]4f^{14}5d^{10}6s^1$	80 **Hg** Mercury 水銀 200.6 $[Xe]4f^{14}5d^{10}6s^2$	81 **Tl** Thallium タリウム 204.4 $[Xe]4f^{14}5d^{10}6s^26p^1$	82 **Pb** Lead 鉛 207.2 $[Xe]4f^{14}5d^{10}6s^26p^2$	83 **Bi** Bismuth ビスマス 209.0 $[Xe]4f^{14}5d^{10}6s^26p^3$	84 **Po** Polonium ポロニウム (210) $[Xe]4f^{14}5d^{10}6s^26p^4$	85 **At** Astatine アスタチン (210) $[Xe]4f^{14}5d^{10}6s^26p^5$	86 **Rn** Radon ラドン (222) $[Xe]4f^{14}5d^{10}6s^26p^6$
110 **Ds** armstadtium ームスタチウム (281) $n]5f^{14}6d^97s^1$	111 **Rg** Roentgenium レントゲニウム (280) $[Rn]5f^{14}6d^{10}7s^1$	112 **Cn** Copernicium コペルニシウム (285) $[Rn]5f^{14}6d^{10}7s^2$	113 **Nh** Nihonium ニホニウム (278) $[Rn]5f^{14}6d^{10}7s^27p^1$	114 **Fl** Flerovium フレロビウム (289) $[Rn]5f^{14}6d^{10}7s^27p^2$	115 **Mc** Moscovium モスコビウム (289) $[Rn]5f^{14}6d^{10}7s^27p^3$	116 **Lv** Livermorium リバモリウム (293) $[Rn]5f^{14}6d^{10}7s^27p^4$	117 **Ts** Tennessine テネシン (293) $[Rn]5f^{14}6d^{10}7s^27p^5$	118 **Og** Oganesson オガネソン (294) $[Rn]5f^{14}6d^{10}7s^27p^6$

63 **Eu** Europium ウロピウム 152.0 $[Xe]4f^76s^2$	64 **Gd** Gadolinium ガドリニウム 157.3 $[Xe]4f^75d^16s^2$	65 **Tb** Terbium テルビウム 158.9 $[Xe]4f^96s^2$	66 **Dy** Dysprosium ジスプロシウム 162.5 $[Xe]4f^{10}6s^2$	67 **Ho** Holmium ホルミウム 164.9 $[Xe]4f^{11}6s^2$	68 **Er** Erbium エルビウム 167.3 $[Xe]4f^{12}6s^2$	69 **Tm** Thulium ツリウム 168.9 $[Xe]4f^{13}6s^2$	70 **Yb** Ytterbium イッテルビウム 173.0 $[Xe]4f^{14}6s^2$	71 **Lu** Lutetium ルテチウム 175.0 $[Xe]4f^{14}5d^16s^2$
95 **Am** Americium メリシウム (243) $[Rn]5f^77s^2$	96 **Cm** Curium キュリウム (247) $[Rn]5f^76d^17s^2$	97 **Bk** Berkelium バークリウム (247) $[Rn]5f^97s^2$	98 **Cf** Californium カリホルニウム (252) $[Rn]5f^{10}7s^2$	99 **Es** Einsteinium アインスタイニウム (252) $[Rn]5f^{11}7s^2$	100 **Fm** Fermium フェルミウム (257) $[Rn]5f^{12}7s^2$	101 **Md** Mendelevium メンデレビウム (258) $[Rn]5f^{13}7s^2$	102 **No** Nobelium ノーベリウム (259) $[Rn]5f^{14}7s^2$	103 **Lr** Lawrencium ローレンシウム (262) $[Rn]5f^{14}6d^17s^2$

日本化学会 原子量専門委員会「原子量表(2019)」準拠

化学の世界への招待

第３版

小林憲司　三五弘之
中村朝夫　南澤宏明
山口達明　渡部智博
編著

有瀬忠紀　伊藤眞人　尾身洋典
河野博之　清水昭夫　菅野雅史
高江洲瑩　西山正樹　半沢洋子
引地史郎　米澤宣行
共著

三共出版

第3版にあたって

本書は，2009年の初版刊行以来，累計17刷の改版・増刷を重ねてまいりました。

この間，2011年の三陸沖地震に伴う福島第1原子力発電所の大惨事を受け，放射線に関する学習の重要性を考え，「UNIT IX　核反応と放射線化学」を増補しました。また，2018年の第26回国際度量衡総会において「キログラム」,「モル」,「アンペア」,「ケルビン」の再定義が発案・施行されたのを機に，該当ページを書き改め，「第2版」と版を改めました。

2022年度から高校で用いられている「化学基礎」の教科書では，熱化学方程式が反応エンタルピー表示に変更され，また昇華から凝華へなどの用語の変更がありました。これらの変更を踏まえ，また本書を教科書としてご採用いただいている先生方からのご指摘も踏まえて，改めて全体を見直し，「第3版」といたしました。

本書の目的，構成，特徴は下記「初版　まえがき」と変わりません。引き続きご批判・ご指導くださいますようお願い申し上げます。

2024年2月

編著者

初版 まえがき

私たちが生きているこの世界は，目に見えない世界と目に見える世界とから成り立っていることはおわかりでしょう。天体望遠鏡で眺められる大宇宙のマクロな世界も，顕微鏡でしか見られないミクロの世界も，それぞれその美しさを実感するとき，私たちは思わず「自然はなんて素晴らしいのだろう！」と感動の叫びをあげます。その感動が納まったとき，「自然はどうして美しいのだろう？」と考え出すのが人間です。そのような自然の神秘を物質のレベルで考えようとする人たちは，一般にサイエンティストと呼ばれます。

しかし，物質の本当の美しさは，目に見えない原子・分子のレベルにまで掘り下げて探究しなくては見えてきません。あのA. サンテクジュベリが「本当に大切なものは目に見えないところにあるんだよ！」と星の王子さまに語らせていることは物質の世界にも当てはまるでしょう。物質の世界も目に見えない世界に支配されているのかもしれません。そのような目に見えない世界の探究をしている人たちが化学者なのです。そして彼らの住んでいるところが「化学の世界」です。

そんな世界に読者の皆さんを招待したいと思って本書を世に送り出すことにしました。「肉眼では見えないものを心眼でみよう」とする変な世界に入ろうというわけですから，それなりの努力は必要です。しかし，そこの居住権が得られた皆さんには，世の人が知らない驚きの世界が広がることでしょう。

本書の構成　まず，UNIT Ⅰでは「化学の世界」に入門するため，物質の状態を実験によっていかに探究していくかを学びます。つづいて，UNIT Ⅱ～Ⅷでは，目に見えない物質の構成要素である原子，それらの化学結合，化学反応などについて学びます。最後のUNIT Ⅸには，現代社会に「化学の世界」から届けられている目に見える成果について概説します。そして，皆さんがさらに専門的に深く学んでいく足がかりとなることを期待しています。

本書の特徴　各章ごとに「到達目標」をかかげ，各節ごとの「語りかけ」によってここでは何を学ぼうとしているのかを明確にして勉学意欲を高める工夫をしています。本文・図表ともに「問いかけ」を多用して考えることが習慣化することを期待しています。必要な箇所には「例題」を多く示し，論理的思考パターンが身につくよう詳しく説明しています。さらに，熱心な指導者のもとに，「調査課題・考察課題」などを意欲的にこなしていくことによって，critical thinking のできる学生を育てあげることができると確信しています。

2009年2月

謝　辞

本書は，17名にも及ぶ原著者から頂いた原稿を6名の編者によって編集したものです。そのため各章によって切り口が異なることがあるかもしれません。また，編集の過程で紙数の制限から，原著者の意図する玉稿を大幅に削除せざるを得なかった部分もあります。実際の教育の現場で不足な部分は，課題あるいはホームページで補っていただければ幸いです。また，絵画・写真を提供いただいたつぎの方々に感謝いたします。

錬金術師の工房（小堀文さん），メンデレーエフ銅像（梶雅範さん），アンモニア合成装置（亀井修さん），液晶ポリマー・炭素繊維（新日本石油(株)），キュリー夫妻像（清水裕子さん）

一般化学の教科書がわかりやすく，薄くなっていく傾向にある中，本書のような本格的な書を出版してくださる三共出版（株）秀島功氏に敬意を表します。

目　次

UNIT IX　核反応と放射線化学

UNIT X　物質材料の化学

補充問題と解答

UNIT I 入門「化学の世界」

錬金術師の工房（イメージ）

UNIT I 各章の構成と到達目標

1章　化学の世界

1.1　化学ー物質の探究

・化学とは何かを説明できること

・化学にはどのような分野があるかを理解すること

1.2　物質の科学

・物質はどのように分類されるかを説明できること

・純物質と混合物の違い，同素体について説明できること

・化学的変化と物理的変化の違いを理解すること

1.3　物質とエネルギー

・エネルギーの定義，物質と等価であることを正しく理解すること

・熱の定義，熱の仕事当量の意味するところを理解すること

・$E = mc^2$　式の意味するところを理解すること

2章　化学の方法

2.1　科学的手法

・科学的手法を説明でき，実際に実行できるようになる

・化学における実験の重要性を認識すること

・演習問題の解答手順を身につけること

2.2　測定における単位と数値の取り扱い

・国際単位を理解する

・精度と確度の違いがわかる

・有効数字と誤差の意味を理解し実際に表記できる

錬金術から化学へ

錬金術は古代エジプトから始まり，7～8世紀にアラビアに伝わり，硫酸，硝酸，王水，アルコールなどが既に作り出されていた。ヨーロッパに伝わったのは十字軍の時代（11～13世紀）で，鉛や銅などの安い金属から高価な黄金を作り出そうという一攫千金の夢を持った錬金術師たちの実験が王侯貴族の支援によって長年繰り返されてきた。結局，黄金は得られなかったが，多くの実験技術が培われていた。それは，17～18世紀に始まる近代化学に伝承されていった。錬金術から化学へ，その転換点を示すのが，英国のボイル（ボイルの法則の）が著した『疑問を持つ化学者』（1661年）という書である。彼は，質と量について実験と観察に基づく科学的手法を実践して錬金術的手法に疑問を投げかけ，「近世化学の父」とも呼ばれる。錬金術師がやみくもに物体の色とか質感のような目に見える世界の変化を追い求めたのに対して，化学者と呼ばれる人たちは，原子が存在するかのように仮定しながら目に見えない物質的な世界の変化を追求し，科学的な思考を展開していき，今日の「化学の世界」を築きあげた。

1章　化学の世界

1.1　化学－物質の探究

机，椅子，本，鉛筆... 私たちの周りには様々な「物」があります。「物」はまた，いろいろな物質や材料からできています。人間もタンパク質，骨，脂肪などの「物質」からできています。質量と体積を持つものすべてを物質と呼ぶことにしましょう。物質とは何か？　人類は何千年にもわたってこの問いを考え続けてきました。それに答えようとするのが化学です。最先端の科学でもまだわからないことは山ほどあります。わからないからこそ，考えることが面白いのです！「化学の世界」を一緒に旅してみませんか？　教師だってわからないことが一杯あるのです。でも，どうぞ遠慮なく質問してください。一緒に考えましょう！

化学とは何か？　私たちの周りには様々な「物」があふれている。「物」はいろいろな物質からできている。「人」もタンパク質，骨，脂肪などの物質の機能的集団である。

物質の構造・性質・変化を研究するのが**化学**（chemistry）である。物質に関わることはすべて化学の研究対象となる。人間は豊かな生活を送るために新しい機能をもった物質を続々と開発し，現在の物質の種類は数千万とも言われている。

一方，深刻な環境問題を抱えている現代社会においては，地球環境に負荷がかからないように，物質と人間との関わりを新しい視点から再構築する必要に迫られている。そこに力を発揮するのが化学である。このような意味からも，現代社会で人間が生活していく上で，化学の基礎を知ることは必要不可欠である。化学は人類福祉のための工学の基礎であることに間違いない。

なお，化学，物理学，生物学，地学の総称である「科学（science）」と「化学（chemistry）」との区別に注意しよう。

化学の領域　化学には，対象とする物質や研究方法の違いに応じて多くの分野が存在する。各分野は相互に関係し，大きく重なっている分野もあるので明確に区別することはできないが，以下に代表的な分野を示す。

対象とする物質による分類

無機化学（inorganic chemistry）：金属，岩石，鉱物など生命現象に無関係と考えられていた無機物質を対象とする化学。

有機化学（organic chemistry）：もともとは生命現象に関連する物質，現在は炭素原子を含む化合物並びにこれらに関連する物質を対象とする化学。

地球化学（geochemistry）：岩石，鉱物など地球の構成物質を対象とする化学。

高分子化学（macromolecular(polymer) chemistry）：タンパク質，繊維，プラスチックなどの巨大分子を扱う化学。

生化学（biochemistry）（生物化学）：タンパク質，DNA など生物を構成する物質，および遺伝，免疫などの生命現象を物質レベルで研究する化学。有機化学と密接に関係している。

工業化学（industrial chemistry）：製品を工業的に製造するための化学。

薬品化学（pharmaceutical chemistry）：医薬品を対象とする化学。

農芸化学（agricultural chemistry）：土壌，肥料，発酵，醸造などの化学。

食品化学（food chemistry）：食品を対象とする化学。

環境化学（environmental chemistry）：環境に関する化学。

研究方法による分類

物理化学（physical chemistry）：物理的方法を用いて化学の基礎的理論を構築する分野。

分析化学（analytical chemistry）：物質を構成する成分の分析・分離を目的とする化学。

応用化学（applied chemistry）：物質の開発，生産，利用，工業的応用に関する化学。

一般化学とは

一般化学（general chemistry）というと，あたかも一般教育課程の「教養の化学」と捉えがちであるが，元来の意味はそうではない。ここで述べた化学の各領域に共通する理論という意味で，1878年，Wi. オストワルドが書いた成書“Grundriß der allgemeinen Chemie”（普遍的な化学の概論）に語源があると考えられている。

1.2 物質の科学

人類がこれまでに明らかにしてきた物質の本質の一端を理解することが，この本の目的でもあります。化学は物質の科学の基本です。化学は物質の構造・性質・変化の本質を探り，物質に関する普遍的な原理を導き出すことを目的としています。ここでは，目に見える物質の違いを整理しておきましょう。実は，多種多様に見える物質界を元素という普遍的な存在によって解明する方法が化学なのです。

1.2.1 物質の分類

純物質と混合物

他の物質が混ざっていない単一の物質を**純物質**（pure substance），2種類以上の物質が混ざり合っているものを**混合物**（mixture）という。純物質は化学的にも物理的にもその物質固有の性質を示す。これに対し，混合物は混ざっている物質の種類や割合に応じて性質が変化する。例えば1気圧のもとでの沸点は，純粋な水では100℃，純粋なエタノールでは78℃と，常に一定の沸点を示す。これに対し，水とエタノールの混合物である酒は，アルコール濃度によって沸点が変化する。

一見すると1種類の物質だけからできているようでも，私たちの周りにある物質は混合物である場合が多い。例えば，海水は煮詰めて水分を蒸発させると白い残留物が残るので，海水は水といろいろな

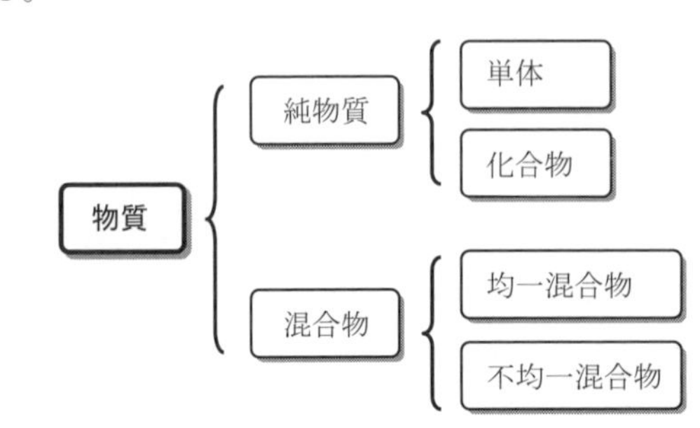

種類の塩(えん)が混ざった混合物であることがわかる。搾りたての牛乳ではクリーム状の脂肪分が浮き，牛乳を温めれば表面にタンパク質の膜をつくることから，牛乳も水，脂肪分，タンパク質などの混合物である。

混合物は，さらに次のように分けられる。

均一混合物：物質が均一に混ざっていて，どの部分もその割合が同じ混合物。液体であれば溶液，固体であれば固溶体，気体であれば気溶体と呼ばれる（13.1 参照）。例えば，海水（水と塩の混合物），空気（窒素，酸素などの気体の混合物）など。

不均一混合物：物質が不均一にまだら状に混ざっていて，濃度の異なる部分が存在する混合物。例えば，花崗岩，水と油が分離したサラダドレッシング，コンクリートなど。

単体と化合物　1種類の元素だけからできている物質を**単体**（simple substance）という（元素については3章で詳述）。水素，窒素，酸素のように，元素名と実在する物質である単体の名称が同一になっている場合があるので，混同しないように注意する必要がある。使い分けは前後の文脈から判断できるが，例えば，水素（元素），水素原子（H），水素分子（H_2）のように明記した方が好ましい。

元素名と元素記号	水素 H	窒素 N	酸素 O
実在する物質である単体の名称と化学式	水素 H_2	窒素 N_2	酸素 O_2

元素名を表す場合の例：「水分子は水素と酸素から構成されている。」
単体の名称を表す場合の例：「空気は窒素と酸素の混合物である。」

同じ元素の単体でも，原子の結合の仕方が異なり，構造や性質が異なる物質が2種類以上存在する場合，これらを互いに**同素体**（allotrope）という。例えば，次のような例がある。

酸素元素Oの同素体

炭素元素Cの同素体

グラファイト（黒鉛）C

グラフェン

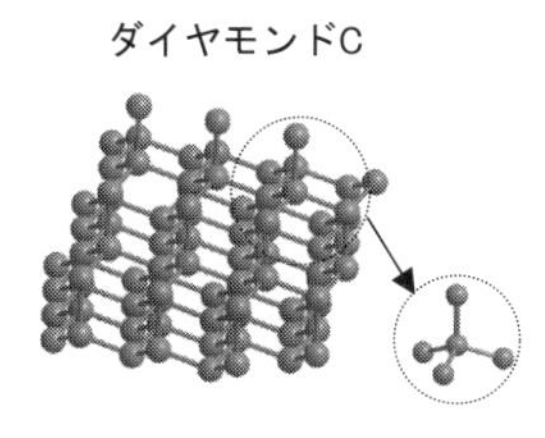

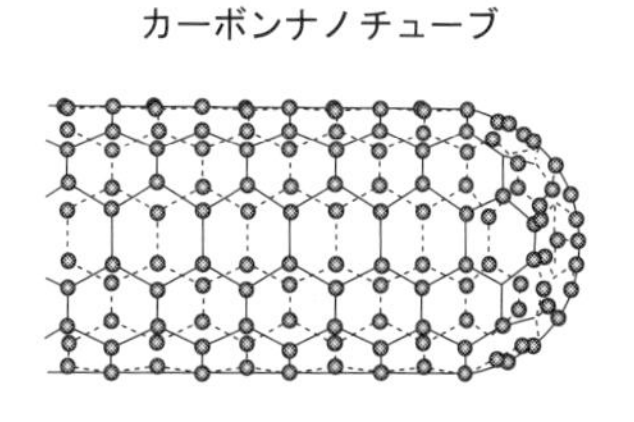

図 1.1　同素体

グラファイトとダイヤモンドについては14.1，フラーレンとカーボンナノチューブについては25.3で述べる。

2種類上の元素が化学変化によって，一定の割合で結合した物質を**化合物**（compound）という。水分子1個は水素原子2個，酸素原子1個から構成されている化合物（H_2O）である。化合物の性質は，その成分元素の単体とは全く異なる。

その他の分類　物質の分類方法は目的に応じて多数ある。先々の章で各々学んでいくことであるが，ここにまとめておく。

有機物質（organic material）－無機物質（inorganic material）

金属（metal）－非金属（nonmetal）

電解質（electrolyte）－非電解質（non-electrolyte）

天然物（natural substance）－合成物質（synthetic matter）

低分子化合物（low molecular weight compound）－高分子化合物（polymer, macromolecule）

1.2.2 物質の物理的性質と化学的性質

人混みの中で友人をすぐに見つけられるのはなぜか？友人の背丈，体型，顔つき，歩き方などの多くの特徴を認識して区別できるからである。物質も同様にして，その特徴や性質を調べれば容易に識別できる。

物質を変化させることなく調べることができる特徴を物理的性質（physical property）という。密度，色，融点などがその例である。これに対して物質の変化に伴う特徴を化学的性質（chemical property）という。可燃性などがその例である。

1.2.3 物質の物理変化と化学変化

物質そのものは変化しないが，その形状・大きさや状態が変化をするのが物理変化（physical change）である。物体を押し潰したり引き裂いたりして形状が変化する場合や気体・液体・固体（物質の三態）の変化がこれにあたる。

一方，物質の特性や構造が変化してしまうのが化学変化（chemical change）または化学反応（chemical reaction）である。木材が燃焼する，調理によって食材が化学的に変化する，あるいは鉄が湿気で錆びる，などがこの変化の例である。

物理変化と化学変化を区別するには，物質そのものの特徴・性質が変化しているかどうかを考えればよい。例えば，鉄は固く，金属光沢があり，電気を通しやすい性質があるが，鉄の錆はもろく，ボロボロの粒状で，赤茶けていて，電気を通さない。したがって，鉄が錆びるのは化学変化である。

1.3 物質とエネルギー

灯（あか）りをつける，風呂を沸かす，車を走らせる・・・ すべてエネルギーが必要です。エネルギーの重要性は誰でも知っていますね。エネルギーなしでは私たちの生活は成り立ちません。でも，そもそもエネルギーって何でしょう？　エネルギーとは仕事をする能力または熱を生み出す能力のことです。ガソリンで車を走らせる，太陽電池で電力を生み出す，ご飯を食べて元気に運動する，すべてエネルギーという共通のキーワードで説明できます。物質の安定構造や状態変化，化学反応などでも，エネルギーが重要な鍵を握っているので，化学を学ぶ上でエネルギーの概念を理解しておくことは大事なことです。この節でエネルギーの基本的な概念をまとめておきましょう。

エネルギーとは？

「火の使用」は物質からエネルギーを使いやすい熱の形でとり出すことにほかならない。そして，そのエネルギーによって物質を化学的に変化させて有用物とすることが，すなわち化学技術である。近代になって各種のエネルギーが次々と開発されると，化学者達はそれを化学反応に応用し，分析手段として利用してきた。

ところでエネルギー（energy）とは何だろうか？「物質のもっている仕事をする能力」と定義づけられているが，この概念は，19 世紀中ばごろ熱力学が学問として確立されていく過程において，W. トムスン（ケルビン卿）らによって導入されたといわれる。さらに，単なる熱的現象だけでなく化学的現象もエネルギー論的に考察が加えられるようになり，化学熱力学にもとづく平衡論が成立した。

アインシュタインによる相対性理論（1905 年）から導き出された有名な関係式

$$E = mc^2 \quad (c：真空中の光速度 2.99792458 \times 10^8 \mathrm{m\ s^{-1}})$$

すなわち，物体のエネルギー E はその質量 m に比例するということから，エネルギーは，質量と等価であることが明らかとなり，最も基本的な物理量と考えられている。

熱とは？

19 世紀はじめまで，熱がエネルギーと関係しているかどうかはわかっていなかった。熱は特殊な物質ではなく，むしろ力のようなものとして，熱（heat）と仕事（work）の等価性を主張し，熱の仕事当量を正確に定める努力を続けたのが J. P. ジュールであった。ここに熱力学（21 章参照）が誕生した。熱が仕事と等価であるとすると，仕事と同様にエネルギー伝達の手段と考えられる。温度の差によって引き起こされるのが熱移動である。「熱を加える」という表現は厳密には正しくない。「温度差を与える」ということである。分子運動に関係したエネルギーは内部エネルギーとよばれるもので，熱移動に伴う内部エネルギー変化の尺度が熱量であり，仕事による内部エネルギー変化の尺度が仕事量である。

エネルギー保存則と質量保存則

一般に言われるエネルギー保存則（law of conservation of energy）：「どのような変化の過程でも，エネルギーは増加することも減少することもない」は，熱力学第一法則（first law of thermodynamics）として位置づけられている。一方，18 世紀末に，ラボアジエが見出したとされる質量保存則（law of conservation of matter）「化学反応の前後では物質の質量は変化しない」あるいは物質不滅の法則「物質はどんな過程においても創成したり消滅したりすることはない」ということも知られている。先に述べた $E = mc^2$ という関係から，両者が同じことを表現していることがわかる。

特に，後者は化学反応に関する量論的計算（UNIT IV）の基礎的理論となっている。厳密にいえば，熱化学方程式（20 章）のように，反応前後のエネルギー差（発熱あるいは吸熱）も計算に入れてバランスすることになる。しかし，一般の化学反応におけるエネルギーの出入りは，質量変化に換算したら全く無視できる量である。膨大なエネルギーが発生する核反応においてさえも質量の消滅はごく僅かである。エネルギーは質量の $c^2 (= 9 \times 10^{16} \mathrm{m^2\ s^{-2}})$ 倍相当だからである。

調査考察課題

1. エネルギーの種類についてまとめよ。
2. 電気エネルギーは，電圧という強度因子（intensive factor）と電流という容量因子（extensive factor）の積で表されることは物理学の基礎である。ほかのエネルギーは，それぞれどのような強度因子と容量因子の積として求められるのか調べよ。強度因子と容量因子の違いは何か？
3. 熱は，かつて熱素（calorique）と呼ばれ，物質の一種と考えられていた。熱の定義を『理化学辞典』などで改めて調べてみよ。
4. 熱と温度の定義上の違いを明確にせよ。
5. ジュールはどのような実験で熱の仕事当量を求めたのか。
6. 日常よく用いられる摂氏（Celsius）温度℃とアメリカなどで用いられている華氏（Fahrenheit）温度°F，絶対温度 K（Kelvin）との関係を整理して説明せよ。

2章　化学の方法

2.1　科学的手法

物質を理解したり，物質の変化を確かめたりするためには，様々な実験をしながら研究を進めます。そして，実験からは多くの知識が得られます。しかし，実験は無計画であったり，正確でなかったりすると確かな知見を得ることができません。私たちは「科学的手法」に従って物質探究をすることにより，確実に化学を実証することができるようになります。

科学的手法のステップ

具体的な科学的手法（scientific method）を示す。以下のようなステップで考察と実験を繰り返えすことによって理論を構築していく。「科学する」ということはこのような過程を実行することである。

① **観察**（observation）　人間は自然あるいは自然現象に感動する心（好奇心）を持つように作られている。好奇心はまず観察を生む。ここに科学が始まる。

② **疑問**（question）　観察結果を考察する過程で疑問がもたらされる。

③ **仮説**（hypothesis）　その疑問に解答を得たいという意欲によって仮説が立てられる。

④ **実験**（experiment）　仮説の実証のために実験を計画し実行する。

⑤ **結論**（conclusion）　実験結果を解析して結論を出す。疑問な点があったら何度でも実験を繰り返す。

⑥ **経験則**（law）　何回かの実験結果から一般的な法則を見出す。

⑦ **理論**（theory）　法則を説明するための一応の理論を構築する。得られた理論を新たな仮説として予測を立て，実験を繰り返し理論に修正を加えていく。

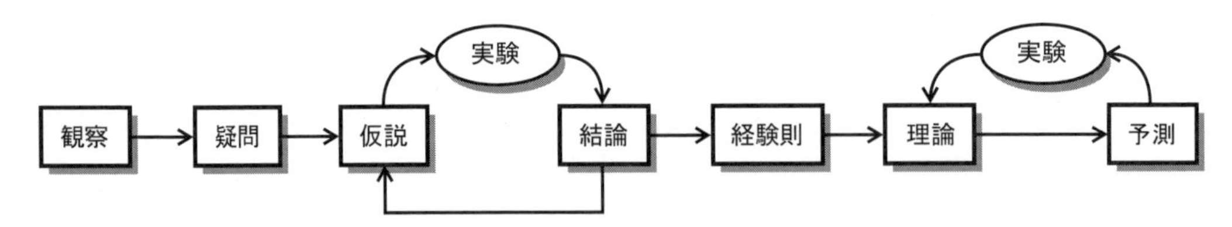

化学における実験の重要性

科学的手法の中で実験の部分のみ思考過程ではないので，その意義は極めて大きい。とくに化学研究においては，取り扱われるべき要因要素が多岐にわたるため，実験してみなければわからないことが多い。一部の理論化学的研究では数学的手法のみによって理論が構築される場合もあるが，その場合でも実験データの裏づけが要求される。

実験結果は仮説あるいは理論よりも尊重されなければならない。人間の知恵を超えた新しい発見は実験を通してしか得られないからである。

演習問題解答手順

自然科学を学ぶ目的は，科学的知識を覚えることのみではなく，科学的手法を身につけることが大切である。本書でも本章後半以降，随所で例題や演習問題を取り扱うが，すぐに計算を始めて答えを出すのではなく，次のような解答手順で実習し科学的思考方法を確実に自分のものとすることを勧める。これに自らの疑問が加わり実験の部分が加われば，研究的手順となるからである。これが問題演習の本来の目的である。

① **分　析**　注意深く問題を読み，何が求められているのかを判断する。場合によっては，問題点を明確にするためにスケッチする。「観察」に相当。
② **計　画**　問題解決に必要な理論式を書き，計画をたてる。
③ **解　答**　実際に計算して答えを出す。
④ **チェック**　得られた答が妥当であるか自己評価する。単位と有効数字を点検する。

2.2　測定における単位と数値の取り扱い

測定は化学実験の最も重要な部分です。測定値は数値と単位からなります。単位がないと数値の意味が明確になりません。数値と単位は測定値を理解するために常に必要です。また，測定には誤差がつきものです。誤差はどのようにして生じるのか，どのように処理するのかを考えます。

2.2.1　測定値の表し方

化学実験の測定値は，いずれも物理量といわれるものであって，“数値×単位” という構成になっている。したがって，物理量として正しく表すには，数値を数学的に間違いなく計算するだけでは意味がない（もちろん，何かの基準に対する比を表す場合には単位のない値（無次元数という）となる）。用いる単位によって数値が変わってくるのは当然であるばかりでなく，2.2.3 で述べる数値の精度の問題があるからである。

今日の君の体重　$W = 63.5\ \mathrm{kg}$

と普通書くが，これを一般の数式と同じように考えて，両辺を kg で割って

$$W/\mathrm{kg} = 63.5$$

とすることができる。君の体重の日々の変化をグラフに表すときは，横軸に日にちをとり，縦軸をこの式の左辺 W/kg のように，単位を分母とする分数形を “ / ” で表すのが合理的であり，科学の世界で推奨されている表記方法である。表にする場合も同様である。単位をカッコ内に表記することもあるが，紛らわしくなることがあるので避けたほうがよい。

さらに，いくつかの単位を乗（×）ずる場合は半角あけて表記し，除（÷）する場合は負の指数（例えば，kg^{-1} のように）を用いて表記するのがよい。

なお，ここで上げた体重 W のような物理量を意味する英字は斜体文字（イタリック），kg のような単位は立体文字（ローマン）で印字する約束になっている。

2.2.2　単　　位

(1) 国際単位系

1960 年に開催された国際度量衡委員会（CIPM）の総会（CGPM）で単位の国際基準（国際単位系 International System of Unit，略して SI 単位系）が採択され，各国でこの単位系の使用が推奨されるようになった。

SI 単位系では 7 つの基本単位とそれから導かれる誘導単位（いくつかの SI 基本単位を組合せ

た単位）が用いられる。誘導単位には特別の名称や記号を持つものや，特別の名称は持っていないがいろいろな分野で使われるものがある。

2018 年 11 月に第 26 回 CGPM で SI 基本単位の定義を改訂する議決案が採択され，2019 年 5 月 20 日（世界計量記念日）から新しい SI 単位の定義が施行される。59 年ぶりの改定で，今回は，質量 kg，電流 A，温度 K，物質量 mol が対象となった。

本稿ではこの 4 つの SI 単位で新しい定義（案）を記載し，それ以外のものは従来どおりの記載とする。

SI 基本単位の定義と説明

① **長　さ**：メートル（m）

光が 1/299,792,458 秒間に進む距離を 1 メートル（meter）とする。かつては，地球子午線の赤道から極までの距離を 10^7 m（＝1 万 km）と決めて作られたメートル原器を基準にしていたが，より不偏的な基準にするためこのように定義されている。

② **質　量**：キログラム（kg）

プランク定数 h を基準とし，周波数が $(299792458)^2/(6.62607015 \times 10^{-34})$ Hz の光のエネルギーと等価な質量を 1 キログラム（kg：kilogram）とする。この考え方はアインシュタインの（$E = mc^2 = h\nu$）に基づいている。

③ **時　間**：秒（s）

^{133}Cs 原子の最低励起状態から基底状態へ電子が移行するとき放出される電磁波が 9,192,631,770 周期継続する時間を 1 秒（second）とする。

④ **電　流**：アンペア（A）

電子 1 個の持つ電荷を示す電気素量 e を $1.602176634 \times 10^{-19}$ C とし，1 秒間に電気素量の $(1/1.602176634 \times 10^{-19})$ 倍の電荷が流れることに相当する電流。

アンペア（A：ampere）。なお，C は A s に等しい。

⑤ **温　度**：ケルビン（K）

ボルツマン定数 k を 1.380649×10^{-23} J K^{-1} と定義し，これと等価なエネルギーを与える温度を 1 K と定義する。例えば，単原子分子 1 個あたりの運動エネルギーが $(3/2) \times 1.380649 \times 10^{-23}$ J だけ増加する温度の上昇が 1 K に相当する。実質的には，温度目盛は従来と変わらない。

ケルビン（K：kelvin）。

⑥ **物質量**：モル（mol）

アボガドロ数（$6.02214076 \times 10^{23}$）の要素粒子を含む系の物質量。単位 mol^{-1}。

モル（mol：mole）。

⑦ **光　度**：カンデラ（cd）

周波数 5.40×10^{14} Hz の単色光を放出し，光源を中心とする半径 1 m の球面上の 1 m^2 あたり 1/683 W のエネルギーを放出する光源の光度を 1 カンデラ（candela）とする。

表 2.1　SI 基本単位

物理量	単位の名称	記号
長　さ	メートル	m
質　量	キログラム	kg
時　間	秒	s
電　流	アンペア	A
熱力学温度	ケルビン	K
物質量	モル	mol
光　度	カンデラ	cd

注釈：分子などの粒子 1 個の運動エネルギーは kT に比例し，1 つの自由度あたり kT のエネルギーをもつ。たとえば，単原子分子 1 個あたりの運動エネルギーの平均値は $(3/2)\,kT$ である。

SI 誘導単位　表 2.2 の SI 誘導単位は SI 組立単位とも呼ばれる。表 2.1, 2.2 の SI 単位は，表 2.4 の SI 接頭語と組合せて使用することが認められている。

SI 接頭語　SI 基本単位に接頭語をつけると，より便利で使いやすくなる。例えば，1234 g = 1.234 kg，0.001 m = 1 mm。

表 2.2　特別の名称と記号を持つ SI 誘導単位

物理量	SI 単位の名称	SI 単位の記号	SI 単位の定義
力	ニュートン	N	$m\ kg\ s^{-2}$
圧　力	パスカル	Pa	$m^{-1}\ kg\ s^{-2}$ (=$N\ m^{-2}$)
エネルギー	ジュール	J	$m^2\ kg\ s^{-2}$ (=$N\ m$)
仕事率	ワット	W	$m^2\ kg\ s^{-3}$ (=$J\ s^{-1}$)
電気量	クーロン	C	$s\ A$
電位，電圧	ボルト	V	$m^2\ kg\ s^{-3}\ A^{-1}$ (=$J\ A^{-1}\ s^{-1}$)
電気抵抗	オーム	Ω	$m^2\ kg\ s^{-3}\ A^{-2}$ (=$V\ A^{-1}$)
電気容量	ファラド	F	$m^{-2}\ kg^{-1}\ s^4\ A^2$ (=$A\ s\ V^{-1}$)
周波数	ヘルツ	Hz	s^{-1}

表 2.3　非 SI 単位

物理量	単位の名称	単位の定義
長　さ	オングストローム	1 Å = 10^{-10} m
体　積	リットル	1 L = 10^{-3} m^3 = 1 dm^3
質　量	トン	1 t = 10^3 kg
時　間	分	1 min = 60 s
力	キログラム重	1 kgw = 9.81 N
圧　力	気圧	1 atm = 1.013 × 10^5 Pa
		1 bar = 10^5 Pa
	ミリメートル水銀柱	1 mmHg = 1.333 × 10^2 Pa
エネルギー	熱化学カロリー	1 cal = 4.184 J
	電子ボルト [a]	1 eV = 1.60218 × 10^{-19} J

a) 真空中で，1 個の電子を 1 V の電位差で加速したときに電子が得るエネルギー。

表 2.4　SI 接頭語

倍数	接頭語	記号	倍数	接頭語	記号
10^{18}	エクサ	E	10^{-1}	デシ	d
10^{15}	ペタ	P	10^{-2}	センチ	c
10^{12}	テラ	T	10^{-3}	ミリ	m
10^{9}	ギガ	G	10^{-6}	マイクロ	μ
10^{6}	メガ	M	10^{-9}	ナノ	n
10^{3}	キロ	k	10^{-12}	ピコ	p
10^{2}	ヘクト	h	10^{-15}	フェムト	f
10	デカ	da	10^{-18}	アト	a

(2) 非 SI 単位　実際の場面では上記の SI 単位以外の非 SI 単位も日常的には使用されている。体積を表すリットル（L）などは代表的な非 SI 単位である。

なお，L の替わりに

$$1\ L = 10\ cm \times 10\ cm \times 10\ cm = 1\ dm \times 1\ dm \times 1\ dm = 1\ dm^3$$

が使われることもあり，学術論文などでは推奨されている。

エネルギーの SI 単位は J（ジュール，joule）である。重力に逆らってリンゴ 1 個（約 100 g）を 1 m の距離だけ持ち上げるのに必要なエネルギーが，およそ 1 J であるとイメージするとよい。

しかし，熱量の単位として古くから cal（カロリー，calorie）が使われてきた。1 cal は 1 atm で純水 1 g を 14.5℃から 15.5℃まで昇温させる熱量（15 度カロリー）と定義されていた。しかし現在では，熱も仕事もエネルギーという概念に統一されたことから，共通の単位 J を用いるよう定められている（1950 年）。カロリーを使うこともよくあるが，その場合 1 cal（15℃）= 4.1840

J である（熱の仕事当量）。

食品に蓄えられているエネルギーは，頭文字が大文字の Cal を単位として表示されていることが多い。1 Cal ＝ 1000 cal ＝ 1 kcal（キロカロリー）であることに注意が必要である。茶碗 1 杯のご飯（180 g）から，およそ 260 Cal つまり 260,000 cal のエネルギーを得ることができる。体重や運動量にもよるが，1 日あたりに必要なエネルギーは，20 代の男性で 2000 ～ 3000 Cal，女性で 1500 ～ 2300 Cal 程度とされている（厚生労働省「日本人の食事摂取基準」）。

2.2.3 実験値の信頼性

精度と確度 真の値があるとすると，実験で得られる測定値は真の値に近ければ近いほど好ましい。確度（正確さ，accuracy）とは “測定値と真の値との差” を意味するものであり，“繰り返した測定値の一致の程度（再現性）” を意味する精度（精密さ，precision）とは異なる。したがって，精度が良ければ確度も良くなるということではない。

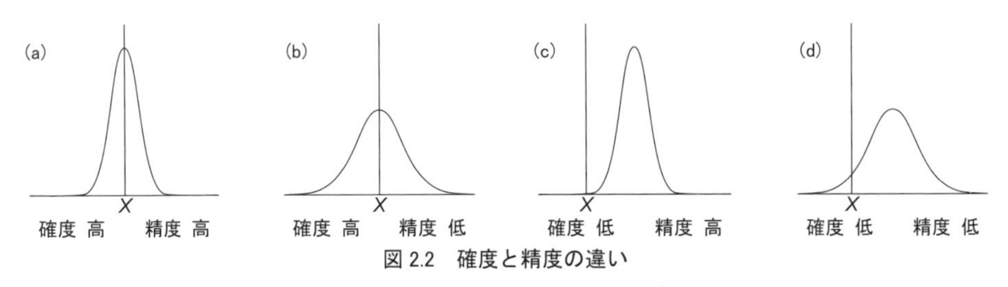

図 2.2 確度と精度の違い

繰り返し実験のデータをプロットすると図のような正規分布になる。その分布がシャープなほど精度が高く，そのピーク位置が真の値に近いほど確度が高いことになる（*X* は真の値）。

誤差とグラフ化 測定値と真の値との差が誤差（error）である。誤差には系統的な誤差（系統誤差または確定誤差）と偶然的な誤差（偶然誤差または不確定誤差）がある。系統的な誤差は未補正の器具や装置，測定者のクセなど，誤差の原因を特定できるもので，回避や補正ができる。偶然的な誤差はその原因が特定できず予測や見積もりができないので統計的に処理する。

以上述べたような，同一条件での繰り返し実験の測定値のばらつきのほかに，実験条件を変化させた場合，得られた測定値に関してどのようにグラフ（直線）を引いたらよいかということが切実な問題とならないだろうか？　つまり，実験者が設定した条件（例えば，時間，温度など）すなわち独立変数（independent factor, x, 通常横軸にとる）に対して，得られた測定値すなわち（数学的には）関数（function, y, 通常縦軸にとる）をプロットしたとき，直線の傾きを理論的に（個人差なく）どう求めたらよいかということである。すべてのプロットと直線との差が最小となるように，目分量ではなく理論的に計算して直線の式を求める方法が確立されている。それが最小二乗法（least square method）である。その差には正負があるので二乗の総和が最小になるような係数が求められ，x と y の間の相関性の高さを示す相関係数（correlation coefficient）も求めることができる。

有効数字 実験で得られる測定値はいろいろな器具や機器を用いて得られる。目盛りを読む場合もあるし，デジタルディスプレイの数値を読む場合もあるが，いずれも測定される最後の桁には不確かさを含んでいる。すなわち，測定値には確定的な数字の桁に続く不確定な 1 桁の推定値が最後についている。そこで，「確実な桁の数字すべてとその次の不確実な桁の数字をあわせたもの」を有効数字（significant digits）と定義する。

0という数字の取り扱いは有効数字を考える上でとても重要である。0.082091という数字を例にすると，有効数字の桁数は5であり，8の前の0は小数点の位置を示すためのもので有効数字とは関係ない。小数点の後ろにある数字の後の0(例えば,0.05280の8の後の0)は意味を持つが，0が小数点の前にあると意味はあいまいになる。82091にように0でない数字にはさまれた0は明らかに有効数字に含まれるが，473500における2つの0はその両者あるいは最後の0が，小数点の位置を示す0なのか，測定値の一部として含まれる0かの判断はできない。このような場合は有効数字だけを書いて，それ以外を指数の形で表すとよい。すなわち，4.7350×10^5と記せば，有効数字が5桁であることが明確になり，473500と記した場合の最後の0は明らかに小数点の位置を示すものであることがわかる。

有効数字は最後の桁に誤差が含まれるため,これを超える桁の数字は意味をもたない。したがって，実際の計算では有効数字の最も小さな桁数に合わせる。具体的には，乗除算の場合は計算結果の有効数字を有効桁数の最小のものに合わせ，加減算の場合は小数点の位置を揃え，それ以下の数字について有効数字の桁数の最小のものに合わせる。

また，科学的な実験では，単純な四捨五入は通常行わない。有効数字の最後の桁の次の数字が6以上の場合にはその数は切り上げられ，4以下の場合は切り捨てられ，最後の有効数字がそのままの数値となる。最後の数字が5の場合は，その上の桁が偶数であれば切り捨て，奇数ならば切り上げて，最後の桁が常に偶数になるようにする。

例題 2-1　有効数字の決め方

最小目盛が1 mmの通常の定規でA4版のコピー用紙の縦と横の辺の長さを測ったところ，それぞれ0.295 mと0.210 mであった。この用紙の面積を求めよ。

1. **分　析**　「それぞれ」というのは順番対応も表しているから，この用紙の縦の長さが0.295 mで横の長さが0.210 mである。測定値の単位をわざわざmで表していることはSI単位で答えることを要求しているのであろう。最小目盛が1 mmであることは，それ以下の数値は測定者の目分量で不確定な推定値である。
2. **計　画**　コピー用紙は長方形のはずである。長方形の面積は縦と横の長さを掛け算すると求められることは小学校で学んだ。その頃と違うことは,有効数字という考え方を習ったことである。このことに注意して計算しよう。この場合，有効数字はいずれも3桁である。
3. **解　答**　数値の部分の掛け算をする。　$0.295 \times 0.210 = 0.06195$
　単位の部分の掛け算もする。　$\mathrm{m} \times \mathrm{m} = \mathrm{m}^2$
　有効数字は，掛けられる測定値がいずれも3桁だから答えも3桁となる。だから，6195の最後の5の処理が問題となる。その前の桁が9で奇数だから切り上げて620となるので計算値を0.0620としたものが測定結果である。有効数字が3桁で最後の0も含まれることを明確にするために指数を使って6.20×10^{-2}と表す。
　答えは単位の部分を合わせて　$6.20 \times 10^{-2}\ \mathrm{m}^2$　となる。
4. **チェック**　一辺が1 mの正方形の面積は1 m^2であるから，この結果は概算的に妥当な値である。計算結果の丸められるべき数字は9であるから，これが繰り上がって0となるのは間違っていない。この0までが有効数字であることが明白な表現になっている。

数値の指数法則については，「数学ノート」（p. 94）参照

調査考察課題

1.【化学とは何か】化学は central science といわれることがあります。それはどうしてか？
2.【化学の有用性】君の美容師さんが「化学なんか知らなくても仕事ができる」と言ったら，君はどうやって彼の考え違いを指摘するか？
3.【観察力】化学の力で解決できるであろう身の周りの現象をなるべく多く上げてみよ。
4.【化学の領域】福島の人に「化学的に放射能を減らせないか」と質問されたら，君は何と答えるか？
5.【自然科学的数値の理解】なぜ実験値には有効数字があるのだろうか？　数学的な単なる計算の場合との違いを考えてみよ。
6.【科学的方法】夏目漱石は，英国留学中に知った科学的方法を文学研究に取り入れようと苦悩していたそうである。科学的要素とはどういうことかを考え，それを文学あるいは文学史に見出すことが可能だったかどうか考察してみよ。
7.【仮説の役割】ポアンカレ『科学と仮説』（岩波文庫）という本がある。科学における仮説の重要性を考察してみよ。
8. 質量（mass）と重量（weight）の違いはなにか。混同して使われていることがないか考えてみよ。
9. 日常使われている SI 接頭語の例をできるだけ多くあげよ。
10. いくつかの測定値のばらつきに関して誤差を統計的に算定する誤差検定の仕方について調べよ。
11. 最小二乗法の計算の仕方を調査せよ。さらに，自分の行った実験に適用してみよ。
12. 自然の法則と科学的理論の違いは何か。
13. 質量と重さの違いは何か。
14. エネルギーの単位には，J，cal 以外にどのようなものがあるか調査せよ。
15. 運動エネルギー，ポテンシャルエネルギー，放射エネルギーの変換例にはどのようなものがあるか。
16. 絶対零度より低い温度が存在しないのはなぜか？
17. 温度計にはどのようなものがあるか調査せよ。

SI 単位系改訂の動き

現在の国際単位系（SI）は現在約 50 か国が参加している国際度量衡総会（CGPM）が定義している。1889 年の第 1 回 CGPM で，長さおよび質量の国際単位を「メートル」と「キログラム」にすることが採択された。それに伴い，白金イリジウム合金製の国際メートル原器と国際キログラム原器を作り，そのコピー（副原器）が各国に配布された。しかし，目盛りを刻む線の幅が太いこと，熱で体積が変化すること，また，原器の厳重な保管の大変さなど，人工物に頼る限界が問題視されはじめた。実際に，国際キログラム原器と副原器では約 100 年間で 50 μg ほど質量が変動しているとのデータもある。そのため，普遍的な物理量である「基礎物理定数（真空中の光速度 c，プランク定数 h，電気素量 e，ボルツマン定数 k，ニュートンの重力定数 G など）」を厳密に定義することで，SI 単位を見直す機運が高まった。

現在の「メートル」は 1983 年に「1 秒の 1/299792458 の時間に，光が真空を伝わる行程の長さ」と再定義されたものである。その後，2011 年の第 24 回 CGPM で「キログラム」，「モル」，「アンペア」，「ケルビン」も再定義することが議決され，それぞれ，「キログラム」はプランク定数 h，「モル」はアボガドロ定数 N_A，「アンペア」は電気素量 e，「ケルビン」はボルツマン定数 k などの基礎物理定数の値を厳密に測定して再定義することになった。

そこで，これらの 4 つの基礎物理定数の厳密な測定が行われ，化学技術データ委員会が 2017 年 10 月に SI 再定義に用いる値として公表した。この値を基に，2018 年 11 月に開催された第 26 回 CGMP で「キログラム」，「モル」，「アンペア」，「ケルビン」の再定義が審議され，2019 年 5 月 20 日に施行されることになった。5 月 20 日は世界計量記念日である。

これらの SI 単位の再定義，特にアボガドロ数 N_A やボルツマン定数 k の測定には，わが国の産業技術総合研究所（産総研）も大いに貢献している。

UNIT II 元素と周期律

サンクトペテルブルグ工業大学前という地下鉄駅の向かいにあるメンデレーエフの銅像

彼は，この工業大学の化学教授を務めていた。1869 年周期律をロシア学会に報告し，こういっている。
「目に見えない自然現象における目論見は，次第に推量できる事実となってきた。」

正面に見える度量衡局（彼が晩年長官を務めた）の建物の壁には周期表が彫られている。これは，1934 年，彼の生誕 100 年祭のときに作られた。

UNIT II 各章の構成と到達目標

3章　元素とその周期性

3.1　元素の概念と原子の概念

・これらの概念の歴史的意義の変遷と違いを理解すること

3.2　元素の発見と周期律の発見

・元素の発見の過程を理解すること

・周期律と周期表の発達の歴史と化学の理論化の意義を理解すること

4章　原子の構造

4.1 原子構造の発見史

・原子構造と電子との関連を理解すること

・陰極線と放射線の研究の意味を理解すること

・α線散乱実験から原子核の存在について理解すること

4.2　現代の原子構造論

・現代の原子像を過去のものと区別して理解すること

・原子内の陽子，中性子，電子の性質を理解すること

・原子番号の意味を理解すること

・同位体と原子量の関係を理解すること

5章　量子力学と電子配置

5.1　量子力学

・不確定性原理とはどういうことで，原子構造の理論にどのような影響を及ぼしたのかを理解すること

・光と電子の二重性について理解を深めること

・波動方程式が原子構造とどのように関わっているかを知ること

5.2　原子軌道

・量子数についてどのようなものがあるかを知ること

・量子数と原子軌道の形，大きさ，エネルギーとの関係を理解すること

5.3　電子配置

・原子軌道のエネルギー準位の順番について理解すること

・電子が詰まっていく構成原理，電子スピンに関係するパウリの排他律，フントの規則について理解すること

6章　周期表の理解

6.1　周期表

・同族元素が似たような性質を示すのはなぜかを説明できるようになること

・周期表の構成を理解すること

6.2　元素の性質の周期性

・周期的性質をそれぞれ説明できるようになること

・これらの性質が元素の電子配置とどのように関連しているかを説明できること

6.3　元素の分類と各論

(1)　水素—孤高の元素

・宇宙全体における水素の存在について理解すること

(2)　典型元素— s-ブロックと p-ブロック

・周期表の１～２，12 ～ 18 族までの元素の特徴をそれぞれ説明できること

・地球上での炭素，窒素，酸素の重要性を説明できること

(3)　遷移金属元素— d-ブロックと f-ブロック

・主な遷移金属の特徴と用途を説明できること

・ランタノイドとアクチノイドの特徴を説明できること

3章　元素とその周期性

3.1　元素の概念と原子の概念

元素ということと原子ということを混同していませんか？　これらの概念は，もともといずれも紀元前古代ギリシャで考え出されたものです。目に見えるこの世の物質を見つめて，万物のもととなる始原物質があるはずだとか，不変不壊の究極粒子があるはずだとかを考え出す想像力は驚きです。

古代ギリシャの物質観

人間が自然の美しさに神の力を感じるのは太古の昔から変わらない。しかし，歴史上はじめて自然そのものに目を向け，その成り立ちを考えたのは，古代ギリシャ時代に現れた哲学者たちであった。

BC(紀元前) 6 世紀，幾何学でも名を残すタ一レスは，すべての物質のもとになる「元素」が存在することを考え出した。それによって，物質の世界が単純化され秩序立てて説明されると考えたからである。ここに，現在にも通じる科学理論の原始的な発想がみられる。タ一レスは水が万物の根源である元素であると説いたが，BC 4 世紀には，ギリシャ第一の哲学者ともいわれるアリストテレスが，この地上には 4 元素—火・空気・水・土—があり，天空にはもっと完全な元素である第 5 元素(エ一テル)が満ちていて，これを介して元素が変換しうるという，もっともらしい説を唱えた。アリストテレスの名声と権威に裏打ちされたこの説が，その後二千年以上も続く錬金術師たちの拠りどころとなった。

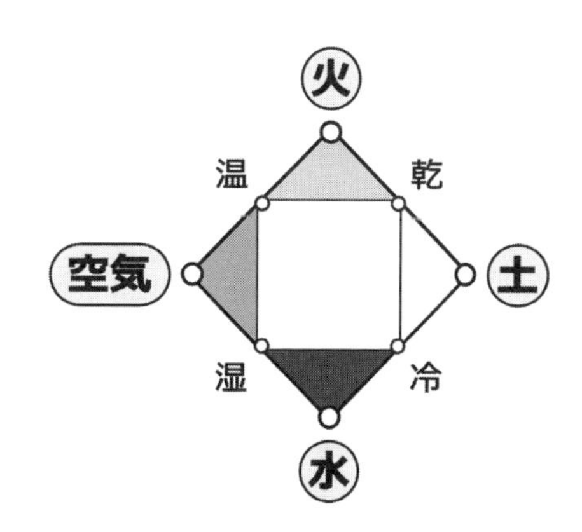

図 3.1　古代ギリシャで考えられた 4 元素と 4 性

火・空気・水・土は、現代的にいえばエネルギー・気体・液体・固体の区分に相当するといえるかもしれない。それぞれの組み合わせによってもたらされるという 4 性も一般的にはわかるような気がしないだろうか？

一方，BC 5 世紀にはデモクリトスは物質を小さく小さく砕いていくと，もうそれ以上小さくならない究極粒子（原子，アトモス）となり，物質はその粒子と空虚から成り立っていると発想した。これに対して，アリストテレスは，粒子に大きさがあるとすれば無限に分割できるはずだし，自然は真空を嫌うから物質は連続した構造をしているはずであると批判した。そのため，この分割できない究極粒子の存在を考える原子説は，その後 2 千年近くも無視されていた。

しかし，18 世紀になると原子の存在を仮定しないと説明できない法則が実験的に明らかにされ，ようやく原子説は復活した。近代化学の成立である。19 世紀初頭，イギリスのドルトンは 1

種類の元素に1対1で対応する原子があり，それぞれ一定の質量をもつと提唱した。水素を1としたときの質量比を原子量と定義し，元素記号を提案した。

現代の原子観　原子が存在するということを実験的に確かめることができるか？最も大きな原子さえあまりにも小さいので，肉眼はもちろん，普通の顕微鏡でも見ることができない。けれども，1908年，ペランが，ブラウン運動に関するアインシュタインの理論を実証してから，原子の存在は疑いないものとようやく認識されるようになった。今日では，1981年に発明された走査型トンネル顕微鏡で現実に原子を見ることができる。

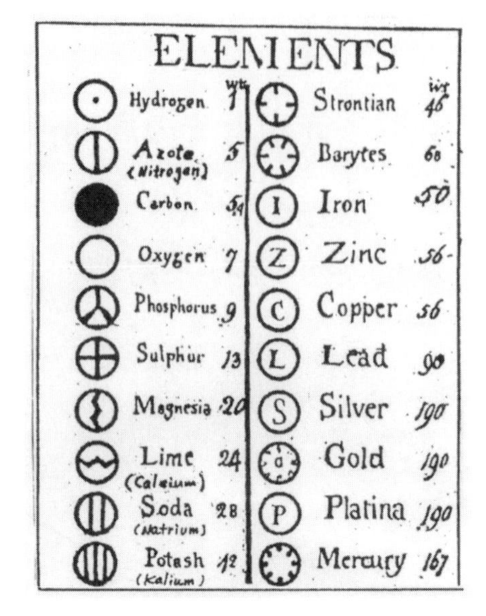

図3.2　ドルトンの元素記号と原子量

元素記号はともかく原子量は現在の値と倍近く異なる元素があるのはなぜだろうか？

化学者は，2つの世界を研究対象として見ている。すなわち，肉眼で見える世界と顕微鏡でも見ることができないような世界である。観察できる物質の世界は実感できるが，その世界を支配している真理を理解するためには，それを構成している目に見えない原子について理解することが不可欠である。

このように，元素あるいは原子に対する見方は，時代とともに変遷してきた。すでに素粒子が見つかっている現代においては，元素（element）の定義は万物の根源物質という古代ギリシャの発想とは全く異なり，「原子を原子番号（陽子の数）別に種類分けする名称」である。一方，原子（atom）の構造は，原子核と電子からできており，核変換も起こることが知られているので，もはや不変不壊の究極粒子という考えは成立せず，単に「物質を構成する基本的粒子」に過ぎない。

3.2　元素の発見と周期律の発見

現在では100を超える元素が知られています。知られている元素の数が増えるにつれて，化学者たちは，元素をグループにまとめ分類し，配列することによって周期性を発見してきました。周期律の発達は化学の進歩にとって重要な一里塚でした。周期表としてまとめることによって，それまで互いに無関係だと思われていた事実に，秩序をもたらしたばかりか，当時はまだ知られていなかった元素の存在を予言することができたのです。

元素の発見　原子という究極粒子の存在の是非とはかかわりなく，歴史上，次々と元素が発見されてきた。この場合の「元素」の意味するところは，単一の元素からなる単純物質（単体）と同じことであった。

古代から現代に至るまで，人類が手にした「元素」あるいは化学者が発見した元素をおおまかに年代別に記した（図3.3）。18世紀末には，わずか30種類の元素しか知られていなかった。古代から知られていた金，銀，銅，鉄などの金属元素と，水素，酸素，窒素，炭素などの非金属元

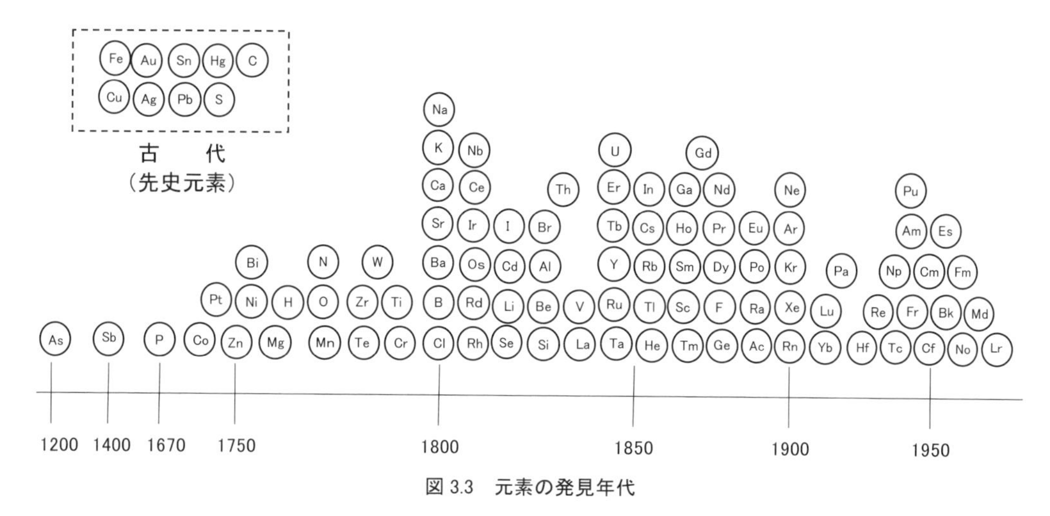

図 3.3　元素の発見年代

この年代表の中で19世紀初頭にナトリウム，カリウムを始め数多くの元素が発見されたのはどうしてだろうか？ 貴ガスは，どうして19世紀末まで見つからなかったのだろうか？

素である。19世紀後半には，各元素に特有の輝線スペクトルの観測技術が進歩し，新しい元素の分離確認が容易になった。その結果，その後わずか100年の間に約2倍の元素が知られるようになった。19世紀末から20世紀にかけて発見された元素はほとんど放射性元素である。

元素の周期的性質

19世紀はじめから多くの化学者たちが，元素の化学的性質に規則性を求めることを試みるようになってきた。1865年には，ニューランズは，当時知られていた62個の元素を原子量の順に並べたところ，8つ目ごとに性質のよく似た元素が現れることに気づき，「オクターブ則」と呼んだ。しかし，化学と音楽とを関連づけた彼の奇妙なアイデアは化学者仲間からは相手にされなかった。1869年に至って，ロシアのメンデレーエフとドイツのマイヤーは，独立にほとんど同じような元素の分類法を発表した。メンデレーエフは，元素の性質を学生が理解しやすいように整理しようとして，各元素の主な性質をそれぞれ1枚のカードにまとめ，いろいろな順に並べてみた。その結果，ニューランズと同じように，原子量の順に並べると性質の似た元素が周期的に現れることに気づいた。

メンデレーエフが高く評価されるのはここからである。彼は，性質の似た元素を縦に並べるために，いくつかの元素を原子量の順序とは違う位置に置いた。これらの元素の原子量の測定値が間違っているのではないかと考えたのである。また，表の中に適当な性質の元素があてはまらない場合は空白のままにした。ここには未発見の元素が入るだろうと考えたのである。さらに大胆にも，彼はこれらの未発見の元素の性質を予測しさえした。たとえば，ケイ素の下の空白の元素を仮にエカケイ素と名付け，その主な物理的性質を予測した（1871年）。1886年になって発見されたゲルマニウムの物性は，その予測と見事に一致した。

表 3.1 メンデレーエフの予測（エカケイ素）と新発見ゲルマニウム

性質	エカケイ素（1871 年）	ゲルマニウム（1886 年）
原子量	72 ＝ (Si+Sn+Zn+Se) / 4	72.32
比重	5.5	5.47
比熱	0.073 kcal mg^{-1} K^{-1}	0.076 kcal mg^{-1} K^{-1}
原子容	13 mL mol^{-1}	13.22 mL mol^{-1}
色	暗白色	灰白色
酸化物の比重	4.7	4.73
四塩化物の沸点	100 ℃	86 ℃
四塩化物の比重	1.9	1.887
四エチル誘導体の沸点	160 ℃	160 ℃

「エカ」は「1 つ」を意味するサンスクリット語

原子番号

一方，メンデレーエフが順序を入れ替えた元素の原子量は測定し直されても入れ替わることはなかった。原子量の順に原子を並べるのが適当でない事実が 1913 年に明らかになった。モーズリーによって実験的に発見された原子番号（atomic number）である。高エネルギーの電子を金属にぶつけたときに発生する X 線の振動数は金属の種類によって異なり，この振動数と原子核のもつ正電荷（つまり陽子数）との間に一義的な関係があることがわかった。つまり，発生する X 線の振動数から，元素ごとに異なる整数（つまり原子番号）を割り当てられる。現在の周期表では原子量ではなく原子番号順に元素が並べられている。

現在では，原子番号は原子核を構成する陽子の数（原子核の周りにある電子の数）に等しいことがわかっている。そして元素の周期律（periodic law）は次のように表現される。「元素を原子番号の順に並べると，その物理的性質や化学的性質には周期性が見られる」。そして，これに基づいて周期表（periodic table）が作られている。

調査考察課題

1. ギリシャ時代には，幾何学を中心に数学あるいは物理学が大いに進歩したことはよく知られている。なんら実験的裏づけもなく，物質界の本質に迫ろうとした古代ギリシャの人たちの想像力には驚くべきものがある。自分が当時の哲学者だったらどういう説を立てるか考えてみよ。
2. 18 世紀末から 19 世紀初頭にかけて「質量保存の法則」，「定比例の法則」，「倍数比例の法則」が見いだされ，その後 3 大法則といわれて原子の実在の説明に用いられてきた。これらの法則と当時の原子説との関わりを調べよ。
3. 原子量の定義の変遷を調査せよ。
4. 現在の原子量の順によって元素を並べてみて，どの部分が原子番号の順と異なっているかを調べ，その理由を考察せよ。
5. デベライナーは，19 世紀はじめいくつかの元素が 3 つずつの組に分類できることを見つけた。これは三つ組元素（triad）と呼ばれ，周期律の先駆となったといわれる。これについて調べよ。
6. メンデレーエフが周期律の提唱者として他の化学者より高い評価を受けている理由を考察し，化学の理論の価値について論ぜよ。
7. メンデレーエフが現在と違った方法で元素を並べたにもかかわらず正しい周期表を見出すことができたのはどうしてか。
8. モーズリーの式について調べ，周期律の確立に対する彼の功績を評価せよ。

4章　原子の構造

4.1　原子構造の発見史

電子が発見されたのは 19 世紀末でした。原子から電子や放射線が飛び出してくることを知った科学者たちはびっくりしました。「物理学の危機」などとおおげさに言う人もいたぐらいです。不変不壊の究極粒子だと思っていた原子が壊れることがわかったからです。そこから原子の構造モデルが議論されるようになり，原子核の発見につながっていったのです。

陰極線と電子の発見

19 世紀半ば真空にしたガラス管の中の電流についての研究が始まった。電池につながれた 2 つの電極端子があるとき，負に荷電した電極を陰極（cathode），正に荷電した電極を陽極（anode）と名づける。陰極から陽極に向かって 1 種の放射光線が発見され，陰極から生じるので，陰極線（cathode ray）と呼ばれた。そして，1896 年，トムソンは陰極線が電場・磁場によって理論的に負に荷電した粒子が曲がる方向に偏向することを発見した。このことから陰極線は単なる粒子ではなく，負の電荷を帯びた粒子であることがわかった。

トムソンは陰極から出ている負の粒子を電子（electron）と名付けた。これが電子の発見である。それが粒子であることを実証するためには質量を測る必要がある。トムソンは電子の質量を求めることはできなかったが，電子の電荷と質量の比 1 $\times 10^8$ C g^{-1}(現在値 1.76 $\times 10^8$ C g^{-1}) を決定した。

1909 年にはアメリカのミリカンが油滴実験装置を作り電子の電荷の測定に成功した。その結果，電子 1 個の電荷(電気素量)は 1.591 $\times 10^{-19}$ C（現在では 1.602 176 634 $\times 10^{-19}$ C と修正，C はクーロンという電荷単位）であり，この値とトムソンが

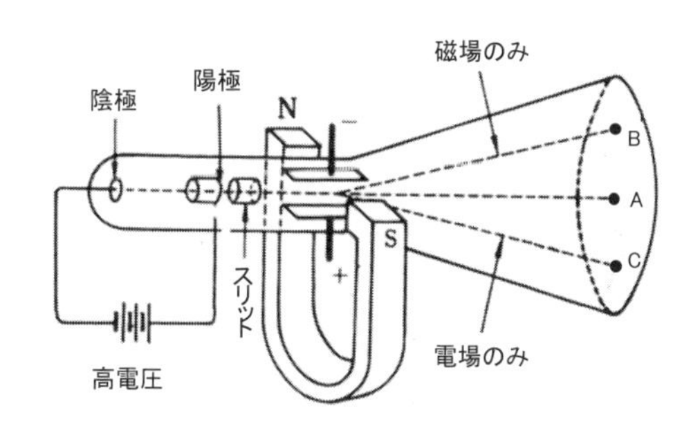

図 4.1　陰極線管（cathode ray tube, CRT）によるトムソンの実験

陰極から陽極へ向かう陰極線をスリットを通して蛍光板に当てると A 点が光る。それに磁場のみをかけた時は B 点，電場のみをかけた時は C 点が光る。この実験から得られる結論を電磁気学の理論を用いて説明せよ。

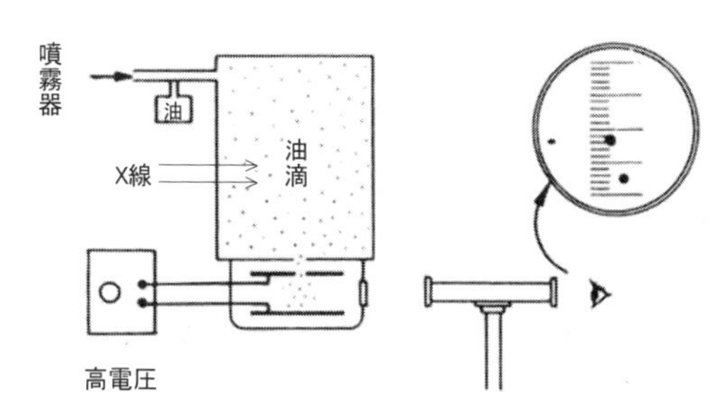

図 4.2　ミリカンの油滴実験装置

噴霧された油滴に X 線で電荷を与え，落下速度の変化を測定した。これからどうして電子 1 個がもつ電荷が測定できるのだろうか？

出した電子の電荷と質量の比から，電子の質量は 9.11×10^{-31} kg（現在 9.1095×10^{-31} kg）というごく微小な値が求められた。これは最も軽い水素原子の質量の約 1840 分の 1 である。

しかし，ごく微小であっても陰極を構成している物質の原子から飛び出してくることは，当時としては重大な発見であった。それは，原子は不変不壊ではなく，究極粒子でもなく，電子という組成を含む構造があることであった。

放射性元素の発見 1896 年ベクレルは，露光されていない写真用フイルムの上に天然のウラン鉱石の試料を置いたところ，光が当たってないのに感光していることに偶然に気がついた。この未知の光線（放射線）を自然に発生することを放射能（radioactivity）と呼んだ。いくつかの鉱石が放射能を示すことがわかり，放射性を示す元素（放射性元素）があることがわかってきた。

つづいて，ニュージーランド生まれのラザフォードは，3 種の放射線があることを明らかにした。電気的に正負に帯電した 2 つの板の前に放射性物質を置いたところ，ある放射線は負の方向に偏向（これを α 線と名付けた）し，ある放射線は正の方向に偏向（これを β 線と名付けた），さらに偏向しないで電気面を通過するもの（これを γ 線と名付けた）に分かれることを見出した。α 線と β 線は粒子線であり，α 線の粒子は，ヘリウムの原子核（陽子 2 個と中性子 2 個）であり，β 線粒子は，負の電荷を持った高速電子の流れであった。また，γ 線はX線に似ていて粒子性を示さない電磁波であることが明らかにされた。このようなことから，ラザフォードは 1902 年ソディーとともに「原子崩壊説」を改めて提唱した。

原子核の発見 電子を発見したトムソンは，原子は電気的に中性であることから，原子は正電荷を持った粒子の中に電子が埋め込まれている，いわゆるブドウパンのような原子模型をイメージしていた。これに対して，1903 年，日本の長岡半太郎が正電荷を持った粒子の周りにいくつかの電子が平面的に並んで回転している，いわゆる土星型原子模型を日本の学会誌に報告した。

いずれにしても，どうして原子の中に配列された正と負の電荷があるのか？という疑問が残る。1909 年ラザフォードらはそれを解決するために，薄い金箔に α 粒子を当てる有名な α 線散乱実験を行った。その結果，金箔に照射された α 粒子は，大部分通りぬけるが，ごく一部は大きく曲げられるということを発見した。これは，正の電荷を持つ α 粒子が同じく正の電荷をもつ核の近傍を通るときに電荷間に強い電気的斥力が働くためである。しかし，曲げられる粒子の割合が非常に低いことから，原子の中心にある極めて小さな核に正電荷と質量が集中していることがわかった。その核のことを原子核（atomic nucleus）と名付けた。当時，原子の直径はおおよそ 10^{-8} cm（=1 Å（オングストローム））程度と考えられていたが，原子核の直径は 10^{-12} cm 前後と見積もられた。つまり，原子核の大きさは，原子の 1 万分の 1 程度で，原子の大部分は空の空間（実は電

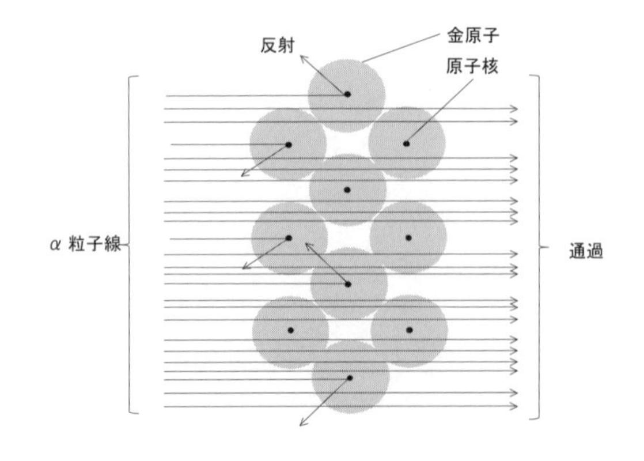

図 4.3 ラザフォードの α 線散乱実験

子が分布している）であることが明らかにされた。

現在ではこの原子核は陽子（proton）と中性子（neutron）とから成り立っていることがよく知られている。原子核内に中性子の存在が実験的に確認されたのは，はるかに遅れて1932年チャドウィックによってなされた。

原子スペクトルとボーアの原子模型

α線散乱実験の結果を受けて，1911年ラザフォードは原子の中心にある小さな原子核の周りを電子が回転している有核原子模型を提案した。しかし，負の電荷を持つ電子がなぜ正の電荷を持つ原子核から遠く離れて回転できるのかを説明できなかった。

この点を説明しようと試みたのがボーアである。彼は，水素の原子スペクトルが線スペクトルとなることを説明するために，プランクのエネルギー量子仮説（1900年）を原子中の電子のエネルギーに適用し，次のような仮定をたてた。

① 電子は原子核の周りの軌道上を円運動している（この軌道を**電子殻**という）。

② その円運動の半径は，量子数n（1, 2, 3・・・の正の整数）による一定の間隔にあるとびとびの値である（n = 1, 2, 3, 4・・・は電子殻のK, L, M, N・・・に対応する）。

③ 電子は回転運動してもエネルギーを失わないが，軌道間のエネルギー差に相当するエネルギーを吸収すると，より高いエネルギーレベルに励起する。この励起状態から低いエネルギーレベルに戻るとき，そのエネルギー差

$$\triangle E = h\nu \quad (h\text{はプランク定数})$$

に相当する振動数νの電磁波（光）を放射する。この振動数に相当する波長の線スペクトルが観測される。

水素の線スペクトルで観察される波長が計算した理論値と一致したことがボーア模型の有力な証拠になった。ただし，水素では一致したけれども，2つ以上の電子を持った原子のスペクトルを完全に説明するのは難しかった。最終的にハイゼンベルグの不確定性原理（1927年）によって電子の軌道をこのように確定的に記述できないことが指摘され，ボーア模型の時代は完全に終わった。現在の波動力学模型については次章で述べる。

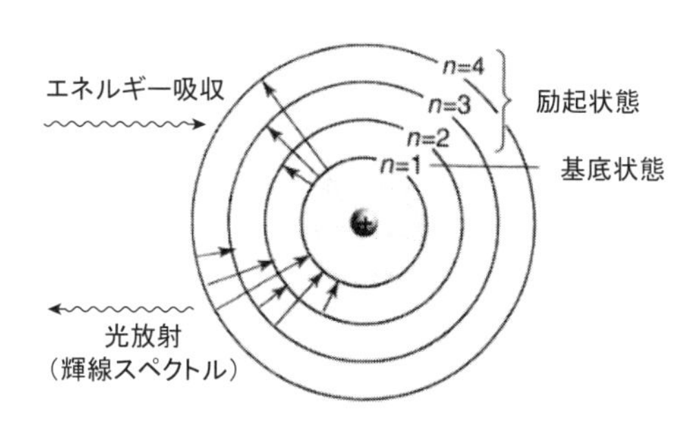

図 4.4　ボーア模型による水素原子のエネルギーの吸収と一定波長の光の放射

4.2 現代の原子構造論

原子は陽子，中性子，そして電子から構成されていることが今では明らかになっています。近年では，クォーク，ニュートリノなど，さらにこれらを形づくっている素粒子が見つかりましたが，化学的現象にはこれらはほとんど影響しません。原子核の中の出来事は物理学に任せておきましょう。原子核の外のイメージもボーアたちの時代とずいぶん違ってきています。さらに，前の章でメンデレーエフらの原子量による元素の周期表を学びましたが，現在の周期表や原子量の決め方も違います。おなじ術語でも時代とともに定義が変わることに注意してください。まだ，古い考えが語られていることがありますから・・・

原子の基本構成

現在考えられている原子像は次のようなものである。原子の中心に原子核があり，原子核の内部には正電荷を持った陽子と電荷を持たない中性子がある。そして，負電荷を持った何個かの電子は原子核の周りの空間に分布しているが，電子は明確な軌道で原子核の周りをまわっていない。電子は正確な位置を知ることは不可能である。これらの理由から，5.1 で詳しく説明するが，電子の存在は原子核の周りの判然としない雲のように書き表される。

表 4.1　原子の基本的構成粒子

粒子名	電荷／C	比電荷	静止質量／g	統一原子質量単位／u^{-1}（無次元数）
陽　子	$+1.602 \times 10^{-19}$	＋1	1.673×10^{-24}	～1
中性子	0	0	1.675×10^{-24}	～1
電　子	-1.602×10^{-19}	－1	9.109×10^{-28}	～0

4.1 に述べたようにして求めた電気素量は表中の電荷の値になるが，これをいちいち用いるのは面倒なので，電気素量 e を単位として，陽子の電荷は＋ e または＋ 1，電子の電荷は－ e または－ 1 と単純化した比電荷で表すと便利である。

電子の質量は，陽子・中性子の約 1／1840 しかなく，無視できるので，原子の質量は陽子の数と中性子の数が決まればほぼ決まる。そこで，原子核の中の陽子の数と中性子の数の和を質量数（mass number）として，これを原子の質量の相対的なめやすとする。質量に関しても，絶対質量を用いず，現在では質量数 12 の炭素（これを ^{12}C と表す）の質量 12 を基準として，その 12 分の 1 を 1（統一原子質量単位（u, unified atomic mass unit））とすると決められている。これは，相対的な値であるから単位を持たない無次元数である。amu を使えば，陽子・中性子の質量はおおよそ 1 となり，原子の質量は，**質量数＝陽子数＋中性子数**が相対的な質量比になる。

また，陽子の数を原子番号（atomic number）と改めて定義し，現在の元素の周期表は，原子量ではなくこの原子番号の順に並べられている。原子核の中の陽子の数が，各元素の化学的性質を規定しているのである。電気的に中性な原子では，**原子番号＝陽子数＝電子数**になる。

同位体と原子量

陽子の数が同じなら同じ元素と分類されるわけであるが，質量分析法を用いて原子の質量を詳しく調べると，同じ元素の原子でも原子核の中の中性子の数が違う原子が存在するのがわかってきた。たとえば，水素原子は必ず陽子は 1 個であるが，中性子が0個のものと1個のもの（重水素）と2個のもの（三重水素）がある。このように原子番号が同じで，中性子数の違いによって質量数が異なる原子をお互いに**同位体**（isotope）という。同位体は質量数が違うだけで化学的性質はほとんど同じである。

陽子の数が1個の原子は，普通の水素 ^{1}H のほかに中性子を1個持った重水素（deuterium, D, ^{2}H）がある。さらに，三重水素（tritium, T, ^{3}H）は放射性元素なのでトレーサーとして用いられる（23.3参照）。

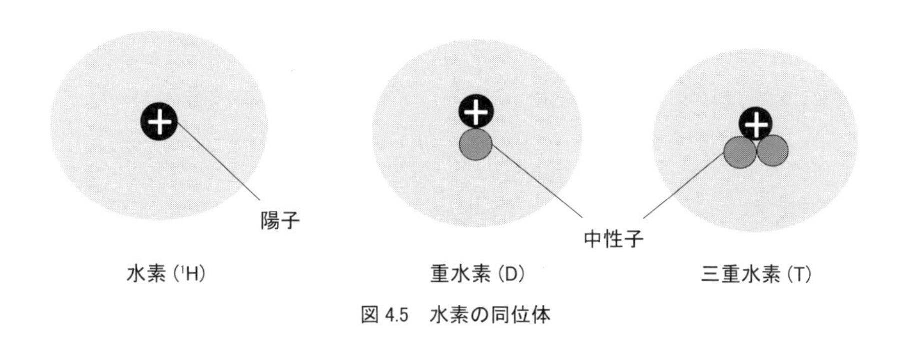

図4.5　水素の同位体

原子番号 Z や質量数 A を元素記号Xに添えて明記する場合は，$^{A}_{Z}$X と表記することになっている。例えば，塩素の場合は ^{35}Cl とか，^{37}Cl のように表し，塩素35とか塩素37と呼ぶ。また，質量数37，原子番号17，イオンの価数－1の塩化物イオンを詳しく表記したいときは右のように書く。

$^{37}_{17}\mathrm{Cl}^{-}$

全ての元素の**原子量**の値は，同位体の天然における存在比を考慮に入れて求められ，国際純正および応用化学連合（IUPAC）により統一されている。各同位体の相対質量（amu）にそれぞれの存在比を掛けて計算した値である。例えば，塩素の原子量に35.45と端数があるのはこのためである（34.969 × 75.77／100 ＋ 36.966 × 24.23／100 ＝ 35.45）。原子量の値は単位をもたない無次元数で表わされる。原子量の値は表見返しの周期表を参照すること。

表4.2　いくつかの元素の同位体比と原子量

元　素	主な同位体	相対質量	存在比（%）	原子量
水　素	^{1}H	1.0078	99.985	1.008
	^{2}H	2.0141	0.015	
	^{3}H	3.0167	（放射性）	
炭　素	^{12}C	12（基準）	98.9	12.01
	^{13}C	13.003	1.1	
	^{14}C	14.007	（放射性）	
塩　素	^{35}Cl	34.969	75.77	35.45
	^{37}Cl	36.966	24.23	

調査考察課題

1. 電気という言葉は，ギリシャ語の琥珀（こはく）に由来している。ギリシャ人は一片の布で琥珀をこすると，琥珀はごみや他の粒子を引き付けることがわかっていた。今日この効果は一般に静電気（static electricity）と呼ばれている。静電気の研究としてはアメリカの政治家としても有名なベンジャミン・フランクリンの凧を用いた実験（1751 年）が有名である。彼の「電気に関する実験と観察」について調べて評価せよ。
2. 放射性元素ラジウムの分離に関しては，キュリー夫妻の研究が有名である。どのように抽出分離したのか調べよ。
3. 長岡半太郎とその土星型原子模型の理論的根拠となったマクスウェルの土星の輪に関する理論について調べて感想を述べよ。
4. 原子核の確認から中性子の実証までに 20 年以上も間が開いているのはどうしてだろうか。
5. 中性の中性子と陽性の陽子とが硬く結びついて原子核を形成していることを不思議に思わないだろうか。そのような疑問からどのような理論が導かれたか調べてみよ。
6. 光の二重性（duality）とは，波動性（回折現象や干渉現象）を示すと同時に粒子性を示すことである。これは，光のエネルギーが定まった単位量（量子，quantum）のパケットとして運ばれるということを意味する。この理論はプランクによって仮説として提案（1900 年）されたが，アインシュタインが光電効果，光化学反応の説明に適用にして確実なものとなった（1905 年）。どのように説明されるか調べよ。
7. 原子量表を見て端数が整数に近くない原子量をもつ元素を探してみよ。
8. 基準である ^{12}C 以外の同位体の相対質量に端数が出るのはなぜか。
9. 元素と原子が 1 対 1 で対応するとしたドルトンの原子説はいまや成り立たなくなってきた。どういうことか考えてみよ。
10. どうして原子のスペクトルは線スペクトルになるのだろうか。それに対して，分子のスペクトルが帯スペクトルになるのはなぜか。

memo

5章　量子力学と電子配置

5.1　量子力学

量子力学というのは，1920年代の半ば，日本では昭和のはじめの頃に理論物理学者たちが築き上げた学問分野ですが，今では化学の領域に取り入れられ，量子化学という一分野を形成しています。原子内電子の様子が，シュレーディンガーが提案した波動方程式によって存在確率分布（つまりオービタル）として表現されます。それ以前の前期量子論に根拠を求めていたボーアの原子模型に代わる量子力学的な原子像が描かれるようになったのです。

ハイゼンベルグの不確定性原理

1927年，ドイツの理論物理学者ハイゼンベルグは，運動している物体の位置と運動量は同時には測定できないという不確定性原理（uncertainty principle）を提案した。粒子が一定の運動量を持っていても，将来どこにいるか？どのように動いているのか？両方を知るためには限界があることを示している。

ボーア模型の欠点は原子内の電子の軌道を一定なものとして古典力学的計算によって断定していることであった。この問題の解決方法は，原子内のどの位置においても電子を見いだすことができる可能性という観点から，原子内の電子配置を議論することである。存在確率という概念が，不確定性の限界からの解決策を導いたのである。

ド・ブロイの物質波とシュレーディンガーの波動方程式

光の二重性（duality）というのは，光が空間を通過する時には波動のように振る舞う波動性を示すと同時に，物質と接する時にはエネルギー量子として振る舞う粒子性を示すことである。光が干渉や回折の現象を起こすことは波動性で説明され，光電効果*や光化学反応などは粒子性によって説明される。では，物質についてはどうだろうか？フランスの理論物理学者ド・ブロイは，アインシュタインの理論（$E = mc^2$）によってエネルギーと物質が同等だとすれば，物質にも二重性があるはずだと考えた（1924年）。類型思考の結果である。物質粒子が示す波動性を物質波（matter wave）あるいはド・ブロイ波（de Broglie wave）という。物質の最も微小な粒子と考えられる電子については，特に波動性が強く表れることになる。

この概念をもとに，1926年，オーストリアの物理学者シュレーディンガーは，電子を粒子としてではなく，空間に広がる波としてとらえ，三次元的に閉じ込められた空間における波動の式を作り上げた。それは，現在シュレーディンガーの波動方程式と呼ばれる次の**偏微分方程式****である。

$$\frac{\partial^2 \psi}{\partial x^2} + \frac{\partial^2 \psi}{\partial y^2} + \frac{\partial^2 \psi}{\partial z^2} + \frac{8\pi^2 m}{h^2}(E - V)\psi = 0$$

***光電効果**：物質が光を吸収して自由に動ける電子（光電子）を放出すること。つまり，光によって電流が得られること。現在各方面で実用化されている。

****偏微分方程式**：数学ノート（p.94）参照

ここで，ψ は波動関数，m は電子の質量，E は全エネルギー，V はポテンシャルエネルギーである。この方程式は電子などのミクロな世界を記述する量子力学の基礎方程式となっている。量子力学では，すべての物体がもつ粒子性と波動性の二重の性質がこの方程式で統合され，その解として得られる波動関数（wave function）の二乗 ψ^2 が電子の存在確率を表わすと考える。この考えは，原子内電子の広がりを三次元的に表現した模型（量子力学模型あるいは電子雲模型），さらには分子の立体的な形状まで説明できる理論として現在の量子化学の基礎となっている。

5.2　原子軌道

量子力学モデルはエネルギーを量子化した波として電子を取り扱うことによって原子の性質を説明します。電子の位置やどのようにそれが動くか記述することはできませんが，モデルは電子が原子核の周りのある位置に存在する確率を記述することができます。どのようにしてその電子を可視化することができるのでしょうか？この問題に答えるのがこの節です。

電子の存在確率と原子軌道（オービタル）

原子核の周りの様々な位置における電子の存在確率（probability）は負の電荷を持ったぼんやりとした雲のように表わされる（電子雲表示）。電子の存在確率が高い所は雲が濃くなり，電子雲（electron cloud）の密度は高い。逆に電子の存在確率が低い所は薄くなり，電子雲の密度は低い。電子雲の密度の濃淡を電子の存在確率あるいは単に電子密度（electron density）として表現することがあるが，実際は電子 1 個分の電荷量の分布である。

原子軌道（atomic orbital）とは，ある特有の形，大きさ，エネルギーを持っている電子の存在領域のことを意味する。軌道といってもボーア模型の円運動のように電子の通り道を示しているわけではない。電子が実際にどう動くかについては記述できない。ψ^2 が存在確率を表わすにすぎないからである。

波動方程式を解いて原子軌道（電子の存在領域，オービタル）を求めるには，量子条件といわれる次の 4 つの量子数（quantum number）を規定する必要がある。

① **主量子数**（n）: n=1, 2, 3・・・。ボーア模型での K, L, M・・・殻に相当し，分布領域の原子核からの距離が順に遠くなり，エネルギーは大きくなる。

② **副（方位）量子数**（l）: $l = 0 \sim n-1$。$l = 0$ が s，以下 p ($l = 1$), d ($l = 2$), f ($l = 3$)・・・軌道と呼称する。これによって，存在領域の形状が決まる。

③ **磁気量子数**（m）: p 軌道以降に現れる三次元的な方向性の違い。磁場に置かれたときこの違いが現れる。とりうる値は，0, ± 1, ± 2・・・± l である。

④ **スピン量子数**（s）: スピンと呼ばれる電子の持つ固有の性質を＋ 1/2 と－ 1/2 で表す。逆符号の電子は対になるが，同符号だと対にならない。パウリの排他律・フントの規則（次節で述べる）に関係する。

これらのうち，主量子数と副量子数によって原子軌道のエネルギーや存在確率分布の大きさ・形状が決まってくるので，この 2 つで原子内の電子を分類・呼称する。例えば，1s, 2s, 2p, 3s, 3p, 3d など，$n\,l$ の形式で書く。1s と 2p 原子軌道について，電子雲表示と分布，略記法を図 5.1,

5.2 に示す。また，各軌道のエネルギー準位の関係図を図 5.3 に示す。

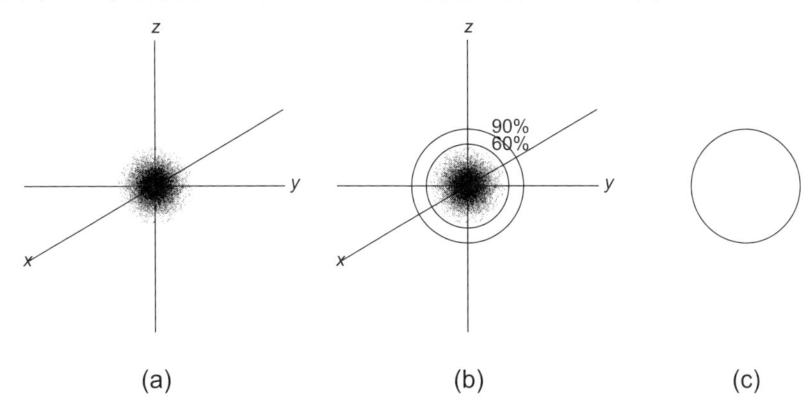

図 5.1　s 軌道の電子雲表示（a）と電子密度分布（b）と略記法（c）

s 軌道（$l = 0$）の電子雲の形と大きさを表すために右側に円で描かれているが，実は分布確率 90%が含まれている球のつもりである。残りの 10%は理論上無限遠まで分布している。このように簡略化してはいるが，決してこの円の上や球の表面上に電子が多く分布しているわけではないことに注意しよう。s 軌道の場合，電子密度が最も高いのは中心部である。

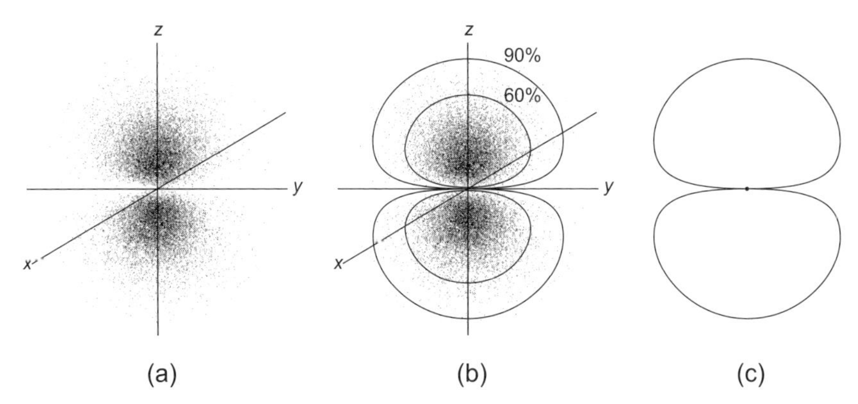

図 5.2　p 軌道の電子雲表示（a）と電子密度分布（b）と略記法（c）

p 軌道（$l = 1$）に関する電子密度と 90%の輪郭を示している。p 軌道の電子密度が最も高い箇所は原点の上下の 2 点である。

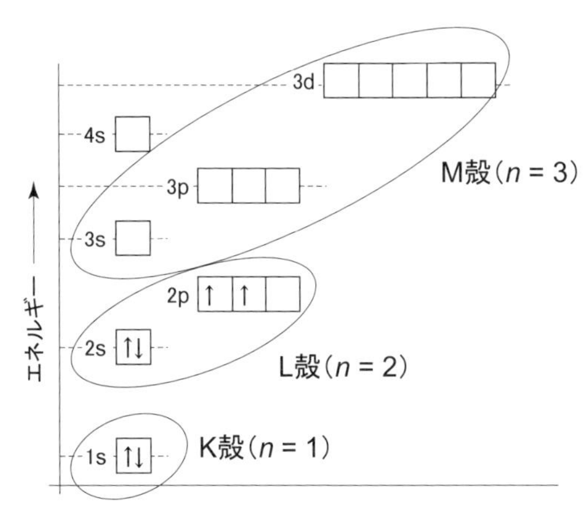

図 5.3　原子軌道のエネルギー準位

1 つの箱が 1 つの軌道を表す。3d と 4s ではエネルギー準位が逆転していることに注意。ボーア模型での呼称である K 殻，L 殻，M 殻は，それぞれ 1s，2s + 2p，3s + 3p + 3d，のように細分化されている。

軌道のエネルギー準位

2個以上の電子を持つ原子は電子配置がどのような電子雲，形状，エネルギーをとるのだろうか？主とするエネルギー準位は，主量子数nで表わされる。副量子数lを反映して，それぞれエネルギー準位がわずかに異なったいくつかの副準位（サブレベル）の電子軌道に分かれている。

エネルギー準位，副エネルギー準位，および電子の数は次のように略記する。

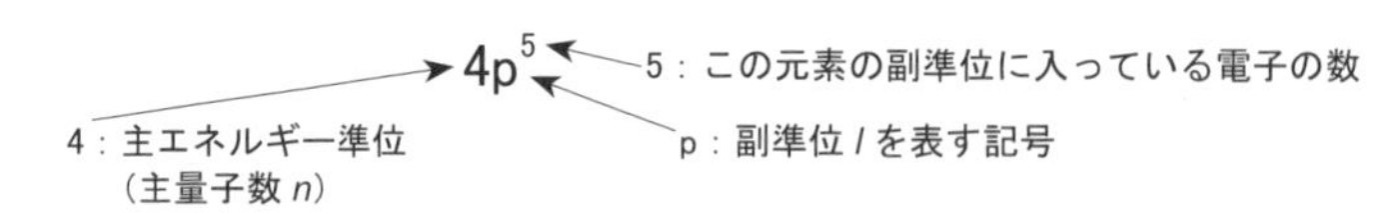

1番目のエネルギー準位（$n = 1$）は，ただ1つの球形の1s軌道のみである。図5.3のように，2番目のエネルギー準位（$n = 2$）には，2s軌道，2p軌道と呼ばれる2つのサブレベルがある。2sは1sと同じ球状だが，少し大きくエネルギー準位が高い。3sはもっと大きい。

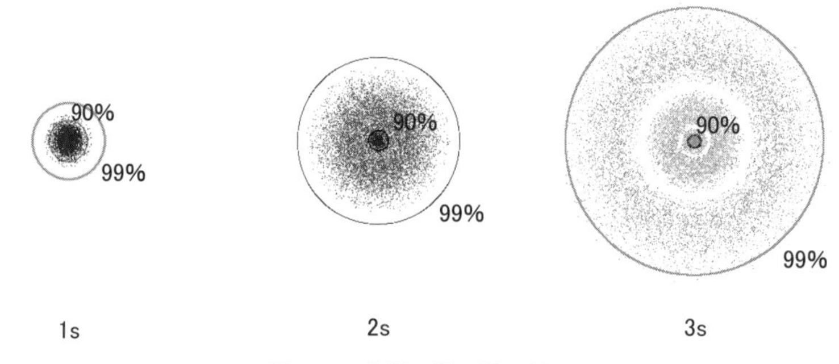

図 5.4　s軌道の電子雲の断面

1sに比べると3sは半径で約3倍の遠くまで広がっている。ただし，同じ1個分の電子であるから広がった分だけ分布密度は小さくなる。波動の節になる部分が，2sでは1つ，3sでは2つあり，理論上この部分の存在分布がゼロになっている。

2pは2sより少しだけ高いエネルギーを持っている。2p軌道は等価なエネルギーを持つ3つの軌道からなるが，磁気量子数を反映しておのおの90°の角度で原子核から伸びている。それらが存在する軸方向に合わせてそれぞれ$2p_x$, $2p_y$, $2p_z$軌道と呼ぶ。

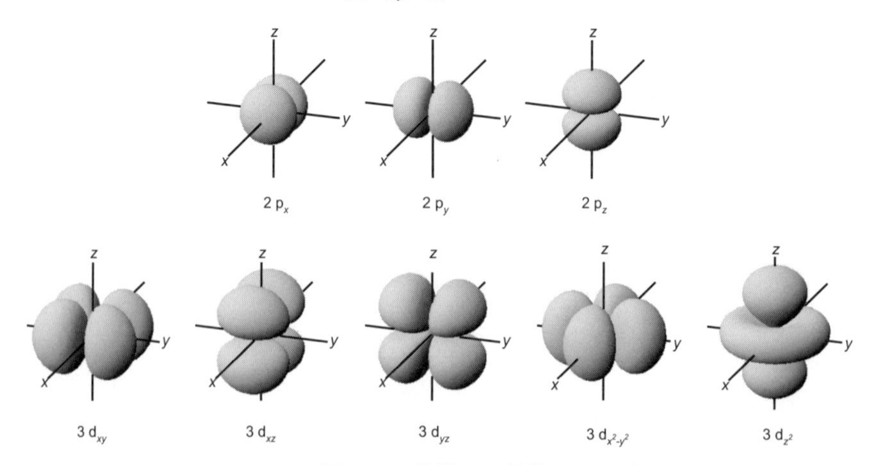

図 5.5　2p軌道と3d軌道

この図では，見やすくするために界面が明確に書かれているが，実際は図5-2（a）のように界面のない雲状である。

3番目の主エネルギー準位（$n=3$）は3つのサブレベル，3s, 3p, 3dを持っている。エネルギーの大きさは3s<3p<3dの順である。3つの等価な3p軌道は2p軌道よりも大きくより大きなエネルギーで，原子核より遠い所で存在している。3d軌道は図5.5のような形状をした5個の軌道からなる。副量子数$l=2$であるので，磁気量子数は0, ±1, ±2の5つに分かれるからである。

5.3　電子配置

原子の電子配置とは原子内で電子がどの原子軌道にどのように入っているかということです。このことは，次の章の周期律による元素の分類に大きく関わってきます。また，どうやって化学結合するのかを理解するためにも極めて重要です。電子配置を決める3つの規則，構成原理，パウリの排他律，フントの規則を学びますが，提案された当時の呼び名を残したままです。どうしてそうなるのか説明できない「原理」として認識しておきましょう。

電子配置の決定

原子の電子配置の決定は軌道の相対エネルギーを理解すると簡単に理解できる。電子が最も低いエネルギー軌道に集まっている時，**基底状態**（ground state）にあるといい，基底状態は最も安定であり，原子の最小エネルギー状態である。基底状態における電子の配置は，軌道のエネルギー準位と3つの重要な原理，すなわち構成原理，パウリの排他原理，フントの規則によって決定される。

① 利用できる最も低いエネルギーの原子軌道から電子が順番に埋められていくことを構成原理（Aufbau（ドイツ語）principle）という。中性の原子内の電子の数は元素の原子番号と一致する。前節で述べたように，軌道のエネルギー準位と形状は，主量子数と副量子数によって規定され，軌道の向きは磁気量子数によって決まる。図5.3のようにエネルギーの順序は，1s＜2s＜2p＜3s＜3p＜4s＜3d＜・・・となるが，原子の種類によって例外もある。

② 各軌道に対する電子の納り方に関与するのが，先に述べた第4の量子数，スピン量子数である。1つの軌道には最大2個の電子が入ることができるが，2つの電子は必ず逆スピンでなければならない。この規則は**パウリの排他原理**（Pauli exclusion principle）と呼ばれる。逆スピンを持つ電子が同一軌道を占有する場合，電子は対（pair）をなしているといい，軌道内に1つしか存在しない電子は，不対電子（unpaired electron）という。スピン1/2の電子を↑，－1/2の電子を↓で表わし，電子の対は[↑↓]となる。

③ 同じ軌道エネルギーの軌道が複数ある（s軌道以外の軌道）場合に，2個以上の電子を配置するときには**フントの規則**（Hund’s rule）に従う。それは，i）できる限り異なる軌道に入る，ii）スピンは同一になる，という規則である。例えば，p軌道に3個の電子が入るときは[↑|↑|↑]となる。

上の3つの規則を使えば，図5.3のエネルギーの低い下の箱から順に，1つの箱に2個ずつ電子をつめて行き，電子の総数が原子番号に一致するようにすれば，原子の電子配置が決まることになる。最大電子収容数はs軌道が2，p軌道が6，d軌道が10，f軌道が14であり，その結果，主量子数nの電子殻には最大$2n^2$個の電子が入ることができる。

s 軌道 [↑↓]，p 軌道 [↑↓|↑↓|↑↓]，d 軌道 [↑↓|↑↓|↑↓|↑↓|↑↓]，f 軌道 [↑↓|↑↓|↑↓|↑↓|↑↓|↑↓|↑↓]

K 殻（$n = 1$）: 2 個，L 殻（$n = 2$）: 8 個，M 殻（$n = 3$）: 18 個，N 殻（$n = 4$）: 32 個

表 5.2 にいくつかの原子の電子配置を示した。例えば，原子番号 6 の炭素原子 C は，6 個の電子が 1s [↑↓] 2s [↑↓] 2p [↑|↑|] と配置され，これを $1s^22s^22p_x^12p_y^1$ または $1s^22s^22p^2$ と表記する（表見返しの周期表を参照すること）。

表 5.1　軌道の最大電子収容数

主量子数 n	1	2		3			4			
電子殻	K	L		M			N			
副量子数 l	0	0	1	0	1	2	0	1	2	3
軌　道 nl	1s	2s	2p	3s	3p	3d	4s	4p	4d	4f
最大電子数	2	2	6	2	6	10	2	6	10	14
合　計 $2n^2$	2	8		18			32			

表 5.2　いくつかの原子の電子配置とその表示

原　子		電　子　配　置		1s	2s	$2p_x$	$2p_y$	$2p_z$
第 1 周期	H	$1s^1$		↑				
($n = 1$)	He	$1s^2$	([He])	↑↓				
	Li	$1s^22s^1$	([He] $2s^1$)	↑↓	↑			
	Be	$1s^22s^2$	([He] $2s^2$)	↑↓	↑↓			
	B	$1s^22s^22p_x^1$	([He] $2s^22p^1$)	↑↓	↑↓	↑		
第 2 周期	C	$1s^22s^22p_x^12p_y^1$	([He] $2s^22p^2$)	↑↓	↑↓	↑	↑	
($n = 2$)	N	$1s^22s^22p_x^12p_y^12p_z^1$	([He] $2s^22p^3$)	↑↓	↑↓	↑	↑	↑
	O	$1s^22s^22p_x^22p_y^12p_z^1$	([He] $2s^22p^4$)	↑↓	↑↓	↑↓	↑	↑
	F	$1s^22s^22p_x^22p_y^22p_z^1$	([He] $2s^22p^5$)	↑↓	↑↓	↑↓	↑↓	↑
	Ne	$1s^22s^22p_x^22p_y^22p_z^2$	([Ne])	↑↓	↑↓	↑↓	↑↓	↑↓

1 つの軌道に入る電子を矢印で，そのスピンの違いをその向きで表す約束になっている。2 個の電子で埋まっている軌道ではパウリの排他原理が，1 個しか入っていない軌道ではフントの規則が成り立っていることを確かめよ。第 1 周期では He，第 2 周期では Ne ですべての軌道がちょうど埋まる。これを**閉殻構造**という。この構造を [He]，[Ne] と表わし，電子配置をさらに略記することがある。

調査考察課題

1. 物理学で学ぶ光の干渉・回折現象は波動性とどう関わっているか。音波の場合と対照して考察せよ。
2. アインシュタインが光電効果や光化学反応をプランクの量子仮説を用いて説明に成功したことはよく知られている。その理論を調べよ。
3. 有名なアインシュタインの式 $E = mc^2$ の意味と意義を論じ考察せよ。
4. 副準位は，s, p, d, f のように記号で表現される。それぞれ何個の原子軌道で構成され，全体で何個の電子が入りうるかを一覧表にまとめよ。
5. 電子スピンというが電子は本当に自転（spin）しているのであろうか。電子は原子内では波動として扱われることと矛盾しないだろうか。電子のスピンという性質が発見されたいきさつを調べ，現代の物理学ではどう考えられているのか考察せよ。
6. エネルギーは量子化されているというが，身の周りの現象で実感できないのはなぜだろうか。
7. ここに 60 ℃前後のお湯が 10 mL ほどあり，その現在の温度を正確に知りたい。しかし，室温にある普通の温度計では正確に測定することはできない。どうしてだろうか。不確定性原理の基本的理論と関連付けて考えてみよ。

6章　周期表の理解

6.1　周　期　表

表紙裏に現在の周期表があります。これを見ると，周期表がどのようにして作られているかがわかり，各元素の基本的な性質がわかります。各元素の性質についてたくさんの事実を暗記する必要はありません。元素の周期表での位置を知り，その位置が意味するものを理解すれば，その性質を予測することができるからです。

周期表の構成

表紙裏に記載した周期表には，中央に元素記号が原子番号とともに記され，下には元素名，原子量，電子配置が記されている。このほか，いろいろな情報を掲載した各種の周期表が知られている。周期表（periodic table）は周期律（periodic law）を反映しており，似た性質をもつ元素が縦に並んでいる。この縦の列を族（group）という。横の行は周期（period）と呼ばれる。周期表は7つの周期と18の族で構成される。

各周期は，下に行くほどより多くの元素で構成されている。第1周期は水素（H）とヘリウム（He）の2個だけである。第2周期と第3周期にはそれぞれ8個の元素がある。第2周期はリチウム（Li）からネオン（Ne）まで，第3周期はナトリウム（Na）からアルゴン（Ar）までである。第4周期と第5周期にはそれぞれ18個の元素がある。第6周期は32個である。左から3番目と4番目の列の間に入るべき14個の元素（ランタニドという）が，第7周期の同じ位置の元素（アクチニドという）と一緒に表の下のほうに並んでいる。なお，ランタンを含めた15個の元素をランタノイド（ランタン系列），アクチニウムを含めた15個の元素をアクチノイド（アクチニウム系列）としてまとめて呼ぶ。現在それぞれランタノイドおよびアクチノイドと同じ意味で用いられることが多い。現在では118番元素まで確定されている。

周期表によっては，水素だけが他の元素と少し離して配置されていることもある。これは水素が特別の元素だからである。実は，水素はどの族のメンバーでもない。便宜的に1族に分類されることが多いが，当然，金属ではなく，17族元素（ハロゲン）と共通する性質も少なくない。このため，水素を17族に置く周期表もあるし，両者の中間に置くことも提案されている。

また，第2，第3周期までの元素を主として議論するときには図6.1のように短周期型の周期表が便利である。これは，8～10族を新たにVIII族として取分け，1～7族の上に11～17族を重ねてI～VII族とし，前者をA，後者をBとして区別する。こうすると，第2，第3周期の切れ目がなくなる。

さらに，表紙裏の周期表の下のほうにはランタニドとアクチニドがはみ出て書かれている。本来ならば，図6.2のように間に割り込ませて書かれるべきものであるが，横長になりすぎて不便なので通常はみ出して配置したものを長周期型周期表として用いる。

周期＼族	I A	I B	II A	II B	III A	III B	IV A	IV B	V A	V B	VI A	VI B	VII A	VII B	VIII	0
1	$_{1}$H															$_{2}$He
2	$_{3}$Li		$_{4}$Be			$_{5}$B		$_{6}$C		$_{7}$N		$_{8}$O		$_{9}$F		$_{10}$Ne
3	$_{11}$Na		$_{12}$Mg			$_{13}$Al		$_{14}$Si		$_{15}$P		$_{16}$S		$_{17}$Cl		$_{18}$Ar
4	$_{19}$K	$_{29}$Cu	$_{20}$Ca	$_{30}$Zn	$_{21}$Sc	$_{31}$Ga	$_{22}$Ti	$_{32}$Ge	$_{23}$V	$_{33}$As	$_{24}$Cr	$_{34}$Se	$_{25}$Mn	$_{35}$Br	$_{26}$Fe $_{27}$Co $_{28}$Ni	$_{36}$Kr
5	$_{37}$Rb	$_{47}$Ag	$_{38}$Sr	$_{48}$Cd	$_{39}$Y	$_{49}$In	$_{40}$Zr	$_{50}$Sn	$_{41}$Nb	$_{51}$Sb	$_{42}$Mo	$_{52}$Te	$_{43}$Tc	$_{53}$I	$_{44}$Ru $_{45}$Rh $_{46}$Pd	$_{54}$Xe
6	$_{55}$Cs	$_{79}$Au	$_{56}$Ba	$_{80}$Hg	$_{57}$La	$_{81}$Ti	$_{72}$Hf	$_{82}$Pb	$_{73}$Ta	$_{83}$Bi	$_{74}$W	$_{84}$Po	$_{75}$Re	$_{85}$At	$_{76}$Os $_{77}$Ir $_{78}$Pt	$_{86}$Rn
7	$_{87}$Fr	$_{111}$Rg	$_{88}$Ra		$_{89}$Ac		$_{104}$Rf		$_{105}$Db		$_{106}$Sg		$_{107}$Bh		$_{108}$Hs $_{109}$Mt $_{110}$Ds	

ランタニド	$_{58}$Ce	$_{59}$Pr	$_{60}$Nd	$_{61}$Pm	$_{62}$Sm	$_{63}$Eu	$_{64}$Gd	$_{65}$Tb	$_{66}$Dy	$_{67}$Ho	$_{68}$Er	$_{69}$Tm	$_{70}$Yb	$_{71}$Lu
アクチニド	$_{90}$Th	$_{91}$Pa	$_{92}$U	$_{93}$Np	$_{94}$Pu	$_{95}$Am	$_{96}$Cm	$_{97}$Bk	$_{98}$Cf	$_{99}$Es	$_{100}$Fm	$_{101}$Md	$_{102}$No	$_{103}$Lr

図 6.1　短周期型周期表

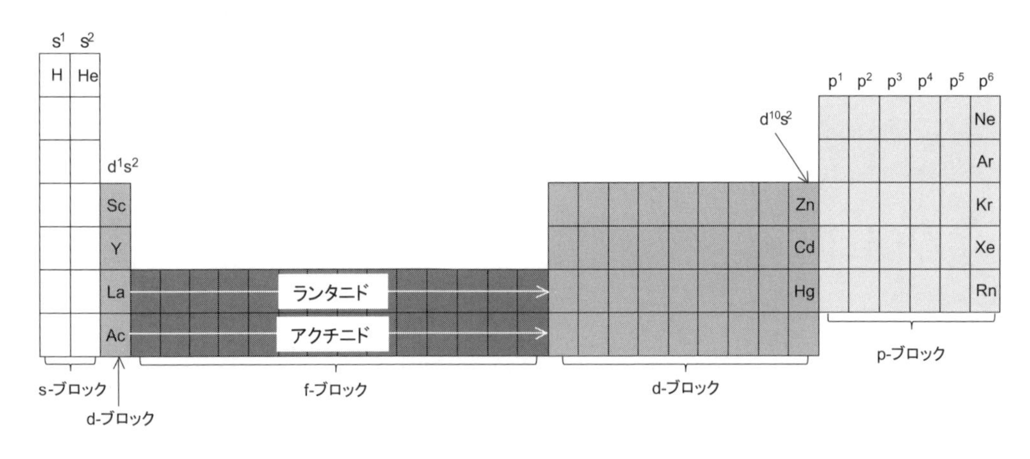

図 6.2　周期表の全体構成とブロック分け

族の分類　周期表の各族はそれぞれ固有の番号で区別されている。族番号の表し方は時代と共に変わってきたが，国際純正および応用化学連合（IUPAC）の 1985 年の勧告に従い，現在では左から順に 1 から 18 までの数字で表している。共通する性質が顕著な族には，族番号に加えて，その性質を表す固有の名前がついている。たとえば，1 族は H を除いて**アルカリ金属**，2 族は**アルカリ土類金属**，17 族は**ハロゲン**，18 族は**貴ガス**（または希ガス）と呼ばれる。他の族は，族の最初の元素の名前で呼ばれることがある。たとえば，14 族は炭素族と呼ばれる。

電子配置と周期表　周期表は，元素を分類し，その性質を理解するのに便利であるが，これが可能なのはどうしてだろうか？周期表は原子の原子番号の順に並んでおり，原子番号は原子核を構成する陽子の数であるが，同時に原子核の回りにある電子の数とも等しい。周期表を理解するには，原子核の回りに電子がどのように配置されているのかを知する必要がある。

1族元素の上の3つを例として考えてみよう。これらの原子の最もエネルギーの高い電子はs軌道に1個入っている。この**最外殻電子**（主量子数 n が最大の軌道に入っている電子）は**価電子**（valence electron）と呼ばれ，原子の化学的性質を決める。周期表は，価電子数の同じ原子が同じ縦列，すなわち同じ族に配置されている。同族元素は，電子配置が互いに似ているので，性質もまた互いに似ているのである。

電子配置を簡潔に表すために，内殻電子の配置は，それに対応する貴ガスの配置で省略して表す。たとえば，[He] は $1s^2$ に，[Ne] は $1s^2\,2s^22p^6$ に対応する。これを用いて1族元素の電子配置を表すと次のようになる。

H: $1s^1$　Li: [He]$2s^1$　Na: [Ne]$3s^1$　K: [Ar]$4s^1$　Rb: [Kr]$5s^1$　Cs: [Xe]$6s^1$

各元素がいずれもs軌道に価電子を1個持っていること，そして最外殻の軌道の主量子数 n が周期の番号に等しいことがわかる。つまり最外殻が ns^1 となっている。同様に最外殻の電子配置が，2族は ns^2，17族は ns^2np^5 となっている*。

ブロックによる元素の分類

各元素の電子配置が周期表の形を決めるカギとなっている。電子配置の最外殻の軌道の副量子数，あるいはs, p, d, fによって分類すると周期表上にブロックができる。全体構成を示す図6.2中に記入した。

s-ブロック元素　このブロックは，第1周期元素の水素とヘリウム，そして1族および2族元素で構成される。これらの元素は，価電子がs軌道にだけ入っており，水素とアルカリ金属の最外殻電子配置は s^1 で，ヘリウムと2族元素の電子配置は s^2 である。

p-ブロック元素　このブロックは，周期表の右寄りの13～18族の6つの族であり，いずれも価電子がp軌道に入っている。どの周期でも，p軌道の最外殻電子数は左から順に p^1・・・p^6 となる。第1周期元素はp軌道に電子が入っていないので，このブロックは第2周期から始まる。

d-ブロック元素　このブロックは3～12族の10個の族である。第4周期のSc（原子番号21）からこのブロックが始まる。Scの場合，価電子の電子配置は $3d^14s^2$ で，4sの次に電子が入るのが4pではなく3dである。図5.3で指摘したように，これらの間にエネルギー準位の逆転が起こるためである。d軌道に電子が入りだすのでd-ブロックという。

f-ブロック元素　このブロックの元素は，第6, 7周期のLa, Acの次に並んでいるランタニド，アクチニドと呼ばれる2行14列28個の元素である。周期表中に示した電子配置からわかるように，このブロックでは，電子はf軌道に順序よく入るわけではない(LaとAcを含める場合もある)。

s-ブロック元素とp-ブロック元素は，それぞれsとp軌道に順序よく電子が入るので典型元素（representative element），d-ブロック元素とf-ブロック元素は内側の軌道が空になっているところがあるので，遷移元素（transition element（metal））と呼ばれる。ただし，IUPACの定義では12族（亜鉛族）は典型元素（電子配置が $d^{10}s^2$ で一定）に含められている。

＊ 表紙裏の周期表に付記した電子配置もこのような方式で表記されている。

6.2　元素の性質の周期性

元素の化学的性質は電子配置によって決まります。そして，周期表では電子配置が似ている元素は同じ縦の列に並ぶようになっています。このため，周期表での元素の位置から，元素について多くの事実を予測することができます。元素の性質の多くは，周期表を横向きにたどると予測どおりに変化し，もとに戻ります。このような変化を性質の周期律といいます。

原子半径とイオン半径

原子は球形だと考えられており，その半径すなわち原子の中心から最外殻電子までの距離を**原子半径**（atomic radius）という。実際には原子を取りまく電子雲には明確な境界があるわけではないが，それでも原子半径を決める方法はいくつかある。共有結合半径というのは，同じ元素の原子間の結合距離の半分と定義されている。一方，イオンの半径（ionic radius）は，イオン結晶の格子定数（**14.1** 参照）から同様に求められる。

H 3.7							H 3.7 19.4 H^-	He 14.0
Li 15.2 8.8 Li^+	Be 11.3 5.9 Be^{2+}		B 9.0 2.6 B^{3+}	C 7.7 0.6 C^{4+}	N 5.5 15.7 N^{3-}	O 6.0 12.6 O^{2-}	F 7.1 11.9 F^-	Ne 15.4
Na 18.6 11.6 Na^+	Mg 16.0 8.6 Mg^{2+}		Al 14.3 6.7 Al^{3+}	Si 11.8 5.4 Si^{4+}	P 11.1 19.8 P^{3-}	S 10.4 17.0 S^{2-}	Cl 9.9 16.7 Cl^-	Ar 18.8
K 22.6 15.2 K^+	Ca 17.9 11.4 Ca^{2+}	Zn 13.3 8.9 Zn^{2+}	Ga 12.4 7.6 Ga^{3+}	Ge 12.3 6.8 Ge^{4+}	As 12.5 20.8 As^{3-}	Se 11.6 18.4 Se^{2-}	Br 11.5 18.2 Br^-	Kr 20.2
Rb 24.4 16.3 Rb^+	Sr 21.5 13.0 Sr^{2+}	Cd 14.9 10.9 Cd^{2+}	In 16.2 9.3 In^{3+}	Sn 14.1 8.3 Sn^{4+}	Sb 14.5 7.5 Sb^{5+}	Te 14.3 20.7 Te^{2-}	I 13.3 20.6 I^-	Xe 21.6
Cs 26.2 18.4 Cs^+	Ba 21.8 15.0 Ba^{2+}	Hg 14.1 11.6 Hg^{2+}	Tl 16.8 16.4 Tl^{3+}	Pb 17.6 9.2 Pb^{4+}	Bi 15.5 8.6 Bi^{5+}	Po 16.7	At 20.2	Rn 22.0

図 6.3　典型元素の原子半径とイオン半径 / 10^{-2} nm

比較のために両者を一緒に表した。各欄の半円の上が原子，下がイオンの大きさを表す。原子半径に比べて，陽イオン（カチオン）は小さく，陰イオン（アニオン）は大きくなることが読み取れる。Hに関しては，H^+（プロトン）をアルカリ金属族，H^-（ヒドリド）をハロゲン族の上に描いた。ただし，プロトンは小さくてこの倍率でも見えない。

この図表から次のような傾向がわかる。

① 同族元素では，周期表の下に行くほど原子半径は大きくなる。

② 同じ周期の元素では，右に行くほど原子半径は小さくなる。

どうしてこのような傾向が現れるのだろうか？第1の傾向は，下に行くにつれて最外殻電子の主量子数が大きくなり，原子核から遠ざかることから理解できる。第2の傾向を理解するには，同じ周期の元素の最外殻電子の主量子数は同じであることに注目する必要がある。一方，周期表の右に行くにつれて，原子核内の陽子数が増え，核の正電荷が大きくなる。この結果，原子核の回りのすべての電子は，より強く原子核に引きつけられる。このために，周期表の右の元素ほど原子の大きさが小さくなる傾向がある。

イオン半径も同様の傾向を示す。原子が電子を失って陽イオンになると，半径が小さくなる。最外殻電子が少なくなるだけでなく，電子間の反発も小さくなるため，原子核により強く引き付けられるからである。逆に，電子を受け取り陰イオンになると半径が大きくなる。

注意すべきことは，15族の陰イオン（たとえばN^{3-}）から次の周期の14族の陽イオン（たとえばSi^{4+}）までは同数の電子をもっている点である。一方，原子核の正電荷は原子番号と共に大きくなるため，周期表の右に向かい，原子番号が大きくなるほどイオンの半径は小さくなる。

イオン化エネルギーと電子親和力

イオン化エネルギー（ionization energy，第一イオン化エネルギー（first ionization energy）ということもある）は，原子核の回りの電子を1個，取り去るために必要なエネルギーである。イオン化エネルギーは，原子核がどれだけ強く電子を引きつけているかを示す指標となる。

逆に，**電子親和力**（electron affinity）は，原子が電子を1個余分に受け取って1価の陰イオンになるときに必要なエネルギーである（陰イオンになるとき放出されるエネルギーとして定義される場合もあり，このときの符号の正負は逆となる）。

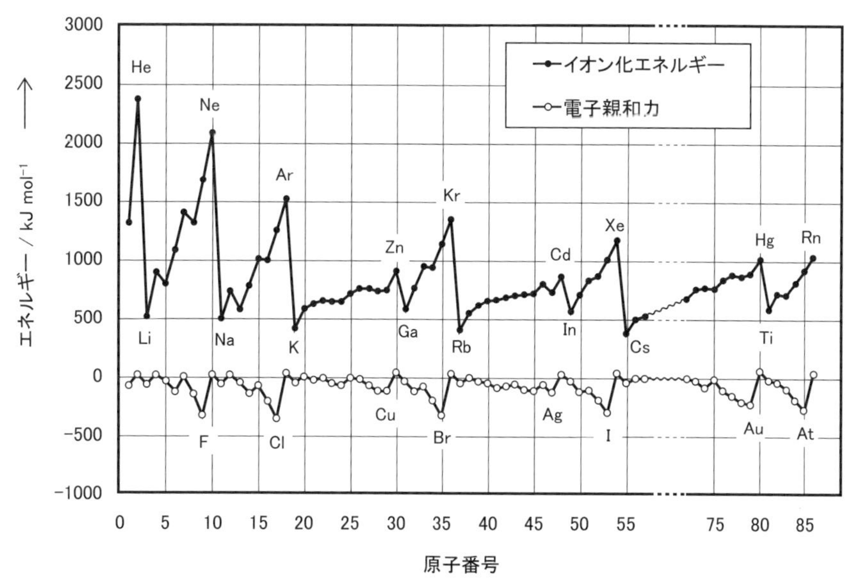

図6.4　イオン化エネルギーと電子親和力の原子番号による変化（波線部はランタニド）

それぞれ kJ mol^{-1} の単位で表し一緒に表示した。大小の関係が一目瞭然である。例えば，Na のイオン化エネルギーが低く，Na^+ になりやすいこと，Cl の電子親和力も低く Cl^- になりやすいことがよくわかる。

イオン化エネルギーに関して周期表と比較すると次のような傾向に気づく。

① 同族元素では周期表の下に行くほど小さくなる。（例えば1族のH，Li，Na，K・・・）

② 同じ周期では左から右に行くほど大きくなる。

これらの傾向が原子半径とまったく逆であるのは偶然だろうか？どちらも電子がどれだけ強く原子核に引きつけられているかで決まる。小さな原子の電子ほど原子核に強く引きつけられていて，電子 1 個を取り去るのに大きなエネルギーを必要とするのでイオン化エネルギーは大きくなる傾向にある。

電子親和力と周期表との関係は複雑であるが，2 族，12 族，18 族元素がいずれも正の値である一方，11 族および 17 族元素は，同じ周期のより左にある元素よりも大きな負の値であるなど，ここにも周期性が見られる。これは電子配置とどのような関係があるのだろうか？ 2 族，12 族，18 族の原子は，それぞれ，s 軌道，p 軌道，d 軌道がすべて満たされた電子配置（閉殻 closed shell）である。さらに 1 個電子をもらうと，その電子はよりエネルギーの高い軌道に入ることになる。一方，11 族と 17 族の原子は，もう 1 個電子を受け取ると，入りかけの軌道がすべて満たされ，閉殻になり安定化するので負の値となる。

各軌道は電子で満たされると安定になる傾向があると考えると，上述した電子親和力の傾向は理解できる。中でも，17 族の電子親和力がもっとも小さいことから，この安定化は p 軌道が満たされるときにもっとも大きいことがわかる。このとき，どの周期でも最外殻の電子配置は s^2p^6 になる。つまり，最外殻に 8 個の電子が入ると，電子配置はもっとも安定になる。これは，**オクテット則**（octet rule）* と呼ばれる傾向の 1 つである。

図 6.4 でもう 1 つ注目すべきことは，亜鉛族の元素（Zn, Cd, Hg）のイオン化エネルギーが高いことである。この族の元素の最外殻の電子配置がいずれも $d^{10}s^2$ で p 軌道はないが，d 軌道と s 軌道が満たされた状態にあるためと考えられる。

電気陰性度

電気陰性度（electronegativity）は，原子が化学結合を作るときに，結合電子を引きつける強さの尺度である。そして，化学結合の極性を求めるのに便利な指標となる。これにはイオン化エネルギーと電子親和力が関係しているが，両者と違って，実験で直接測定することはできない。ポーリングが，２種の原子の結合エネルギーが極性によってどれだけ

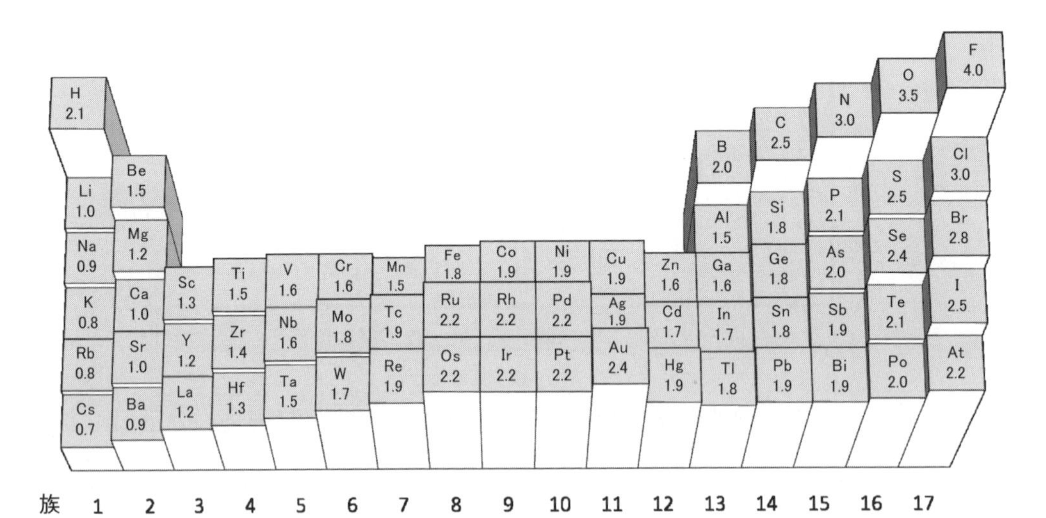

図 6.5　各元素の電気陰性度（ポーリング目盛）

電気陰性度がもっとも大きいのは右上のフッ素で 4.0 であり，もっとも小さいのは左下セシウム（Cs）の 0.7 である。第 2 周期だけを見ると 0.5 刻みの階段状になっているのがわかる。

* **オクテット則**：典型元素の電子状態が，s 軌道と p 軌道が電子で満たされている状態が安定になる傾向があること。

強化されているかを算定して，第2周期の元素が0.5刻みになるように目盛りとして決めた値である，ポーリング目盛がよく用いられている。他の周期の元素の値はこれを基準にした相対値であり，単位はない。

図6.5の電気陰性度の傾向は，原子半径やイオン化エネルギーの傾向とよく似ていることがわかる。すなわち，周期表を上向きに行くほど，また右向きに行くほど，原子半径は小さくなり，イオン化エネルギーは大きくなり，電気陰性度も大きくなる。

6.3　元素の分類と各論

(1)　水　素—孤高の元素

周期表では，水素は1族の一番上に置かれています。しかし，水素は金属元素ではありません。水素は宇宙創成の初期から存在する別格の元素なのです。宇宙全体では圧倒的な存在量を示す孤高の元素です。ほかの元素はすべて水素の原子核が合体してできたものですから「元素中の元素」といってもいいでしょう。

水素の存在　周期表において，水素は1族に分類されているがアルカリ金属とは明らかに異なる。水素の単体は，2原子が結合したH_2として存在する。水素分子は無色，無臭の気体であり，非常に軽いので地球の引力を振り切って宇宙に飛び出してしまうため，大気中に

表6.1　元素の存在度

元　素	太陽系*1)	地　殻	海　水 / mg kg^{-1}	クラーク数*3) [順位]	生命体	
					植物 / %	人間 / %
水　素	2.93×10^{10}			0.87 [9]	10.5	9.31
ヘリウム	2.47×10^{9}		0.0076			
炭　素	7.19×10^{6}	1990 ppm	27 000	0.08 [14]	18	19.37
窒　素	2.12×10^{6}	60 ppm	8700*2)	0.03 [16]	0.3	5.14
酸　素	1.57×10^{7}	47.2 %		49.20 [1]	70	62.81
ネオン	3.29×10^{6}		0.16			
ナトリウム	57 700	2.36 %	1.078×10^{7}	2.63 [6]	0.02	0.26
マグネシウム	1.03×10^{6}	2.20 %	1.28×10^{6}	1.93 [8]	0.04	0.04
アルミニウム	84 600	7.96 %	0.03	7.50 [3]	0.005	0.00005
ケイ素	1.00×10^{6}	28.8 %	2800	25.67 [2]	0.2	0.004
リ　ン	8 300	757 ppm	62	0.11 [13]	007	0.63
硫　黄	4.21×10^{5}	697 ppm	8.98×10^{5}	0.06 [15]	0.05	0.64
塩　素	5 170	472 ppm	1.935×10^{7}	0.19 [11]	0.02	0.18
アルゴン	92 700		620			
カリウム	3 760	2.14 %	3.99×10^{5}	2.40 [7]	0.3	0.22
カルシウム	60 400	3.85 %	4.12×10^{5}	3.39[5]	0.5	1.38
チタン	2 470	4010 ppm	0.0065	0.58 [10]	0.0008	
クロム	13 100	126 ppm	0.212			
マンガン	9 220	716 ppm	0.020	0.09 [12]	0.001	0.0001
鉄	8.48×10^{5}	4.32 %	0.030	4.71 [4]	0.01	0.005
ニッケル	49 000	56 ppm	0.48		0.00005	0.000003

*1) ケイ素原子を10^6個とした相対原子数。*2) 溶存窒素ガス（8.3×10^3）と硝酸イオン（NO_3^-）（420）の和。*3) 岩石圏，水圏，大気圏の平均値。

【引用文献】 1）化学便覧　基礎編　改訂6版（2021年）．2）不破敬一郎，鉄と鋼，Vol.79，No.10，N716（1993）．3）R. W. Clarke, THE DATA OF GEOCHEMISTRY,（1924）.

はあまり存在しない。地球上の水素のほとんどは水分子（H_2O）の形で酸素と結合して存在している。水素は，炭素と結合した形でさまざまな有機化合物としても存在する。水素は地球上（地殻，海洋，大気を合わせて）で9番目に多い元素である。これに対して，宇宙空間では，水素は他の元素と比較にならないほど多量に存在する元素である。

(2)　典型元素— s-ブロックと p-ブロック

この節では，電子配置がその原子や元素の性質と深く関連していることを学びます。原子軌道のエネルギー準位の低い方から規則正しく1個ずつ電子が配置されている元素群を典型元素といいます。s-ブロックと p-ブロックの元素がこれに属します。

1)　アルカリ金属（1族） Li, Na, K, Rb, Cs, Fr

アルカリ（alkali）の al はアラビア語の冠詞，kali は灰の意味である。

アルカリ金属（alkali metal）に属する金属の性質は互いによく似ている。アルカリ金属はどれも密度が低く（リチウムは灯油に浮く），融点も低い。アルカリ金属の固体は柔らかく，ナイフで切ることができる。切断面は金属光沢をもっているが，空気中の酸素や水分で速やかに光沢はなくなる。

アルカリ金属原子は価電子を1つだけもっているが，イオン化エネルギーが小さいので，その価電子を簡単に失い1価の正電荷をもつ陽イオンになりやすい。アルカリ金属原子は，酸素との反応でも，水との反応でも，1価の陽イオンになる。一般に，原子番号が大きく，原子半径が大きくなるほど，価電子を失いやすくなる。アルカリ金属でも原子番号が大きいほど反応しやすい。そのため，Li は水と穏やかに反応するが，Na と水の反応はかなり激しい。Rb や Cs では水と爆発的に反応する。

全てのアルカリ金属元素はハロゲンと1：1の組成の化合物をつくる。このうち最も良く知られているのは塩化ナトリウム（NaCl）であり，これは食塩と呼ばれている。その他のアルカリ金属とハロゲンからできた化合物には，塩化リチウム（LiCl），ヨウ化カリウム（KI），塩化セシウム（CsCl）などがある。

アルカリ金属元素のうち，ナトリウムとカリウムは非常に多く存在する。地殻を構成する元素のうち，質量比でナトリウムは6番目，カリウムは7番目に多く存在している。アルカリ金属元素は地球上のあらゆるところに化合物として分布している。そのような化合物の多くは水に溶けやすく，地下水に溶けたのち川の流れに乗って海に流れ込む。海水の重量のうちおよそ3%が塩化ナトリウムなどのアルカリ金属化合物である。海水が塩辛いのはそのためである。

ナトリウム（sodium）はアルカリ金属の中で唯一工業的に大量生産されている金属である。金属ナトリウムは特別な電気分解炉で融解した塩化ナトリウムに電流を流すことで生産される。

カリウム（potassium）は植物の成長に欠かせない要素であるため，産業用としてはカリ（加里）肥料が主要用途である。

リチウム（lithium）は，酸化還元電位が全元素中最も低く，原子量が小さく軽い金属であるために重量あたりのエネルギー密度が高いので高性能電池（リチウム電池）の負極に用いられる。さらに近年ではリチウムイオン（二次）電池の需要も飛躍的に伸びている。

表 6.2　主要なナトリウム化合物

化学式	化合物名（英語名）	慣用名
NaOH	水酸化ナトリウム（sodium hydroxide）	カセイ（苛性）ソーダ
NaCl	塩化ナトリウム（sodium chloride）	食塩
Na_2CO_3	炭酸ナトリウム（sodium carbonate）	炭酸ソーダ
$NaHCO_3$	炭酸水素ナトリウム（sodium bicarbonate）	重炭酸ソーダ（重曹）
NaClO	次亜塩素酸ナトリウム（sodium hypochlorite）	次亜塩素酸ソーダ

2）アルカリ土類金属（2 族）Be, Mg, Ca, Sr, Ba, Ra

アルカリ土類金属（alkaline earth metal）という名称は，それら（の酸化物）を焼焼しても土と同様変化がないことに由来する古くからのものである。地球上の存在量は，カルシウムが 5 番目に多く，マグネシウムは 8 番目に多い。

アルカリ土類金属は，アルカリ金属に比べて密度が高く，融点も高い。イオン化エネルギーも大きいので，アルカリ金属ほど反応しやすくはない。アルカリ土類金属元素は，すべて 2 個の価電子をもち，それらを失って 2 価の正電荷をもつ陽イオン（Mg^{2+}など）になる。アルカリ土類金属がハロゲンと反応すると，$MgCl_2$ のようにアルカリ土類金属イオン 1 個に対して，ハロゲン化物イオン 2 個を含む組成の化合物をつくる。

カルシウム（calcium）は石灰岩（limestone）として多く産出するが，化学的成分は炭酸カルシウムである。大理石（marble），方解石（calcite）も主成分は同じである。石灰岩を砕いて石灰焼成して得られる生（せい）石灰（quick lime）は酸化カルシウム（CaO）であり，セメントの原料となる。

表 6.3　主要なカルシウム化合物

化学式	化学名（英語名）	慣用名
CaO	酸化カルシウム（calcium oxide）	生石灰（quick lime）
$Ca(OH)_2$	水酸化カルシウム（calcium hydroxide）	消石灰（slaked lime）
$CaCO_3$	炭酸カルシウム（calcium carbonate）	石灰石（limestone）
$CaSO_4$	硫酸カルシウム（calcium sulfate）	石膏（gypsum）

マグネシウム（magnesium）は鉱物から得られるほか，海水からも回収されている。海水から食塩を回収した残りである「にがり（苦汁）」に多く含まれる。また，葉緑素（chlorophyll）に含まれていることもよく知られている。

金属のマグネシウムは，密度が低くある程度の強度を持つので，材料用合金として利用される。マグネシウムに 10%程度までのアルミニウムか亜鉛を加えることで，強度や硬さが向上した腐食しにくい合金になる。マグネシウム合金は航空機，自動車，工具などに使われている。

この族のはじめの元素，ベリリウム（beryllium）の融点は高く，鋼鉄と同じくらいの強度がある。そのうえ密度が 1.85 g cm^{-3} しかなく非常に軽いので，他の金属と合金にして，軽くて強い材料が作られている。

この族の第 7 周期の元素，ラジウム（radium）は，キュリー夫妻が始めて抽出した放射性元素として有名である。コバルト 60 が開発される前までは治療用放射線源として用いられていた。

バリウム（barium）も第 6 周期に属する重い元素であり X 線を吸収するので，硫酸バリウムとしてレントゲン写真の造影剤に用いられている。

ストロンチウム（strontium）は赤い炎色反応を示すので花火火薬に用いられる。

3) 亜鉛族（12 族） Zn, Cd, Hg

これらは，いずれも最外殻が s^2d^{10} の電子配置で閉殻構造をしている。d-ブロックの元素であるが典型元素に分類されることもある。

亜鉛（zinc）は，先史時代から知られていた元素で，銅との合金である真鍮（brass）は古代から使われていた。屋根材として使われているトタンは鉄板の防錆のために亜鉛めっきしたものである。

カドミウム（cadmium）は，ニッカド電池の電極として知られているほか，硫化物が黄色顔料となる。亜鉛精錬の副産物として土壌汚染の問題を起こしたことがある。また，カドミウムの毒性で骨が脆くなるイタイイタイ病が社会問題化した。

水銀（mercury）は，常温で唯一の液体金属である。単体（自然水銀）として産するほか，辰砂（しんしゃ）（HgS）という鉱物からも製造される。水銀は熱膨張率が大きいので温度計に用いられている。水銀の**合金**（alloy，二種類以上の金属を混合し，それぞれの単独の金属にはない性質を持った金属をつくること。）を一般にアマルガム（amalgam）といい，かつては歯科治療に用いられていた。無機水銀より有機水銀化合物の方が毒性が高いことが知られており，水俣病は自然環境下で微生物により生じたメチル水銀による中枢神経疾患であることが解明されている。

4) ホウ素族（13 族） B, Al, Ga, In, Tl

最も重要な13族元素はアルミニウム（aluminum）であり，地殻中で3番目に多い。ほとんどのアルミニウムはケイ素および酸素と結合した化合物として得られ，そこから純粋なアルミニウムを抽出することは難しい。現在，アルミニウムはボーキサイトという鉱物に含まれる酸化アルミニウム（Al_2O_3）から生産されている。

アルミニウムの密度は低く軟かいが，他の金属との合金にすると非常に強くなる。航空機材料として用いられるジュラルミンは Al−Zn−Mg−Cu 系の合金である。アルミニウム金属の表面には薄くて強い Al_2O_3 の保護層（アルマイト）ができるので，アルミニウムは腐食されにくい。これらの理由から，アルミニウムは構造材料として広く用いられている。

5) 炭素族（14 族） C, Si, Ge, Sn, Pb

炭素（carbon）は，この族で最も重要な元素である。その化学結合（7章），分子形成（8章），炭素材料（25章）についてはそれぞれの章を参照のこと。

ケイ素（珪素，silicon）は地殻中で2番目に多い元素である。ケイ素はシリカ（silica，二酸化ケイ素，SiO_2）を主成分とする珪砂あるいは珪石として産出する。

シリカはガラスの主成分でもある。さまざまな性質のガラスは，それぞれ異なった化合物を混ぜることでつくられる。CaO や Na_2O などの安価な化合物とシリカを混合すると，低い温度で融解する安価なガラスになる。B_2O_3 を混合すると，耐熱性のホウケイ酸ガラスになる。ガラスに着色したいときには，遷移金属の酸化物が加えられる。例えば，酸化コバルトを加えると，コバルトガラスという青色のガラスができる。

シリカゲルというのは，無定形の固体ゲルであるが，多孔性で比表面積が大きいため乾燥剤として広く用いられている。

単体のケイ素は炭素電極のアーク放電によってシリカを還元して製造される。

$$SiO_2 + C \rightarrow Si + CO_2$$

単体ケイ素は電子材料（半導体部品）として用いられるので超高純度（最高15ナイン，つまり99.99……%と9が15個並ぶこと）に精製する技術が開発され，太陽電池などに利用されている。

シロキサン（siloxane）とはSiとOが交互に結合した鎖状構造のことをいうが，この構造をもつ合成高分子（ポリシロキサン）のことをシリコーン（silicone）と呼んでいる。（元素名siliconとの違いを表すためこのようにカタカナ書することになっているが，商品にはシリコンと名づけられていることが多い。）分子量，構造などによってシリコーンオイル，シリコーングリース，シリコーンゴム，シリコーン樹脂などの製品が知られている。

スズ（錫，tin）の単体は，古くから知られている金属で，毒性が低いため食器などに使用されてきたが，合金として用いられることが多い。スズ合金の代表例が青銅（bronze）であって，銅に対する混合割合によって赤銅色，黄金色，白銀色になる。いわゆる青銅色といわれる緑色は緑青（ろくしょう）といわれる銅のさびの色である。黄金色のものは黄銅（真鍮，brass）で，5円硬貨やブラスバンドの金管楽器などに使われている。この他，スズの合金としてよく知られているのがハンダ（solder）である。これはスズと鉛の合金であるが，近年，鉛の毒性のため無鉛ハンダが開発されている。

鉛(lead)も古代から知られていた重金属である。第6周期に属し放射線を吸収するので防護材として活用されている。鉛蓄電池（バッテリー）の電極としても用いられている。

6）窒素族（15族）N，P，As，Sb，Bi

窒素（nitrogen）は大気のおよそ78%を占めており，この大気中の窒素がほぼ地球上のすべての窒素といえる。窒素単体は無色，無臭で，窒素原子2つからなる反応性に乏しいN_2分子として存在する。常温では気体であるが，　195.8℃に冷却すると液体窒素となり，極低温冷却剤として用いられる。

窒素はタンパク質や核酸の成分元素であり，生命にとって重要な元素であるが，窒素分子は反応性に乏しいので，ほとんどの生物は空気中の窒素分子を直接利用できず，窒素化合物を利用している。自然界では，マメ科植物の根に寄生する細菌（根粒細菌）が空気中の窒素分子をアンモニアや窒素酸化物などの窒素化合物に変換できる。このプロセスを空中窒素固定（nitrogen fixation）という。

アンモニア（NH_3）は窒素分子と水素分子から化学的に合成され（ハーバー・ボッシュ法），窒素肥料の原料に用いられたり，その他の窒素化合物の生産に用いられたりする。現在，このようにして化学的に固定されている窒素の量は，根粒細菌が生物的に固定した窒素の量とほぼ同じである。われわれ人類を含む生物は，このようにして固定された窒素化合物を利用して生きている。

リン（燐，phosphorus）は，リン酸塩という化合物として地殻中に存在する。また，リンは核酸を始め生物の組織中にも存在している。骨や歯はヒドロキシアパタイト（$Ca_5(PO_4)_3OH$）というカルシウムを含むリン酸塩化合物である。

リンの化合物で最も代表的なものはリン酸（H_3PO_4）である。リン酸は化学肥料，洗剤などの生産に用いられている。薄いリン酸の水溶液は無害であり，清涼飲料の酸味をつけるのに使われる。しかし，栄養素であるがために河川・湖沼中に流れ込んだリン酸による富栄養化現象という環境破壊の原因ともなる。

7）酸素族（16族）O，S，Se，Te，Po

酸素（oxygen）は地球上でもっとも多い元素である。酸素は，空気の21%の体積，海水の89%，地表の岩石の46%の質量を占めている。酸素分子は無色，無臭の気体である。酸素はたいていの元素と反応し，酸化物をつくる。酸素は呼吸に必要な物質であり，燃焼でも消費される。

そのほかに，酸素の単体にはオゾン（O_3）もある。オゾンは特有の臭気をもつ無色の気体である。オゾンは酸素分子が雷などの放電にさらされて生成するので，オゾンの臭気はしばしば電気機器の周辺や雷雨の最中に感じることができる。オゾンは構造材料や動植物組織を損傷するので，大気汚染物質である。しかし，高層の大気中では，オゾンの層が太陽からの高エネルギー紫外線のほとんどを吸収しているお蔭で地上の生物は命を保たれている。

硫黄（sulfur）は，自然界ではほとんどの場合，「愚者の金」ともいわれる黄鉄鉱（硫化鉄，FeS_2）のような鉱物として産出する。しかし，現在我が国で利用されている硫黄は，ほとんど重油の脱硫によって副生し回収されたものである。

硫黄化合物の多くは特徴のある不快な臭気をもっている。硫化水素（H_2S）は腐卵臭のする気体である。スカンクの臭いも有機硫黄化合物によるものである。

硫黄の最大の用途は，硫酸（H_2SO_4）の製造で，毎年1億トン以上の硫酸が世界で生産されている。硫酸はほとんどあらゆる生産現場—洗剤，潤滑剤，塗料，プラスチック，殺虫剤，医薬品，食品添加物，爆薬など—で使用されている。身の回りで硫酸をそのまま使用する例としては，鉛蓄電池の電解液がある。

8) ハロゲン（17族） F，Cl，Br，I，At

ハロゲン（halogen）という言葉は，もともとギリシャ語で「塩のもと」という意味である。すべてのハロゲンは2原子が結合した分子— F_2，Cl_2，Br_2，I_2，At_2 —をつくる。フッ素分子は淡黄色，塩素は黄緑色の気体である。臭素は濃い赤褐色の液体で，蒸発すると赤褐色の気体になる。ヨウ素は灰黒色に見える固体で，昇華した気体は黒紫色をしている。アスタチンは非常にまれな元素で，放射性である。ハロゲンの反応性は高く，ほとんどの金属や非金属と反応するので，分子状のハロゲンが自然界に産出することはなく，F^-，Cl^-，Br^-，I^-を含むハロゲン化物として得られる。ハロゲンの反応性の高さは，ハロゲン原子の電子親和力が強く，電子を強力に引き付けることで説明できる。

フッ素（fluorine）は，腐食性の強い気体で，すべての元素のうち最も反応性が高い。地殻中にもかなりの量が蛍石（fluorite）や氷晶石（cryolite）のような鉱物として存在する。様々な炭素とフッ素の化合物—エアコンや冷蔵庫の冷媒に用いられていたフロン（chlorofluorocarbon）—の生産に用いられていた。フロンの環境への放出は，オゾン層の破壊と関係している。フッ素は潤滑剤やテフロンの商品名で知られるプラスチックの原料でもある。

塩素（chlorine）は，ハロゲンの中で最も用途が広く，海水から塩化ナトリウム NaCl などとして得られる。塩化ナトリウムの水溶液からイオン交換膜法により苛性（かせい）ソーダとともに製造されている。塩素は飲料水や水泳プールの殺菌，漂白剤など広く用いられている。工業的には，ポリ塩化ビニル（PVC）樹脂など，塩素を含む有機化合物の原料となる。多くの有機塩素化合物は人体やその他の生物に対して有害であり，そのために有機塩素化合物の生産と使用には厳しい制限が課せられている。

ヨウ素（iodine）は，昆布などの海藻中に濃縮されていることが知られている。わが国では，千葉県を中心に南関東ガス田といわれる天然ガスを含む地下水（古代海水）から生産されている。その生産高は，チリに次いで世界第2位であって，資源小国であるわが国の唯一の輸出資源である。その用途は，従来の消毒剤に加えて，X線造影剤，液晶，触媒などに広がっている。

9) 貴ガス（18族）He, Ne, Ar, Kr, Xe, Rn

貴ガス（noble gas）は希ガス（rare gas）とも呼ばれることがある。これは，最も反応性の低い気体元素だからである。いずれも単原子分子として大気中にごくわずか存在している。最も存在量が多い貴ガスはアルゴンであり，地球大気の1%になる。不活性なため発見が遅れたが，1894年にアルゴンが最初に発見されたのに続き，1898年までにヘリウム，ネオン，クリプトン，キセノンが相次いで発見された。

反応性が低い理由は，いずれも最外殻の電子配置がオクテットになっているためである。

ヘリウムは商業的にもっとも重要な貴ガスである。気球などの浮揚ガスとして用いられるほか，液体ヘリウムの沸点は知られている物質の中では最も低く（－269℃），超低温での実験を行なう際の冷却剤となる。アルゴンは白熱電球の中に入っている。アルゴンはフィラメントの発生する熱を速やかに取り除くが，フィラメントとは反応しない。貴ガスは放電によって固有の色で発光するので，ネオンサインなどに用いられる。

(3) 遷移元素— d-ブロックと f-ブロック

周期表の真ん中あたりの元素は，d-ブロック元素または遷移元素（transitional element）といいます。遷移元素には，私たちの生命や生活に深い関係のある金属が多いのです。ここでは遷移元素の一般的な特徴を理解した後で，いくつかの重要な遷移金属について詳しく紹介します。周期表で遷移元素の下に離して置かれているのは，f軌道の電子配置が変化するf-ブロック元素あるいは内部遷移金属といわれるランタニドとアクチニドです。原子力発電に使われるウランやプルトニウムはアクチニドに属しています。

d-ブロック元素はすべて金属元素なので遷移金属ともいわれる。このブロックの元素は，原子番号が増えても最外殻の電子は2個または1個のままで，その内側のd軌道の電子が増える。そのため，元素の性質は周期表の左から右にかけて徐々に変化し，族による違いは典型元素ほどには大きくない。

遷移元素の性質は様々だが，たいてい密度が大きく，高い融点をもつ。例えば，全ての元素中最も大きい密度をもつのはイリジウム（$22.65\ g\ cm^{-3}$）で2番目がオスミウム（$22.61\ g\ cm^{-3}$）であり，最も高い融点をもつ金属はタングステン（3410℃）である。遷移元素の存在量には幅があり，鉄やチタンは非常に多く，地殻中の存在量でそれぞれ4番目と10番目にあたる。一方，白金やイリジウムの存在量は非常に少ない。

1) 鉄（Fe），コバルト（Co），ニッケル（Ni）

これら3元素は，第4周期元素で7，8，9族を代表する金属である。短周期ではVIII族にまとめられている。

鉄（iron）は，自然界に赤鉄鉱（Fe_2O_3），磁鉄鉱（Fe_3O_4），菱鉄鉱（$FeCO_3$），黄鉄鋼（FeS）などの鉱物で存在する。金属の鉄は酸化鉄の鉱石を高炉とよばれる巨大な反応装置にコークス（coke）とともに入れ，加熱によって生じるCOで酸化鉄を還元してつくられる。最大級の高炉では高さが100 m以上で内容積が5000 m^3以上の大きさになり，その中で毎日1万トンを超える鉄が生産されている。

鉄は他の元素といろいろな比率で混ぜ合わされ，強度や，耐久性，耐腐食性などの必要な品質をもった合金になる。代表的な鉄の合金は鋼（steel）と呼ばれ，少量の炭素を含んでいる。鉄を主成分にクロムとニッケルを加えた合金はさびにくく，ステンレス鋼（stainless steel）としてよく知られている。

健康のため適当な量の鉄分を摂取するのが重要なことはよく知られている。鉄の体内での主な役割は，ヘモグロビンという赤血球の中に含まれるたんぱく質の構成要素になることである。鉄を含むヘモグロビンの役割は，酸素を肺から全身の末梢へ運ぶことである。

コバルト（cobalt）は，主として合金として用いられる。いわゆるコバルト合金は切削工具材として重要である。放射性同位体であるコバルト60は，ガンマ線源として放射線療法などに用いられている。

ニッケル（nickel）も合金として利用されている。銅との合金は白銅と呼ばれ，50円，100円硬貨に用いられている。ニッケル・カドミウム（ニッカド）蓄電池，水素添加反応の触媒となるなど，用途は多岐に渡り需要が伸びている。

2） 銅（Cu），銀（Ag），金（Au）

メダルやコインに用いられるこれらの金属は，11族（銅族）元素である。これらに，8族のルテニウム，オスミウム，9族のロジウム，イリジウム，10族のパラジウム，白金を加えたものを貴金属（noble metal または precious metal）という。

銅（copper）は，赤い色が特徴のやわらかい金属である。地殻中の存在量では25番目になる。銅とスズとの合金は青銅（ブロンズ）といい，また銅と亜鉛の合金は黄銅（真鍮）という。銅の主要な用途は電線である。銅より電気をよく流す金属は銀だけである。銅は比較的腐食しにくいが，空気中の酸素や二酸化炭素とゆっくり反応して緑青という緑色の化合物になる。この色は銅像や銅ぶきの屋根にみられる。多くの銅の化合物は緑～青色の色調を示し，花火に青色をつけるのにも使われる。

銀（silver）は，光沢のある金属で，地殻中では64番目に多い元素である。純粋な銀は比較的やわらかいので，ほかの金属と合金にして利用されることが多い。銀は白黒写真や硬貨，装飾品，銀器などや，電気部品の接点に用いられる。銀は**腐食**しにくいが，空気中の硫化物と反応して表面に黒い Ag_2S が生じ，光沢がくすむことがある。近年では，銀の抗菌力が注目されている。

金（gold）は，密度の大きい（$19.3\ g\ cm^{-3}$），柔らかく美しい黄色の光沢をもつ金属である。延性・展性に優れ，1 g の金は3000 m にまで伸ばせ，1 m^2 に広げられる。金は地殻中の存在量では71番目でしかないが，しばしば金属そのものが見つかることと，美しくいつまでも腐食しないことから装飾品として用いられてきた。純粋な金は非常に柔らかい金属なので，より硬くするために合金にして用いられる。金と銀の合金は黄色の光沢をもち，金とニッケルの合金は銀色である。また，導電性と耐食性が高いことから電子材料部品としての利用も進んでいる。

3） ランタニド・アクチニド―f ブロック元素：

セリウムを先頭に，4f 軌道に電子が順番に埋まっていく14個の元素グループは，ランタニドといい，トリウムを先頭に，5f 軌道に電子が埋まっていく14個の元素グループはアクチニドという。

ランタニド（lanthanide）に属する元素の電子配置は，最外殻の6s 軌道ではなく，主に4f 軌道と5d軌道の電子数だけが異なっている。そのため，互いに似た性質をもっている。自然界に広く分布しているが，互いに混ざった状態で産出する。ランタンが所属する3族の元素，スカンジウム（Sc），イットリウム（Y）とランタニドを合わせて希土類元素（rare earth element）ということがある。

ランタニドの第一の利用法は，強力な磁石などに用いる特殊な鉄合金をつくることである。またいくつかのランタニド化合物はカラーのブラウン管テレビの発色に使われていた。

アクチニド（actinide）に属する元素のすべての同位体は放射性である。アクチニド元素のうち，トリウム（Th）とウラン（U）だけが自然界に存在する。ウランより原子番号の大きい元素はすべて人工元素である。

アクチニドのように原子番号が大きい元素は陽子数が多すぎるので，α線を出して原子番号を減らし，鉛やビスマスの原子に変化する傾向が強い。トリウムとウランは，非常にゆっくりと他の原子に変化しているので，かろうじて現在の自然界に存在している。

調査考察課題

1. 同族元素の性質が互いに似ているのはなぜか。考えられるすべての理由をあげて説明せよ。
2. 周期表の一般的な形をスケッチし，s～dブロックに分けてみよう。周期表の上から下にいくにつれて，ブロックの数はどのように変わるか。
3. 周期表の右寄りにある元素と左寄りにある元素の一般的な違いをまとめよ。
4. 周期表の各元素の欄にはどのような情報が示されているか。
5. 元素の性質の周期性の例をできるだけあげよ。各性質が原子の電子配置とどのように関係しているか説明せよ。
6. 電気陰性度はどのような現象の説明に用いられるか調査せよ。
7. アルカリ金属の塊は，空気を除いたガラス容器中あるいは石油中で保管される。その理由を説明せよ。
8. 一般に，周期表のある族の元素は，他の族の元素と似たような組成の化合物をつくる。その理由を説明せよ。
9. アルカリ金属元素やアルカリ土類金属元素が，貨幣金属である金，銀，銅のように単独の金属として産出することがないのはなぜか説明せよ。
10. 「青銅器時代」，「鉄器時代」とはどのような時代をさすか。それぞれ，遷移金属の銅や鉄との関わりを中心に調べよ。
11. 金，銀，銅の価値はその存在量と関係があるだろうか。自分の考えを述べよ。
12. ウランよりも原子番号が大きい元素がすべて人工元素であり，現在の自然界に存在しない理由を説明せよ。
13. フランスのエルーとアメリカのホールが発明したアルミニウム製造法では，融点が非常に高い酸化アルミニウムがある物質と混ざると低い温度で融けるようになることを利用している。ある物質とは何か調べよ。
14. 黄鉄鉱（FeS_2）は，なぜ「愚者の金」といわれるのか。その理由を調べてみよ。
15. ハロゲンの反応性はフッ素が最も高く，ヨウ素では低くなる。この理由を説明せよ。
16. ヘリウムは，最初太陽光のスペクトル中に発見されたが，実際に分離されたのはウラン鉱石からであった。ウラン鉱石からヘリウムが発生した理由を説明せよ。

113 番元素－ニホニウム（Nh, nihonium）

113 番元素はこれまでウンウントリウム（Uut）という仮称が与えられていました。これは，1＝ウン，3＝トリというラテン語の接頭辞に由来するもので，本書初版の周期表には超重元素（原子番号 104 以上の元素）のうち当時未確定であった 112 ～ 118 番元素がこのような方式で表記されていました。その後つぎつぎと元素の合成成功が報告され，IUPAC の認定を受けて命名されてきました。最後に残ったのが 113 番元素でした。

日本国の資金援助を受けて，その合成に乗り出したのが理化学研究所のチームで，重イオンビームという特殊な装置を用いて，原子番号 30 の亜鉛の原子核を加速して原子番号 83 のビスマスの原子核に衝突させて融合させることを試みました。発想は単純で 30 ＋ 83 ＝ 113 だからです。核反応式は次のようになります。

$$^{70}_{30}\mathrm{Zn} + {}^{209}_{83}\mathrm{Bi} \longrightarrow {}^{278}_{113}\mathrm{Nh} + {}^{1}_{0}\mathrm{n}$$

しかしながら，大きさ 100 兆分の 1 cm の 2 つの原子核が空間で衝突する確率はゼロに近く，また亜鉛ビームの速度によってはすぐ核分裂してしまうことも問題でした。長時間大量の亜鉛ビームを照射し続けた結果，2004 年に 1 個目，2005 年に 2 個目，数年間飛んで 2012 年にようやく 3 個目が確認されました。ただし，融合原子核を直接測定することはできないので，次のような α 崩壊系列で崩壊して放出される α 線（$^{4}_{2}\mathrm{He}$）のエネルギーを測定し，既知の元素に固有な値であることから検証しています。

$$^{278}_{113}\mathrm{Nh} \xrightarrow{\alpha} {}^{274}_{111}\mathrm{Rg} \xrightarrow{\alpha} {}^{270}_{109}\mathrm{Mt} \xrightarrow{\alpha} {}^{266}_{107}\mathrm{Bh} \xrightarrow{\alpha} {}^{262}_{105}\mathrm{Db} \xrightarrow{\alpha} {}^{258}_{103}\mathrm{Lr} \xrightarrow{\alpha} {}^{254}_{101}\mathrm{Md}$$

113 番元素の命名権争いは，アメリカ，ロシアとの間で行われていましたが，3 個目が確認できた後，2015 年 IUPAC より日本に権利が与えられ，2016 年にニホニウムと命名されました。

memo

UNIT III 化学結合論

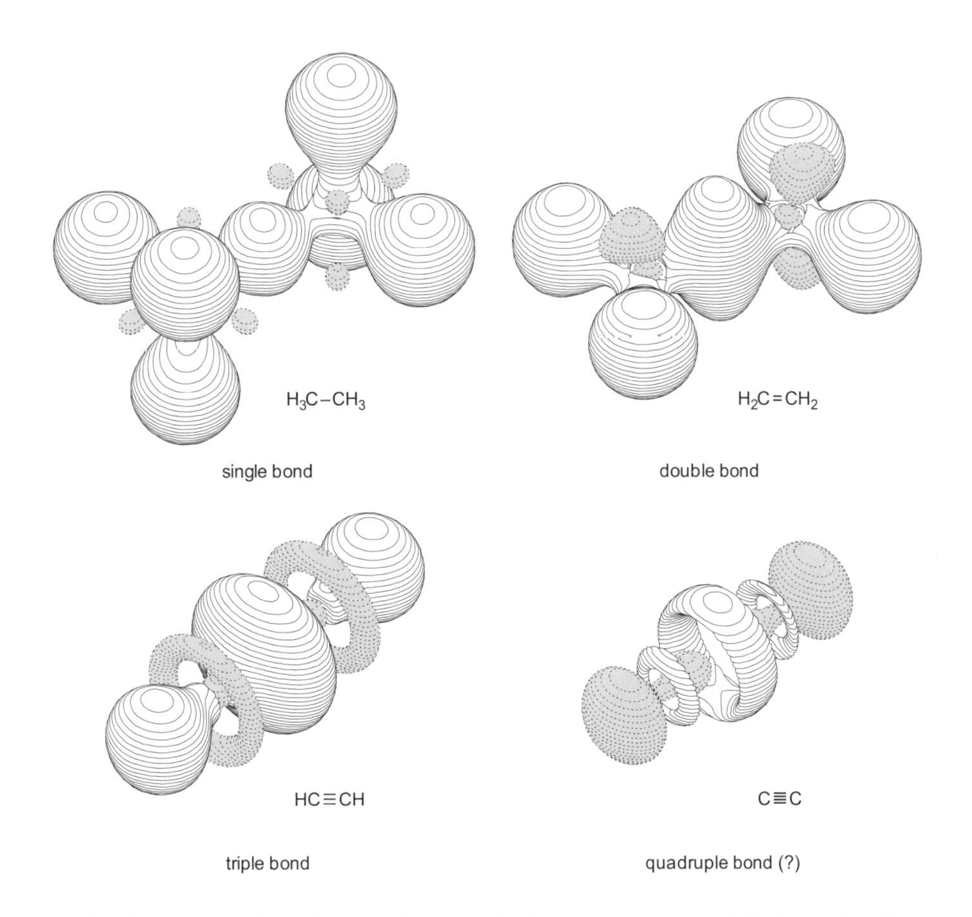

エタン（単結合），エチレン（二重結合），アセチレン（三重結合）と C_2（四重結合）に関して *ab initio* 分子軌道法で計算した結合電子の分布図である。7.1.5 で述べる原子軌道どうしの重なりによる共有結合形成の考え方をさらに進め，分子全体のエネルギーバランスを考慮して，その重なり部分の電子分布を描いたものである。C_2 の計算結果は，他と違って結合軸上に電子が分布せず，四重結合は形成されないことを示している。

UNIT III の構成と到達目標

7章　化学結合

7.1　原子間結合

7.1.1　ルイス点電子式とオクテット則

- 結合をルイス点電子式で示せるようになること
- 原子はどのような電子配置のときに安定になるかを説明できるようになること

7.1.2　イオン結合

- イオン結合の特徴を説明できるようになること
- イオン化合物の化学式が書けるようになること
- イオンの種類にはどのようなものがあるのか説明できること

7.1.3　共有結合

- 共有結合の特徴を説明できること
- 多重結合にはどのようなものがあるか説明できること

7.1.4　共有結合の極性

- 極性と無極性の違いを説明できること
- 分子の極性はどのような因子で決まるのか説明できること

7.1.5　量子力学による共有結合の考え方

- 分子中で実際の電子はどのように結合に関与しているのか説明できること
- 共有電子対と分子軌道の関係はどのようなものか説明できること
- σ結合とπ結合について説明できるようになること

7.1.6　配位結合

- 配位結合と共有結合の違いを説明できるようになること

7.1.7　金属結合

- 金属結晶の特徴を説明できるようになること
- 自由電子の働きを説明できるようになること

7.2　分子間力と水素結合

7.2.1　ファンデルワールス力と分子結晶

- どのような場合に分子間力(ファンデルワールス力) が作用するのか説明できること

7.2.2　水素結合と氷の結晶

- 水素結合が他の分子間力と異なる理由を説明できるようになること

8章　分子の形

8.1　分子の立体構造

- 分子の立体構造は何によって決まるのかを理解すること
- VSEPR 理論とはどのようなものか説明できること

8.2　分子の形

- 分子の形を VSEPR 理論で理解すること

8.3　混成軌道

- 混成軌道の考え方を理解すること

8.4　結合距離

- 結合距離は結合エネルギーとどのような関係があるか説明できること

7章 化学結合

7.1 原子間結合

元素は118種類が確認されています。多くの物質はこれらの原子が相互に結合してできているために，多くの多様性が発現されます。原子を構成している基本素粒子は陽子，中性子，電子であり，これらの中では電子が原子どうしの化学結合（chemical bond）に大きく関わっています。この章では原子間結合だけでなく分子どうしの分子間力についても学びます。

ごみや髪の毛が服で擦ったプラスチックの板に引き付けられるのは静電気的な引力によるものです。静電気的引力はイオン結合の基礎です。正に荷電するイオン（陽イオン）は負に荷電するイオン（陰イオン）に引きつけられます。金属は陽イオンになろうとする傾向があり，非金属は陰イオンを形成する傾向があります。このような陽イオンと陰イオンの原子間結合をイオン結合といいます。

イオン性物質（イオン結晶）は融点が高く，もろい特徴があり，ほとんどが水によく溶けます。しかし，牛乳，髪の毛，チューインガム，香水などの多くの物質は高い融点やもろい性質を有していません。これらの結合はイオンによる結合ではないので，イオン性物質ではありません。これらは原子間の電子の共有によって結合しています。つまり，正電荷をもつ2つの原子核が，負電荷をもつ電子を間に挟んで結合する構図です。この場合もイオン結合と同様に静電気的引力によって結合しているわけです。

7.1.1 ルイス点電子式とオクテット則

原子の最外殻の電子の状態を点で示す**点電子式**(dot diagram)は，アメリカの化学者ギルバート・ルイスによって1910年代に提案された。ルイスの点電子式では元素記号の周りに最外殻の電子（価電子）を「ドット（点）」で，単独または対で記す。結合に深く関係する最外殻電子はs軌道とp軌道の電子で最大8個あり，それぞれ2つずつ4つの対になる。最外殻のs，p軌道が8個の電子で満たされた「満席状態」は，**閉殻電子配置構造（貴ガス電子配置構造）**と呼ばれ，極め

表7.1 ルイスの点電子式

元　素	電子配置	点電子式	元　素	電子配置	点電子式
Li	$[He]2s^1$	Li·	Na	$[Ne]3s^1$	Na·
Be	$[He]2s^2$	·Be·	Mg	$[Ne]3s^2$	·Mg·
B	$[He]2s^22p^1$	·Ḃ·	Al	$[Ne]3s^23p^1$	·Ȧl·
C	$[He]2s^22p^2$	·Ċ·	Si	$[Ne]3s^23p^2$	·Ṡi·
N	$[He]2s^22p^3$	·Ṅ:	P	$[Ne]3s^23p^3$	·Ṗ:
O	$[He]2s^22p^4$	:Ȯ:	S	$[Ne]3s^23p^4$	:Ṡ:
F	$[He]2s^22p^5$	·F:	Cl	$[Ne]3s^23p^5$	·Cl:
Ne	$[He]2s^22p^6$	:Ne:	Ar	$[Ne]3s^23p^6$	:Ar:

て安定である。表7.1にいくつかの元素の点電子式を記す。

塩素原子は［Ne］$3s^2 3p^5$の電子配置を持ち，1つの電子を取り込んで，価数－1の塩化物イオンになり，［Ne］$3s^2 3p^6$の電子配置，すなわち，［Ar］と同じ電子配置になる。［Ar］は貴ガスであり，貴ガスの電子配置は閉殻構造で非常に安定である（$Cl + e^- \longrightarrow Cl^-$）。

次に，［Ne］$3s^1$の電子配置を持つナトリウム原子を考える。ナトリウム原子は1つの電子を放出して，［Ne］の電子配置，すなわち，$1s^2 2s^2 2p^6$の電子配置になり，価数+1のナトリウムイオンになる。［Ne］は［Ar］と同様に閉殻構造をとり，非常に安定である（$Na \longrightarrow Na^+ + e^-$）。

このようにナトリウム原子と塩素原子は電子を放出するか取り込んで，貴ガスの電子配置をとって安定化しようとする。このときの最外殻電子の数は8になるので，このような法則を**オクテット則**（octet rule）または八隅子説という。ただし，水素とヘリウムは最外殻に電子が2つまでしか配置されないので，2つで安定化する。オクテット則は遷移元素には適応できない場合が多いが，遷移元素以外の多くの元素に適応でき，イオンの形成のみならず，共有結合の電子配置の説明にも有効である。

7.1.2　イオン結合

原子が電子の授受によって安定な閉殻構造のイオンになり，そのイオン間の静電気的な引力によってできる結合を**イオン結合**（ionic bond）という。正（＋）または負（−）に帯電した原子や原子団をそれぞれ陽イオンまたは陰イオンという。陽イオンと陰イオンは静電的引力（クーロン引力）により強く引き付けられるため，イオン結合は強い結合である。一般に，金属は陽イオンを，非金属は陰イオンを形成する傾向がある。

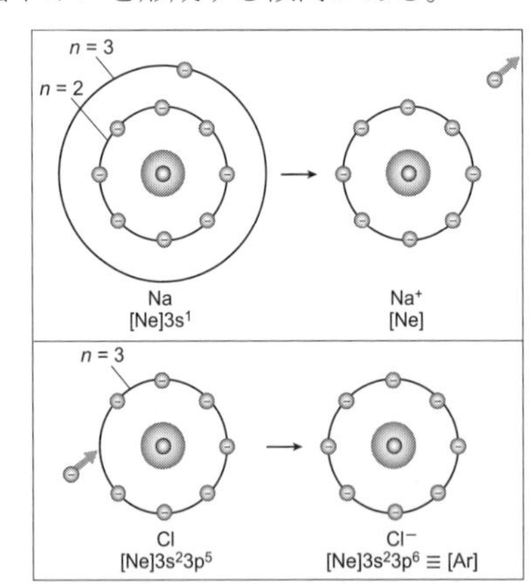

塩化ナトリウム（NaCl）を例にすると，Na原子はM殻（$n = 3$）の3s軌道の電子を1個放出して，Neと同じ安定な電子配置（閉殻構造）を持ったNa^+となる。一方，Clはその電子をM殻の3p軌道に取り込んで，Arと同じ安定な電子配置を持ったCl^-となる。このNa^+とCl^-が静電的引力によりイオン結合を形成する。

図7.1　ナトリウムイオンと塩化物イオンの電子配置

塩化ナトリウムを生成するナトリウムと塩素の間の関係は，つぎのように示される。

$$\mathrm{Na\cdot} + \mathrm{\cdot\ddot{\underset{..}{Cl}}\!:} \longrightarrow \mathrm{Na\cdot}\ \mathrm{\cdot\ddot{\underset{..}{Cl}}\!:} \longrightarrow [\mathrm{Na}]^+[\mathrm{:\ddot{\underset{..}{Cl}}\!:}]^-$$

イオン結晶　陽イオンと陰イオンが空間的に規則正しくイオン結合により配列した結晶をイオン結晶という。イオン結晶は電気的に中性である。NaClの結晶では1つの

Na^+ は6つの Cl^- に，1つの Cl^- は6つの Na^+ にそれぞれ囲まれ，これらは静電的引力によりさらに広がり，巨大な結晶を形成する（図14.3参照）。イオン結合が強い結合であるためにイオン結晶の融点は高い。イオン結晶は硬くて変形は困難であるが，強い力が加わるともろく壊れる。固体の状態では電気を通さないが，融解すると電気を通す。水にも良く溶け，電気を良く導く。

イオンの種類 イオンには1つの原子が単独でイオンになる単原子イオンと，2つ以上の原子が結合してイオンとなる多原子イオンとがある。

単原子陽イオン 表7.2にいくつかの単原子陽イオンを記す。陽イオン名は，元素名をそのまま呼称する。電荷数の違いがある場合は，銅(I)，銅(II) イオンのようにローマ数字で表わす。

前述したようにNaなどの金属元素は電子1つを放出して1価の陽イオン（Na^+）になるが，Mgなどは電子2つを放出して2価の陽イオン（Mg^{2+}）になる。いずれも貴ガスと同じ電子配置になりイオンとして安定に存在する（Na^+ と Mg^{2+} の場合はNeと同じ電子配置）。また，いくつかの遷移金属は複数の電荷状態をとるものが多く，Fe原子は2+または3+の陽イオンを形成する。

表7.2 主な陽イオン（名称の「イオン」は省略してある（H^+は「水素イオン」））

1+		2+		3+	
H^+	水素（hydrogen）	Mg^{2+}	マグネシウム（magnesium）	Al^{3+}	アルミニウム（aluminum）
Na^+	ナトリウム（sodium）	Fe^{2+}	鉄(II)（iron(II)）	Fe^{3+}	鉄(III)（iron(III)）
K^+	カリウム（potassium）	Co^{2+}	コバルト(II)（cobalt(II)）	Co^{3+}	コバルト(III)（cobalt(III)）
NH_4^+	アンモニウム（ammonium）	Ni^{2+}	ニッケル(II)（nickel(II)）	Ni^{3+}	ニッケル(III)（nickel(III)）
Li^+	リチウム（lithium）	Ca^{2+}	カルシウム（calcium）		
Ag^+	銀（silver）	Zn^{2+}	亜鉛（zinc）		
Cu^+	銅（copper(I)）	Cu^{2+}	銅(II)（copper(II)）		

単原子陰イオンと多原子陰イオン 表7.3にいくつかの一般的な単原子陰イオンと多原子陰イオンを記す。非金属は陰イオンを形成しやすい。F原子やCl原子，Br原子などのハロゲンは1価の陰イオンになりやすい。これらは電子1つを取り込んで，陰イオン（F^-，Cl^-，Br^-）になり，それぞれ安定な貴ガス（Ne, Ar, Kr）の電子配置をとる。これらの陰イオンはそれぞれ，フッ化物イオン，塩化物イオン，臭化物イオンと呼ばれる。同様にO原子やS原子は電子2つを取り込んで2−の陰イオン（O^{2-}，S^{2-}）になり，それぞれ，Ne，Arの電子配置をとり，酸化物イオン，硫化物イオンと呼ばれる。英語の語尾は-ideとなる。

硫酸イオンは，4つの酸素原子と1つの硫黄原子が共有結合（後述する）により結合し，全体で2−の電荷を示す多原子陰イオンである。イオン結合の際はこの多原子陰イオンが1つの陰イオンとして陽イオンと結合する。英語の語尾は-ateであるが，日本語では相当する酸の名称をそのまま使う（酢酸イオン，炭酸イオンなど）。

表7.3 主な陰イオン（名称の「イオン」は省略してある（F^-は「フッ化物イオン」））

1−				2−		3−	
F^-	フッ化物(fluoride)	ClO^-	次亜塩素化物(hypochoride)	O^{2-}	酸化物(oxide)	N^{3-}	窒化物(nitride)
Cl^-	塩化物(chloride)	NO_3^-	硝酸(nitrate)	S^{2-}	硫化物(sulfide)	P^{3-}	リン化物(phosphide)
Br^-	臭化物(bromide)	HCO_3^-	炭酸水素(bicarbonate), (hydrogen carbonate)	SO_4^{2-}	硫酸(sulfate)	PO_4^{3-}	リン酸(phosphate)
I^-	ヨウ化物(iodide)			CO_3^{2-}	炭酸(carbonate)		
OH^-	水酸化物(hydroxide)	$C_2H_3O_2^-$	酢酸(acetate)				

イオン性物質の化学式は全体の電荷がゼロになるように組み立てる。塩化ナトリウムの化学式は NaCl であり，酸化アルミニウムの化学式は Al_2O_3 である。NaCl では1つのナトリウムイオンに1つの塩化物イオンが，Al_2O_3 では3つの酸化物イオンに2つのアルミニウムイオンが結合し，それぞれイオン化合物として電気的に中性であることを示している。ここで，ナトリウムイオンは1+ の陽イオン，塩化物イオンは1−の陰イオン，アルミニウムイオンは3+ の陽イオン，酸化物イオンは2−の陰イオンである。

陽イオンおよび陰イオンの電荷に注目して，陽イオンになる金属元素の次に陰イオンになる非金属元素がくるように並べ，陽イオンの電荷を陰イオンになる非金属元素の右下に，陰イオンの電荷を陽イオンになる金属元素の右下に記すと容易にイオン化合物の化学式ができる。

7.1.3　共有結合

電子の授受によって形成されるイオンの静電的引力によるイオン結合に対し，原子間で電子軌道が重なり，電子を共有することによって生じる結合を**共有結合**（covalent bond）という。すなわち，2つの原子がそれぞれの電子を出し合って形成する1組あるいはそれ以上の電子対を共有すること（共有電子対）によって，それぞれの原子が安定な貴ガスの電子配置をとる原子間結合が共有結合である。いずれの原子もオクテット則に従って8個の最外殻電子を有して安定化している。共有結合に関与している2つの電子を**共有電子対**といい，結合に関与していない電子対を**非共有電子対（孤立電子対）**という。なお，対を成さない1つの電子を**不対電子**という。

共有結合における原子間の電子の状態はルイス点電子式で示すとわかりやすい。

分子と分子式

共有結合によって形成される一群の原子は**分子**（molecule）と呼ばれ，分子でできている物質を分子化合物という。分子は2つの原子からなるものもあれば数万の原子によって形成されるものもある。2つの原子だけからなる分子には酸素分子や一酸化炭素などがあげられ，数万の原子からなる非常に大きな分子には DNA（遺伝情報を生命のすべての形にコード化する分子）やポリエチレンのような高分子化合物がある。

分子式はその物質を構成する元素の種類とその数を示す。たとえば，酸素分子の分子式は O_2 で，それはこの分子が2つの酸素原子を含むことを示す。ショ糖（砂糖，スクロース）の分子式は $C_{12}H_{22}O_{11}$ で，ショ糖分子が12個の炭素原子，22個の水素原子，11個の酸素原子から構成されていることを示す。しかし，同じ糖類の果糖も $C_{12}H_{22}O_{11}$ の分子式を示し，分子式では物質の違いがわからない。このようなときは，構造式や点電子式で物質の構造を示す。構造式は価標を使ってどの原子がどの原子とどのように結合しているかを示す。

共有結合の表記

フッ素分子（F_2）で，もう一度，共有結合を考えると，フッ素の電子配置は[He] $2s^22p^5$ なので，フッ素原子は7つの価電子を持っている。そのうち，6つの電子は電子対を形成しているが，1つの電子が不対電子として残っている。オクテット則よりフッ素原子は8つの電子で囲まれた状態が最も安定であるため，各々のフッ素原子は1つの電子を別のフッ素原子と共有して1組の共有電子対を形成して貴ガスの電子配置を取り安定化する。

アンモニア（NH_3）では窒素原子が5つの最外殻電子を，水素原子が1つの電子を持っている。水素原子も窒素原子もオクテット則を満たすために，窒素の3つの不対電子と3つの水素の電子が共有されてアンモニア分子を形成する。窒素の残りの電子は1組の非共有電子対となっている。

ルイス点電子式では，原子の最外殻電子を“ドット（点）”で表現しているため，共有結合になりうる不対電子，共有結合における原子間の共有電子対，共有結合に関与しない非共有電子対などがよくわかる。F_2 は1組の共有電子対と6組の非共有電子対をもつ。同様に NH_3 は3組の共有電子対と1組の非共有電子対をもつ。

:F̤̈· ＋ ·F̤̈: ⟶ :F̤̈:F̤̈:　　　3H· ＋ ·N̤̈· ⟶ H:N̤̈:H（下に H）

単結合：水素分子 H:H やフッ素分子のように，2つの原子間で1つずつ電子を出し合い（2つの不対電子），1対の共有電子対を形成して結合する共有結合を単結合という。

二重結合：2つの原子間で2つずつ電子を出し合い，2対の共有電子対を形成して結合する共有結合を二重結合という。ホルムアルデヒド（分子式；H_2CO）も二重結合を含む分子の例である。炭素原子と酸素原子が二重結合で4つの電子を共有している。

三重結合：窒素分子 :N:::N: のように，2つの原子間で3つずつ電子を出し合い（6つの不対電子），3対の共有電子対を形成して結合する共有結合を三重結合という。アセチレン（分子式；C_2H_2）も三重結合を含む分子の例である。炭素原子の間の6つの電子を共有して三重結合になっている。

共有結合における電子の状態を表す際に，ルイス点電子式は有効であるが，1対の共有電子対を価標（－）でおきかえた構造式（structural formula）で表すのが便利である。1本の価標（－）で表される共有結合が単結合，2本の線（2対の共有電子対）で表される共有結合が二重結合，3本の線（3対の共有電子対）が三重結合である。非共有電子対は略記する場合もある。

H－H	:F̤̈－F̤̈:	H－N̈－H（下に H）	H－C＝Ö:（C の下に H）	:N≡N:	H－C≡C－H
水 素	**フッ素**	**アンモニア**	**ホルムアルデヒド**	**窒 素**	**アセチレン**

構造式の書き方

構造式では一対の共有電子対を価標（－）で示す。

以下に構造式の書き方を記す。

① 分子や原子団を構成する原子の価電子総数を求める。

ただし，原子団が陰イオンの場合は荷電子総数に負電荷数を加え，陽イオンの場合は正電荷数を引く。

② 原子を配置し，分子や原子団（多原子イオン）の基本骨格を作る。

電気陰性度が最も小さく，化学式の最初に記される原子を中心に配置し，他の元素（周辺原子）はその周りに配置する。

例：硝酸イオン（NO_3^-）　O N O（N の下に O）

③ ①の価電子を中心原子と周辺原子の間に電子対（単結合）になるように配置し，次に，オクテット則を満たすように周辺原子の周りに配置する。

・価電子が余ったら，中心原子の上に配置する。

・中心原子の価電子が不足の場合は，周辺原子の非共有電子対を動かして，中心元素との間に二重結合を導入する。それでもオクテット則を満たさない場合は，同じ周辺原子からさらに非共有電子対を動かして，三重結合を導入するか，別の周辺原子から非共有電子対を動かして，別の二重結合を導入する。

例：硝酸イオン（NO_3^-）　O:N:O（N の下に O）　⟶　:Ö:N:Ö:（N の下に :Ö:）

まだオクテットではない　:Ö:N:Ö:（N の下に :Ö:）　⇒　オクテット完成　:Ö:N::O（N の下に :Ö:）

1対の非共有電子対を移動し共有電子対とすることにより中心原子の窒素はオクテット完成

④　形式電荷を求める。

・各原子について，次式により形式電荷を求める。

形式電荷＝(中性または非結合状態での価電子数)－1/2(共有結合電子数)－(非共有電子数)

・計算により得られた各原子の形式電荷を合計して，分子全体の電荷を求める。

硝酸イオンの形式電荷

N：5－1/2×(共有結合電子数8)－(非共有電子数0)＝＋1

二重結合のO：

6－1/2×(共有結合電子数4)－(非共有電子数4)＝0

単結合のO：

6－1/2×(共有結合電子数2)－(非共有電子数6)＝－1

⑤　一対の共有電子対を価標（－）で示して，構造式を完成させる（非共有電子対は省略可能であり，電荷は＋，－で表示した）。

$O^- - N^+ = O$，N^+ に O^- が単結合

なお実際の硝酸イオンのN－O結合はすべて等価であり，次のような共鳴構造をとる。

$O^- - N^+ = O$（下に O^-）⟷ $O = N^+ - O^-$（下に O^-）⟷ $O^- - N^+ - O^-$（下に $=O$）

したがって実際の硝酸イオンは次のような構造式になっている（┅は単結合と二重結合の中間の結合）。

7.1.4　共有結合の極性

共有結合は2つの原子の間の共有電子対による。しかし，すべての原子は等しくこれらの電子を共有しているとはいえない。原子によって電子を引き付ける力（電気陰性度）が異なる。同じ原子の場合は電気陰性度に差がないため，2つの原子間は同じように電子を引き付け合うが，異なる原子が共有結合をつくるときは電気陰性度の強い原子のほうに電子は引きつけられる。このように電気陰性度の異なる原子どうしの共有結合では電荷の偏りが生じることを分極という。このような状態を**極性**（polar）とよび,電荷の偏りのないような状態を**無極性**（nonpolar）という（図6.5ポーリングの電気陰性度を参照）。

水分子の極性を考えると，酸素原子は電気陰性度が大きいので，共有電子対は酸素原子の方へより近く引っ張られ，その結果，水分子の中の酸素原子はわずかに負電荷状態になり，水素原子はわずかに正電荷状態になる。このわずかな違いをデルタ（δ）で表す。δ＋は，わずかな正電荷を，δ－はわずかな負電荷を意味する。また，共有電子対のわずかな移動を電気陰性度の小さな原子から大きな原子に向かう矢印（δ＋ ┼→ δ－）で記す場合もある。

同じように，塩化水素分子HClでは，HよりもClの方が電気陰性度が大きいため，共有電子対はCl側に少しだけ引き寄せられる。その結果Cl原子はわずかに負の電荷を帯び，H原子はわずかに正の電荷を帯びることになる。

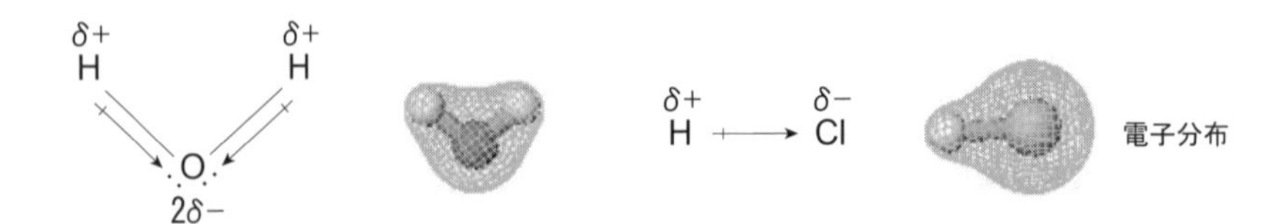

同じ原子間の共有結合では電気陰性度に違いがないので,このような場合は電荷の偏りがない。このような二原子分子を無極性分子という。例えばフッ素分子（F_2；F－F）の中の2つのフッ素原子の間の単結合または窒素分子（N_2；N≡N）の中の2つの窒素原子の間の三重結合）など

表 7.4　電気陰性度と原子間結合

電気陰性度の差	原子間結合の種類
≦ 0.4	共有結合（無極性）
0.4 〜 2.0	共有結合（極性）
≧ 2.0	イオン結合

がそれである。これらの原子間では電子は等しく分配され，無極性分子になっている。

原子間の電気陰性度の差が大きいと極性も大きくなるが，一般的に，原子間結合の目安として，2つの原子の電気陰性度の差が0.4以下であれば無極性共有結合，2.0以上であればイオン結合，0.4から2.0の間のときは極性共有結合と考える。

分子の形と極性　図7.2のようにCO_2分子でもC=O結合では共有電子対がわずかにO原子側に引き寄せられ，O原子は負の電荷を帯び，C原子は正の電荷を帯びることになる。しかしCO_2分子は直線形になっているので，分子全体では正の電荷の重心と負の電荷の重心が一致して無極性になっている。メタンCH_4も正四面体構造の分子になっているので，やはり電荷の偏りは打ち消され無極性分子になる。しかしH_2O分子はH−O−Hの角度が104.5°の折れ線形構造になっているため，正の電荷の重心と負の電荷の重心がずれて極性をもつようになる。アンモニアNH_3も電荷の偏りは打ち消されずに極性分子になる。このように原子間の電気陰性度の差だけではなく，分子の形も極性か無極性かを決める要因になる。正の電荷の重心と負の電荷の重心が一致すれば無極性，ずれていると極性をもつようになる。

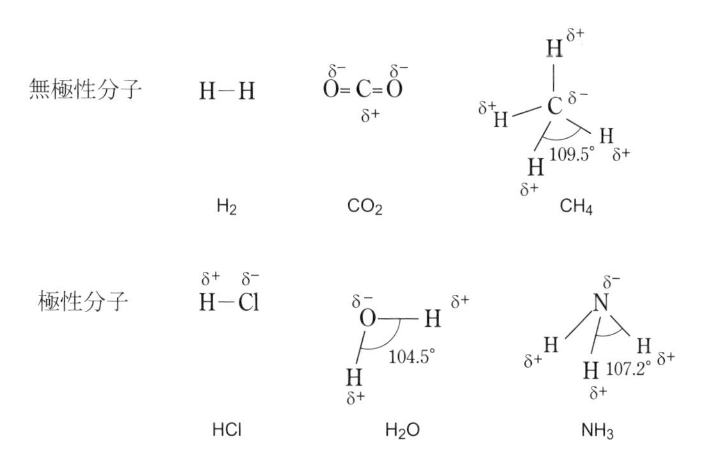

図 7.2　無極性分子と極性分子
δは部分電荷を意味し，$0 < \delta < 1$である。

双極子モーメント　図7.3のように，同じ大きさQ(C)の正負の電荷が距離$|\vec{R}|$(m)だけ離れて存在するとき，$\vec{\mu} = Q\vec{R}$で定義されるベクトル量を**双極子モーメント**（dipole moment）という。単位はD（デバイ）が用いられてきた（1D = 10^{-18} esu cm）。SI単位では，1D = 3.33564 × 10^{-30} C m となる。分子内のすべての双極子モーメントを合成した全双極子モーメントの大きさが0でない場合，その分子は極性をもつということができる。HClの場合は，H ← Clの双極子モーメントが発生していることになる（モーメントを表すベクトルは⊕極に向う矢印で表す約束になっているから電子対の移動とは逆になる）。

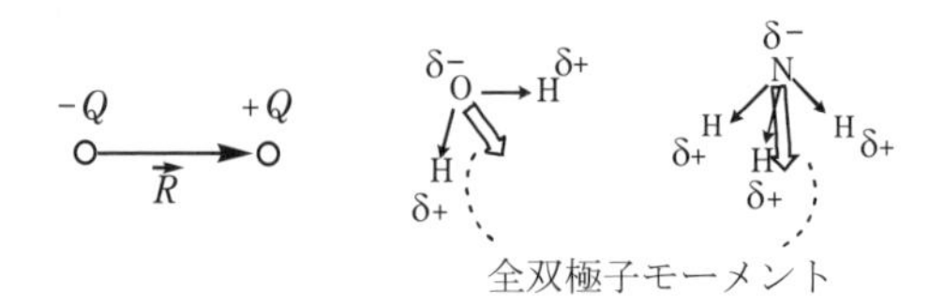

図 7.3　双極子モーメント

分子の形が対称的な CO_2，CH_4 では，O→C，C→H の双極子モーメントが分子全体では打ち消されて無極性分子になる。しかし対称性の低い H_2O，NH_3 では O→H，N→H の双極子モーメントは打ち消されずに全双極子モーメントが残るので，極性分子になる。

双極子モーメントと結合距離は実験的に求めることができるので，それらの値から δ を求めることができる。例えば，HCl の場合，実験的に得られた値は，

$$|\vec{\mu}| = 3.70 \times 10^{-30}\ \mathrm{C\ m}, \quad R = 127.5 \times 10^{-12}\ \mathrm{m}$$

なので，

$$\delta = \frac{3.70 \times 10^{-30}\ \mathrm{C\ m}}{127.5 \times 10^{-12}\ \mathrm{m}} = 2.90 \times 10^{-20}\ \mathrm{C}$$

である。この電荷は電気素量 1.60×10^{-19} C の約 18%であり，HCl の結合は完全な共有結合ではなく，18%のイオン性を有した共有結合であるといえる。このことは図 6.5，表 7.4 から，Cl と H の電気陰性度の差が $3.0 - 2.1 = 0.9$ であり，H−Cl が共有結合とイオン結合の中間の性質を示すこととも一致する。

7.1.5　量子力学による共有結合の考え方

分子軌道

共有電子対を共有するとなぜ結合になるのか？ よく考えてみると不思議な話である。そこで，ミクロな世界を支配している量子力学を使い，より正確に分子内の結合の様子を考えてみることにする。第 5 章で原子についてのべた量子力学を共有結合している分子にあてはめると，分子のエネルギー準位 E と，電子の運動状態を示す波動関数（電子の軌道）Ψ が求められる。得られた波動関数からは，電子の位置などの物理量に対する確率論的な平均値を計算でき，電子がどのようなエネルギー状態にあるのか，つまり化学結合の様子が明らかになる仕組みになっている。

水素分子 H_2 に関して，量子力学を使ってエネルギー準位 E と，波動関数 Ψ の概念を説明する。図 7.4 は両側から水素原子が互いに近づいて結合をつくり，中央で水素分子 H_2 ができるときのエネルギー準位の変化を示している。もともとの H 原子の 1s 軌道のエネルギー E_{1s} に比べて，Ψ_1 のエネルギー E_1 は低く，Ψ_2 のエネルギー E_2 は高くなっている。それぞれの波動関数は 2 個

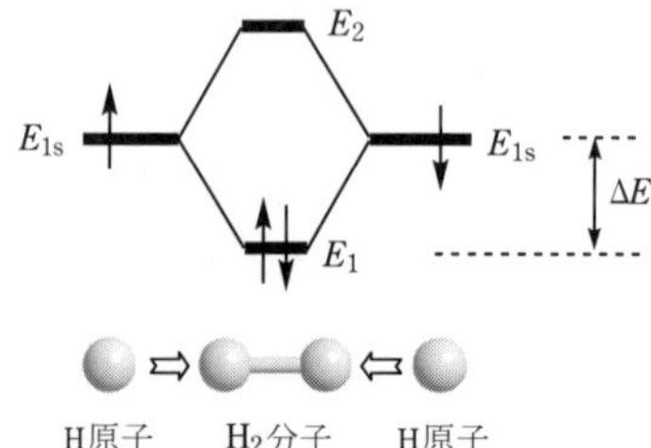

図 7.4　H_2 分子のエネルギー準位図

まで電子を収容できるので，水素分子ではΨ_1に電子が2個入り，Ψ_2には電子が入らない。よって，2個の水素原子がバラバラでいる状態よりも，原子と原子が結合し分子を形成した方がエネルギーが下がり安定化することがわかる。この安定化エネルギーは結合解離エネルギー（dissociation energy）と呼ばれ，水素分子の場合は1 molあたり，$\Delta E = 2E_1 - 2E_{1s} = 432\ \mathrm{kJ\ mol^{-1}}$にもなっている。このようにバラバラの水素原子状態に比べて，水素分子になると大きなエネルギー利得が得られ，安定化していることがわかる。

図7.5で波動関数の形を見てみよう。波動関数Ψ_1は2個の水素原子を取り囲むように分子全体に広がっている。波動関数の絶対値の2乗$|\Psi|^2$が電子の存在確率を表しているので，結合軸に沿って電子が存在する確率が大きくなっていることがわかる。これに対し，Ψ_2はまるで反発しあっているかのように，相手の原子と反対側のところで広がっていて，電子はできるだけ離れた位置に存在することになる。とくに2個の水素原子の中間のところでは，$|\Psi_2|^2 = 0$になり電子が存在していない。Ψ_1のように結合を作るのに都合のよい形をした波動関数を**結合性（分子）軌道**，Ψ_2のように電子が反発しあって結合を切る作用をもつ波動関数を**反結合性（分子）軌道**と呼んでいる。水素分子では，結合性軌道Ψ_1に電子2個が収まって，結合をつくっていることがわかる。

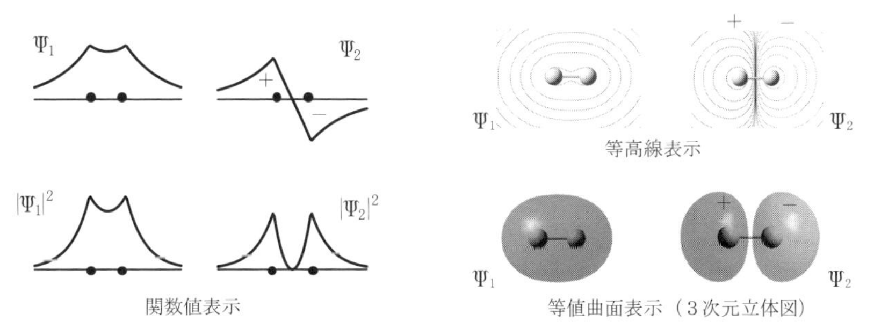

図7.5　H_2分子の結合性分子軌道Ψ_1と反結合分子軌道Ψ_2のいろいろな表示

Ψ_2は関数値の符号も示した。●は水素原子の原子核の位置。

このように，分子を構成する原子の原子軌道（atomic orbital）が混ざり合って，分子全体に広がった新しい軌道——**分子軌道**（molecular orbital）——ができる。

一般に，結合性軌道をつくって結合が生じるためには，次のような条件が必要になる。

> 結合が生じるための条件
>
> 1）　2つの原子軌道の間の重なりが十分に大きい。重なりが大きいほど強い結合になる。
>
> 2）　2つの原子軌道のエネルギー準位が近接している。
>
> 3）　2つの原子軌道は結合軸（原子核を結ぶ線分）に関して同じ対称性をもつ（結合軸の周りに回転した時の＋，－の符号が同じ）。

図7.6にいろいろな原子軌道から生じる分子軌道のパターンを示した。図（a）～（c）では，生じた分子軌道が結合軸に沿って円筒形状に広がりをもっている。このように結合軸のまわりの回転に対して対称（回転しても＋，－の符号が変わらない）になっている分子軌道は**σ軌道**と呼ばれ，一般に結合性軌道の方をσ，反結合性軌道をσ＊と書き表す。σ軌道によって生じた結合を**σ結合**という。これに対し，図（d）では結合軸に垂直な2個の2p原子軌道が側面どうしで重なり合っ

て，結合軸の上下に広がる分子軌道ができている。このように結合軸のまわりの180° 回転に対して反対称（回転によって＋，－の符号が変わる）になっている分子軌道を**π軌道**という。結合性軌道をπ，反結合性軌道をπ^*と書き表し，π軌道によって生じた結合を**π結合**という。一般に，π結合はσ結合に比べて重なりが小さく弱い結合になる。

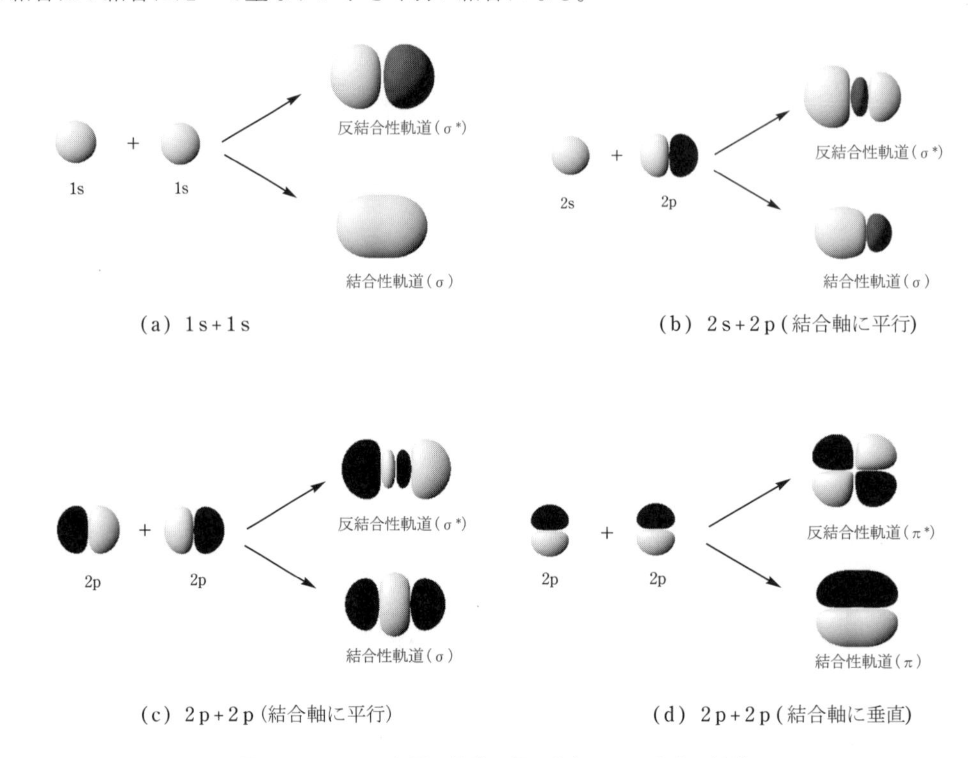

図 7.6 いろいろな原子軌道の組み合わせによる分子軌道

●は＋の値，●は－の値をあらわす。結合軸は水平方向にとっている。

分子軌道と共有電子対の関係　分子軌道と7.1.3で学んだ共有電子対はどのような関係になっているのであろうか？ 前述したように量子力学を使って水素分子内の電子のエネルギー状態を計算してみると，エネルギーの低い結合性軌道Ψ_1に電子2個が収まって，安定な結合をつくっていることがわかった。波動関数の2乗による電子の存在確率について，H_2分子の結合性軌道Ψ_1とH原子の1s軌道を詳しく比較したのが図7.7である。(結合性軌道)^2 －（1s軌道^2+1s軌道^2）の値は，2個の水素原子の中間のところで＋になっていて，結合性軌道の方がH原子の1s軌道よりも大きな値になっている。つまり，2個の水素原子の中間のところに電子がくる確率は，H原子の状態でいるよりも分子を形成した結合性軌道の方が大きくなっている。これが共有電子対に対応しているのである。Ψ_1の形は分子全体に広がっているので，電子も分子全体に広がって存在しており，いつも原子と原子の中間位置に共有電子対が局在しているわけではない。一方，原子と原子の中間位置に電子がくる確率が大きいという事実を，「2個の原子に1組の電子対が共有されている」と単純化したのが，共有電子対による共有結合の考え方である。実際の電子状態をわかりやすくモデル化したともいえる。この考え方は多くの分子にあてはまり，化学の様々な問題を考える上で有用である。分子軌道の複雑で曖昧な形をイメージするよりも，共有電子対という極端な形の方が便利な場合が多い。

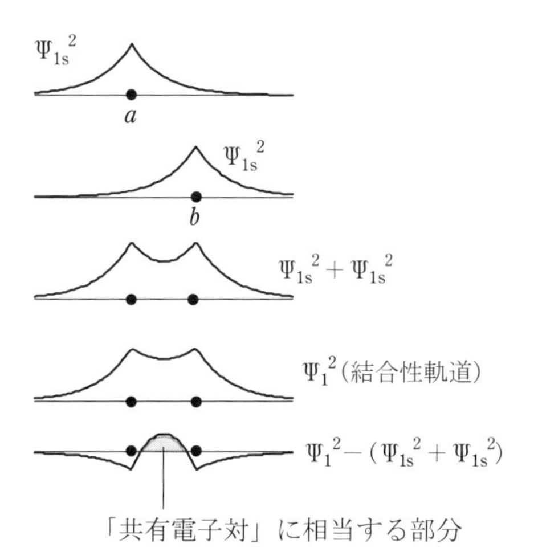

図 7.7 1s 軌道と結合性分子軌道による電子の存在確率の比較

$\Psi_{1s}^{\ 2}+\Psi_{1s}^{\ 2}$ は原子軌道による電子の存在確率を単純に足し合わせただけ。$\Psi_{1}^{\ 2}$ は分子を作ったときの結合性分子軌道による電子の存在確率。両者の差が，分子を作ることによる電子の移動を表し，2 個の原子の中間のところに電子がくる確率が大きくなっていることがわかる。

7.1.6 配位結合

原子の最外殻の電子は電子対をつくる傾向があるだけでなく，すべて電子で埋まり閉殻になって安定化しようとする。

共有結合では 2 つの原子間で，どちらの原子も電子を 1 つずつ出し合って，共有電子対を形成するが（二重結合の場合は 2 つずつ，三重結合の場合は 3 つずつ），一方の原子のみが電子を出すような共有結合，すなわち，どちらかの原子の非共有電子対（孤立電子対）を 2 つの原子間で共有する結合が**配位結合**（coordinate bond）である。配位結合において，電子対を与える側を電子供与体（electron donor），電子対を受け取る側を電子受容体（electron acceptor）という。

水 H_2O やアンモニア NH_3 のように非共有電子対をもつ分子は，この非共有電子対を使って電子をもたない水素イオン H^+ との間に配位結合をつくることができる。この反応によってオキソニウムイオン H_3O^+ やアンモニウムイオン NH_4^+ が生じる。

$$:\ddot{\underset{\cdot\cdot}{O}}:H \ (\text{H}) + H^+ \longrightarrow \left[H : \ddot{\underset{\cdot\cdot}{O}} : H \ (\text{H}) \right]^+$$

オキソニウムイオン
（ヒドロニウムイオン）

$$H : \ddot{\underset{\cdot\cdot}{N}} : H \ (\text{H}) + H^+ \longrightarrow \left[H : \ddot{\underset{\cdot\cdot}{N}} : H \ (\text{H}, \text{H}) \right]^+$$

アンモニウムイオン

H_3O^+ の 3 本の O－H 結合や，NH_4^+ の 4 本の N－H 結合はすべて等価で，配位結合と他の共有結合の間に差異はない。つまり配位結合ができた後では，どれが配位結合であったかは区別がつかず，すべてが等価な共有結合になる。

遷移金属イオンと非共有電子対を持つ分子やイオンとの間の結合も配位結合である。できたものを**金属錯体**（metal complex）といい，とくに電荷を持つものを**錯イオン**とよぶ。さらに，金属イオンに配位したイオンや分子を配位子（ligand）といい，その配位子の数を配位数（coordination number）という。配位数は金属イオンによって異なる。

7.1.7　金属結合

我々の身の周りには鉄をはじめとして，アルミニウム，銅，銀など様々な金属が生活に欠かせないものとして使われている。代表的な金属の性質（特徴）を以下にまとめる。

① 電気や熱を伝えやすい。

② 特有の金属光沢をもつ物質が多い。

③ 外部からの力によって容易に変形し，延性（銅線のように線状に長くに伸びる性質）や展性（金箔やアルミ箔のように，薄く面状に広がる性質）が高い。

④ 典型元素（周期表の 1，2，12 ～ 18 族元素）の金属単体では，融点・沸点が低く，軟らかいものが多い。遷移元素（周期表の 3 ～ 11 族元素）の単体では，融点・沸点が高く，硬い結晶が多い。

金属結合　金属の原子を相互に結びつけ，固体としての形態を維持しているのは金属中の電子の働きによる。また，金属元素は陽性が強く，価電子を放出して陽イオンになりやすい性質をもっている。金属の陽イオンは規則正しく周期的な 3 次元結晶格子をつくり，原子から離れた価電子は特定の陽イオンに固定されることなく，結晶中を自由に動き回る。このような電子を**自由電子**（free electron）といい，金属の陽イオンどうしを結びつける働きをもっている。このようにして自由電子が金属の陽イオン全体にいわば共有される形でできているのが金属結合である。金属単体はこの自由電子による金属結合によって，陽イオンがしっかり結びつき硬い結晶格子をつくっている。

ナトリウムの電離　$\mathrm{Na} \longrightarrow \mathrm{Na^{+}} + \mathrm{e^{-}}$

アルミニウムの電離　$\mathrm{Al} \longrightarrow \underbrace{\mathrm{Al^{3+}}}_{\text{金属の陽イオン}} + \underbrace{\mathrm{3e^{-}}}_{\text{価電子＝自由電子}}$

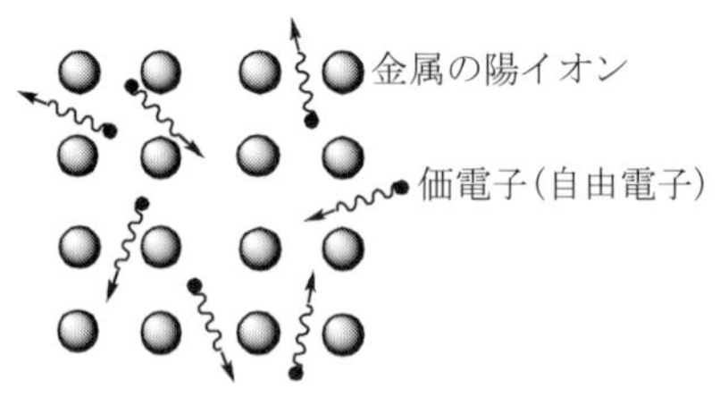

図 7.8　金属結合の自由電子のモデル

金属原子が規則正しく配列した状態の固体を金属結晶という（14.1 章参照）。金属結晶の大きな特徴は電気伝導性，熱伝導性などであるが，これらは自由電子の存在に起因するところが大きい。その他，金属光沢，展性，延性などの金属結晶特有の性質も自由電子による。

7.2 分子間力と水素結合

前節で学んだ共有結合は，分子を構成している原子間に作用している強い力の化学結合で，その力は分子内力（intramolecular force）と呼ばれています。これにたいして，分子と分子の間に作用する力を分子間力（intermolecular force）といい，化学結合と比べると非常に弱い力ですが，物質の状態などに関わる重要な役割を担っています。例えば，気体を冷却したり，圧縮したりすると液体や固体になりますが，その凝集エネルギーは主に分子間力によるものです。分子間力がゼロの理想気体ならば，いくら温度を下げても液体や固体になることはないでしょう。その他にも，氷が水に浮かぶのも，食塩が水に溶けるのも，さらにDNA分子が2重らせん構造を保てるのも，この分子間力がはたらいているからです。このように，物質の性質や挙動には個々の分子では説明できないことがあり，分子どうしのつながりについても考える必要があります。本節では，いくつかの分子を束ねる力として，代表的な分子間力であるファンデルワールス力と水素結合について学びます。

7.2.1 ファンデルワールス力と分子結晶

ファンデルワールス力（van der Waals force）は，1873年に実在気体の状態方程式を提案したオランダの物理学者ヨハネス・ファン・デル・ワールス（Johannes van der Waals）の名前に由来する分子間力で，相互作用にもとづく3種の力に分類される。各々の相互作用の大きさを化学結合と比較して表7.5に示す。分子間力は化学結合と比べて非常に弱い力であることがわかる。

表7.5 化学結合と分子間の相互作用（結合力）の比較

結合のタイプ	結合力 / kJ mol^{-1}	例
共有結合	100 ～ 1000[1]	H : H
イオン結合	500 ～ 5000[1]，400 ～ 4000[2]	$Na^{+}Cl^{-}$
双極子－双極子	5 ～ 20[1]，5 ～ 25[2]	$SO_2\cdots SO_2$
双極子－誘起双極子	1 ～ 10[2]	$HCl\cdots C_6H_6$
誘起双極子－誘起双極子	1 ～ 10[1]，0.1 ～ 40[2]	$CH_4\cdots CH_4$
水素結合	10 ～ 40[1,2]	$H_2O\cdots H_2O$

1) 渡辺 正 他訳，『ティンバーレイク教養の化学』，東京化学同人，p.138 (2013).
2) 木下 實 他訳，『ベッカー一般化学（上)』，東京化学同人，p.300 (1985).

1) 双極子－双極子相互作用

双極子モーメントをもつ極性分子間（双極子間）にはたらく相互作用で，この作用により分子間にはたらく力を双極子 - 双極子力（dipole-dipole force）あるいは配向力という。分子内の電荷の偏りにより生じた部分電荷に起因する相互作用で，図7.9に示すように配向する方向により引力と斥力が働くが，全方向の力を平均すると引力となる。相互作用エネルギーは分子間力の中では比較的大きく，双極子モーメントが大きいほど強くはたらく。なお，分子性化合物では分子間力が大きくなると沸点が高くなり，蒸発熱は大きくなる（表7.6参照）。

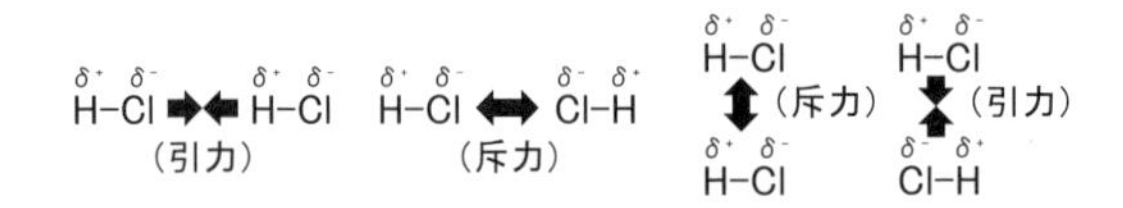

図 7.9 極性分子間に働く配向力

表 7.6 同程度の分子量をもつ化合物の双極子モーメントと沸点および蒸発熱

物質	分子量	双極子モーメント / D	沸点 / ℃	蒸発熱 / kJ mol^{-1}
$CH_3CH_2CH_3$	44.10	0.08	−42.1	18.77
CH_3OCH_3	46.07	0.30	−23.6	21.51
CH_3CN	41.05	3.93	82	32.8

2） 双極子 - 誘起双極子相互作用

極性分子と無極性分子間および極性分子と単原子分子間にはたらく相互作用で，この作用にもとづく分子間力を双極子 - 誘起双極子力（dipole-induced dipole force）あるいは誘起力という。無極性分子あるいは単原子分子は，極性分子の接近によって分極し，双極子モーメントが誘起されて誘起双極子（induced dipole）となる。この誘起双極子が接近した双極子と相互作用して引力が生じる。極性分子の双極子モーメントが大きいほど，また分極率（polarizability）が大きいほどその効果は大きい。なお，分極率は電子雲の歪みやすさを表し，1 V cm^{-1} の電場によって分子中に誘起される双極子モーメントの割合で示される。

3） 誘起双極子 - 誘起双極子相互作用

単原子分子を含む無極性分子間にはたらく唯一の相互作用で，この作用によって生じる分子間力を分散力あるいはロンドン力（London force）という。無極性分子の電子を平均すると一様に分布して電荷の片寄りはないが，瞬間的には片寄りが生じて双極子が生成する。この瞬間的に生成した双極子により，隣接した分子の電子密度に片寄りが生じて新たな誘起双極子が生成する。このように，無極性分子どうしが接近したとき，相互に瞬間的な分極が誘起され分子間に引力が発生する。なお，分散力は分極率が高い分子，原子数（電子数）が多い大形分子，および形状が細長い分子などに強くはたらく。無極性分子の分極率と沸点を表 7.7 に示す。分極率が高い分子は電子雲が歪んで分極が誘起されやすく，分散力が大きくなることにより沸点は高くなる。また，

表 7.7 無極性分子の分極率と沸点

分子	分極率 × 10^{-25}/cm^3	沸点 / ℃
He	2.1	−268.9
Ne	3.9	−246.1
Ar	16	−185.7
Kr	25	−152.3
Xe	40	−107.9
H_2	7.9	−252.9
F_2	12	−188.1
Cl_2	46	−34.6

同じ化学式 C_5H_{12} をもつ化合物の構造式と沸点を表 7.8 に示す。分子どうしの接触面積は，直鎖のペンタンに比べて 4 個のメチル基が四面体の頂点方向に位置する 2,2-ジメチルプロパンは小さく，分枝のある 2-メチルブタンはそれらの中間となる。したがって，分散力は

ペンタン＞ 2-メチルブタン＞ 2,2-ジメチルプロパン

の順に小さくなり，沸点は分散力が大きいものほど高くなる。

表 7.8 同じ化学式 C_5H_{12} の化合物の構造式と沸点

化合物名	ペンタン	2-メチルブタン	2,2-ジメチルプロパン
構造式	$CH_3CH_2CH_2CH_2CH_3$	$(CH_3)_2CHCH_2CH_3$	$C(CH_3)_4$
沸点 / ℃	36.1	27.8	9.5

7. 2. 2 水素結合

電気的に陰性な元素である窒素，酸素，フッ素などの原子と水素が結合している極性分子間にはたらく相互作用を水素結合（hydrogen bond）という。双極子 - 双極子相互作用に分類されることもあるが，その結合力が 10 ～ 40 kJ mol^{-1} と大きいためファンデルワールス力と区別して扱うことが多い。図 7.10 に第 14 族～第 17 族元素の水素化合物の沸点を示す。第 2 周期の窒素，酸素，フッ素の水素化合物の沸点だけが異常に高い値となっている。この現象は分子間に特別な強い引力，すなわち水素結合がはたらいていることを示している。内殻軌道のない水素原子は，電気陰性度の高い原子に電子が強く引きつけられることにより原子核がむき出しのような状態になっており，隣接する分子の負電荷を帯びる原子に強く引きつけられることになる。この結合が同一分子内にある場合を分子内水素結合，異分子間にある場合を分子間水素結合という。分子内水素結合の例としては，DNA 中のアデニンとチミンおよびグアニンとシトシンの間の結合が挙げられ，これにより分子の立体構造が決まる。また，分子間水素結合により構成されている氷は，分

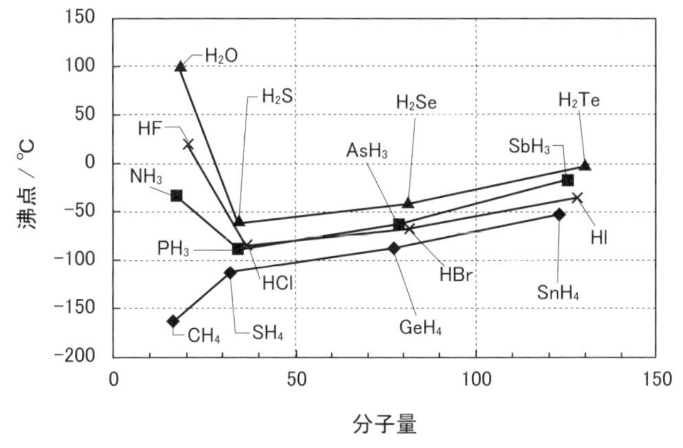

図 7.10 14 族～ 17 族元素の水素化合物の沸点

子性結晶には見られないダイヤモンドと似た構造の強固な結晶をつくるが，その構造は隙間が多く密度は水よりも小さい。

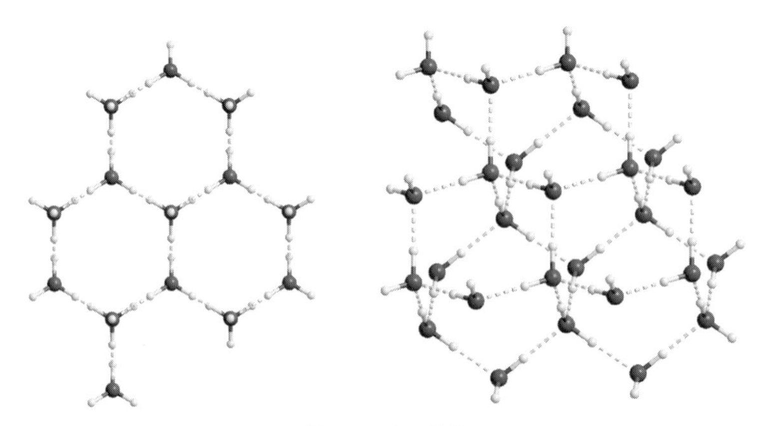

図 7.11　氷の結晶

左は真上から見た場合，右は斜め上から見た場合。●は H 原子，●は O 原子。水分子 H_2O は点線のような水素結合で結ばれている。

調査考察課題

1. 最外殻に電子が 8 個入る電子配置が安定である（オクテット則）のはどうしてだろうか。原子軌道から考察せよ。
2. 酸素分子の構造式は，窒素分子と同様に 3 対の共有電子対を形成し，さらにそれぞれの O に不対電子を持った状態で表される。このことを原子軌道の重なりから考察し，常磁性を示すこととの関わりを考察せよ。
3. 表 7.4 に示したように，結合する 2 つの元素の電気陰性度の差によって，共有結合～イオン結合は大まかに分別される。電気陰性度と原子間結合の極性との関係を整理し，電気陰性度の数値がどのようにして求められたものか調査せよ。
4. 原子軌道から分子軌道を生じるときのパターン（図 7.6）に反結合性軌道があるのはどうしてだろうか。
5. 水素結合が化合物の物性にどのような影響を及ぼすか調査せよ。その際，本文中で水について述べた分子間水素結合のほかに，分子内水素結合についても合わせて調査し，比較せよ。

8章　分子の形

8.1　分子の立体構造

7章で学んだ分子の構造式からは，どの原子とどの原子がどのように結びついているのかがわかりますが，実際の分子の立体構造まではわかりません。同じ3原子分子でも，二酸化炭素は直線状，水は折れ曲がった形になっていて，その立体構造は異なります。分子の立体構造は物質固有の性質にも深く関わってきます。前章で学んだように水分子は折れ曲がった形になっているために強い極性を持つようになり，沸点・凝固点が高くなっています。体内のタンパク質やDNAの立体構造がわずかでもずれると重篤な病気を引き起こす場合もあるのです。これほど重要な分子の形はどのように決まるのかを見ていきましょう。

立体構造の決定

実際の分子の3次元的な立体構造は，分子を構成する原子の原子核の正電荷，電子の負電荷，原子核の位置，電子配置が微妙に絡み合って決まる。分子中では，原子核ー電子間のクーロン引力，原子核どうしのクーロン反発力，電子どうしのクーロン反発力のバランスをとりながら，原子核と電子が最も安定なエネルギー状態に落ち着いた結果が，最適な分子の立体構造になっている。その際，分子の形の対称性がなるべく高くなるように立体構造が決まる。

実験的には，分子の立体構造は，X線回折，中性子線回折，電子線回折，分子の回転スペクトル・振動スペクトルなどの分光学的な方法で決定されている。

非共有電子対の存在

アンモニア（NH_3）の構造式，点電子式を図8.1 (a), (b) に記す。これからわかることは，NH_3分子は1個の窒素原子と3個の水素原子からなり，NとHの間に3本の単結合ができていること，N原子には結合に関与しない非共有電子対（孤立電子対，lone pair）が1組あることである。では，NH_3分子は平面上にT字型の形をしているのだろうか？　そうではない。構造式からは実際の分子の形まではわからないのである。

図8.1 (c) はNH_3の分子模型である。このように，実際のアンモニア分子は各原子を頂点とした三角錐の形になっている。このとき，N原子の非共有電子対（孤立電子対）はどうなっているのであろうか？　図8.1 (d) は量子力学を使った精密な計算に基づく，最も安定なエネルギー状態にあるNH_3分子の電荷分布（正確には正の電荷をもつ原子核と負の電荷をもつ電子がつく

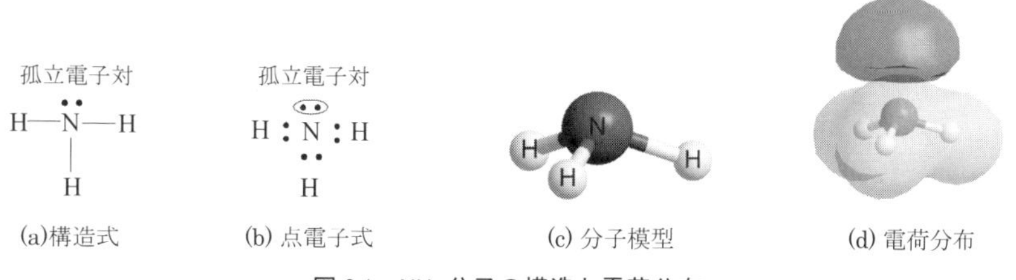

図8.1　NH_3分子の構造と電荷分布

る，NH_3 分子内の静電ポテンシャル場）である。N 原子の上方に広がっているのがマイナスの電荷部分で，結合に加わらない 2 個の電子がここに局在していることを表している。これが非共有電子対（孤立電子対）に対応している。一方，下方の NH_3 分子全体に広がっている電子雲は，非共有電子対を除く残り 8 個の電子が，3 個の H 原子と N 原子を包み込むようにアンモニア分子全体に広がっている様子を表している。8 個の電子は，このように分子全体に広がっているが，前章 7.1.5 で見たように，H−N 間の共有結合に特に深く関与している価電子は H−N の間で存在確率が高くなり，共有電子対を形成している。

VSEPR 理論

NH_3 分子の例で見たように，正の電荷をもつ原子核と負の電荷をもつ電子が，静電気的な引力・斥力のバランスを絶妙に保ちながらエネルギー的に最も安定な配置をとることによって分子の形が決まる。とくに共有結合は原子軌道の重なりが最大になるように形成されるので，共有結合には強い方向性が生じ，これが 3 次元的な立体構造を決定している。精密な量子力学の計算や，高価な実験装置を使うことなく，もっと簡単に分子の形を推測する方法はないだろうか？ 7 章で学んだように，原子の最外殻にある電子（価電子）は，結合や反応に関与する最も重要な電子であり，電子対を作ろうとする傾向がある。他の原子と電子対を共有すれば共有結合になり，共有されない電子対は孤立電子対となる。この価電子の電子対の静電気的な反発から，分子の立体構造を簡便に推定しようとするのが，VSEPR 理論である（Valence Shell Electron Pair Repulsion theory，原子価電子対反発理論または原子価殻電子対反発理論と訳されている）。

VSEPR 理論は次の 2 つの原則に基づいて，分子の形を定性的に推測する。

- 原子の最外殻にある価電子の電子対は互いに静電気的に反発し，なるべく離れた位置になろうとする。
- 反発の強さは次の順序になる。

  孤立電子対間 ＞ 孤立電子対と共有電子対 ＞ 共有電子対間

8.2 分子の形

一部の遷移金属元素を含む分子など，VSEPR 理論に従わない例外もありますが，VSEPR 理論は多くの分子の形をわかりやすく，簡単に説明できます。分子の形の典型例を VSEPR 理論の立場から見ていきましょう。

直線形分子

図 8.2 の二酸化炭素の例のように，多くの 3 原子分子は直線上に 3 つの原子が並んだ直線形になる。CO_2 分子では C と O の間は二重結合であり，共有電子対が 2 組ずつ，合計 4 組，また両端の O 原子に孤立電子対が 2 組ずつ，合計 4 組存在している。VSEPR 理論によれば，中心原子である C 原子のまわりの価電子は，2 組だけだから（注：二重結合の共有電子は 4 つで一組と考える），この 2 組の電子対の間の静電的な反発を最小にしようとして，直線形の分子構造をとると考えられる。

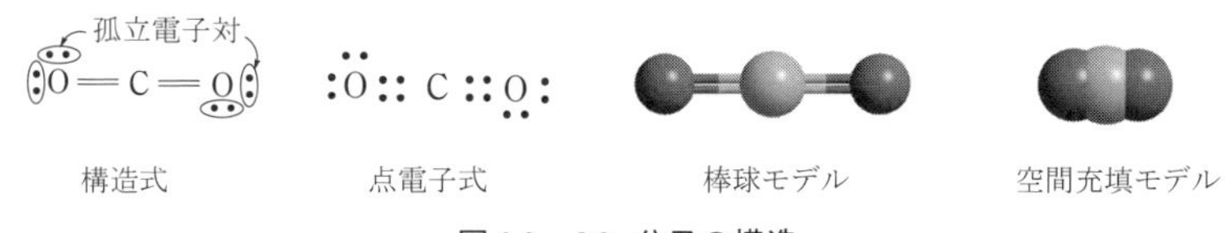

図 8.2　CO_2 分子の構造

平面上の三角形分子　三塩化ホウ素 BCl_3 は平面上に 4 個の原子が並び，ホウ素 B が中心原子となって，3 個の Cl 原子が頂点に位置する正三角形の分子になる（Cl−B−Cl の結合角は 120°）。B と Cl の間は単結合であり，共有電子対が 1 組ずつ，合計 3 組存在する。B 原子のまわりの価電子は 6 個で，オクテット則を満たしていないが，ホウ素の場合はこれでも一応安定である。中心原子である B 原子のまわりの価電子は，共有電子 3 組だから，この 3 組の間の静電的な反発を最小にしようとして，平面正三角形の分子構造をとると考えられる。

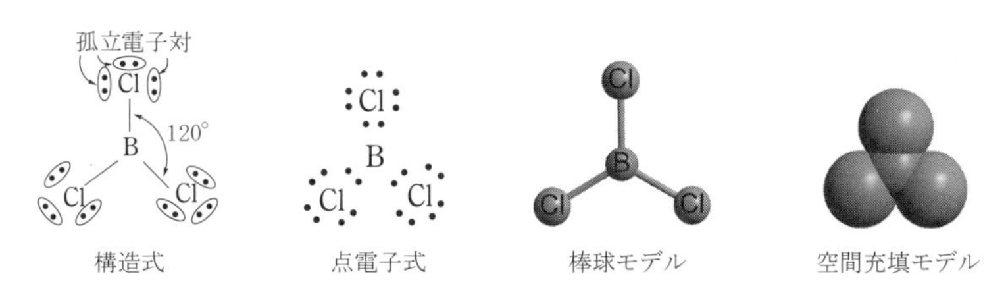

図 8.3　BCl_3 分子の構造

四面体形分子　メタン CH_4 は，C 原子を中心にして H 原子を頂点とする正四面体形の分子になる。C−H は単結合で，共有電子対が 1 組ずつ，合計 4 組存在し，孤立電子対は存在しない。CH_4 分子が，その構造式のような平面上の正方形にはならずに，なぜ 3 次元的な正四面体構造をとるのか？　すべての H−C−H 結合角は正方形ならば 90°，正四面体ならば 109.5° である。C−H 結合の長さは同じであり，C−H の中心に共有電子対があると仮定すれば，正四面体の方が結合角がわずかに開いている分，共有電子対間の距離は大きくなるはずである。このように VSEPR 理論によれば，正方形よりも正四面体の方が共有電子対間の距離が大きくなり，静電気的な反発を減らすことができるため，より安定な構造になると説明できる。

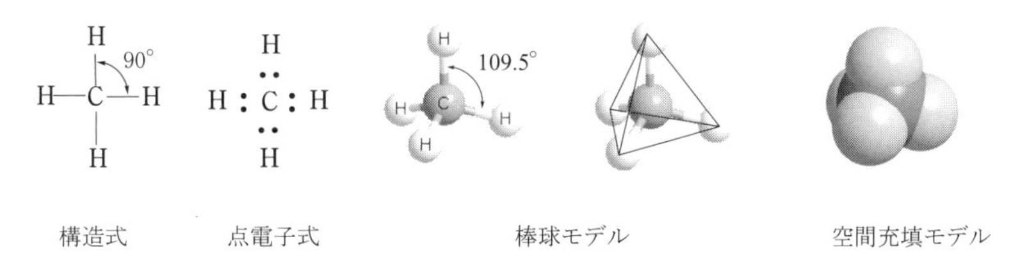

図 8.4　CH_4 分子の構造

三角錐形分子　BCl_3 が平面上の正三角形になるのに対して，同じ 4 原子分子でありながら先に説明したように NH_3 が三角錐型になるのはなぜか？　これは，中心原子が孤立電子対を持っているか，いないかによる。ホウ素 B の価電子は 3 個であり，Cl 原子との結合にすべて使われているのでB原子は孤立電子対を持たない。これに対し，窒素原子Nの価電子は5個で，このうち3個はH原子との結合の共有電子対形成に使われ，残り2個が結合に関与しない孤立電子対となっている。したがって，N原子の周りには3組の共有電子対と1組の孤立電子対の合計4組の電子対が存在している。VSEPR理論により，この4組の電子対が互いになるべく離れた位置になろうとしてメタンのような四面体形を構成し，NH_3分子は三角錐形になるのである。N原子の上方にある孤立電子対は静電気的な反発がわずかに強いので，4組の電子対は正四面体にはならずに，3つのH−N−H結合角はすべて107°と，正四面体に比べてわずかに小さな結合角になっている。

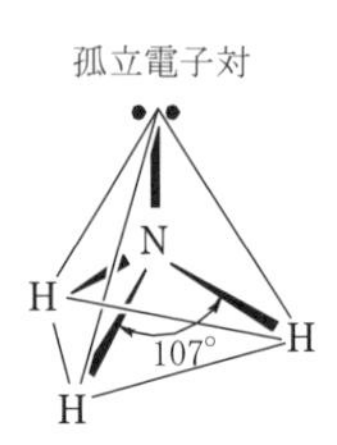

図8.5 NH_3分子の立体構造

折れ線形分子

水分子H_2Oは三原子分子である。同タイプのCO_2分子と同様に直線状になるのだろうか？ 中心にあるC原子が孤立電子対を持たないためにCO_2が直線状になるのに対し，H_2Oでは中心原子のOが孤立電子対を持つので，H_2Oは直線状ではなく折れ線形の分子になる。水はこのような形をとることによって，強い極性を持ち，特異な性質を示すようになる。地球に存在する豊富な水が生命を育んできたのは，この水特有の性質に負うところが大きい。このような意味からも水分子の形を理解することはきわめて重要である。

酸素原子Oの価電子は6個で，このうち2個はH原子との結合の共有電子対形成に使われ，残り4個が結合に関与しない孤立電子対となっている。したがって，O原子の周りには2組の共有電子対と2組の孤立電子対の合計4組の電子対が存在している。VSEPR理論により，この4組の電子対が互いになるべく離れた位置になろうとしてメタンのような四面体形を構成し，H_2O分子は折れ線形になるのである。2組の孤立電子対は結合を作らずにO原子に固定されていて，静電気的な反発がわずかに強いので，4組の電子対は正四面体にはならずに，H−O−H結合角は104.5°と正四面体よりも小さな結合角になっている。

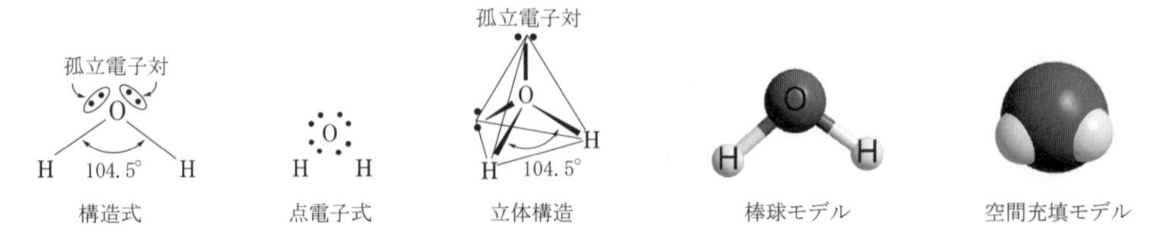

図8.6 H_2O分子の構造

三角両錐形・八面体形分子

分子は構成原子の価電子の数，孤立電子対の数などによって，他にもさまざまな立体構造になる。ここでは PF_5 の三角両錐形（正三角形の上下に三角錐がある構造）と SF_6 の正八面体形（正方形の上下に四角錐がある構造）を見ておく。いずれも VSEPR 理論によってその立体構造が説明できる。

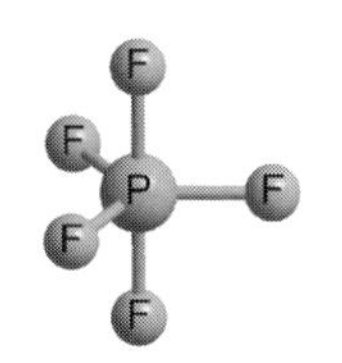

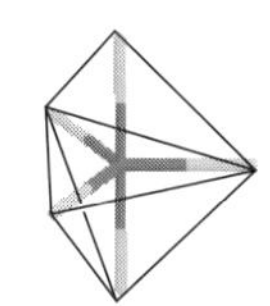
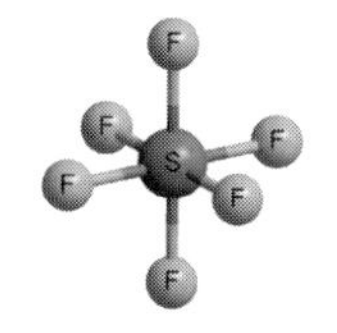

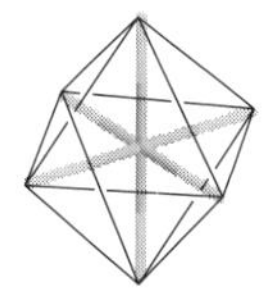

図 8.7　PF_5 の分子構造と SF_6 の分子構造

例題 9-1　分子の形の推測法

PF_5 分子，SF_6 の分子の立体構造を VSEPR 理論から説明せよ。

1. **分　析**　問題が要求しているのは平面上の構造式ではなく，3 次元的な立体構造を VSEPR 理論によって説明することである。

2. **計　画**　分子を構成する各原子の最外殻の価電子の数，共有電子対の数，孤立電子対の数を調べ，VSEPR 理論の 2 つの原則に従って，電子対が互いになるべく離れた位置になるように立体構造を決める。

3. **解　答**

PF_5 分了：　価電子数は P 原子が 5，F 原子が 7 だから，価電子総数は $5 + 7 \times 5 = 40$。P−F 結合に $2 \times 5 = 10$ 個の共有電子対を置き，周辺原子である F 原子に $6 \times 5 = 30$ 個の孤立電子対を配置すると，残りの電子はなくなり，中心原子である P 原子には，孤立電子対は存在しない。P 原子のまわりの 5 組の共有電子対が互いの反発を最小にするような位置をとると，三角両錐になる。

SF_6 分子：　価電子数は S 原子が 6，F 原子が 7 だから，価電子総数は $6 + 7 \times 6 = 48$。S−F 結合に $2 \times 6 = 12$ 個の共有電子対を配置し，周辺原子である F 原子に $6 \times 6 = 36$ 個の孤立電子対を配置すると，残りの電子はなくなり，中心原子である S 原子には，孤立電子対は存在しない。S 原子のまわりの 6 組の共有電子対が互いの反発を最小にするような配置は，正八面体である。

4. **チェック**　PF_5 分子が P 原子を中心とし，F 原子を頂点とする正五角形となった場合とくらべると，三角両錐の方が F−P−F 結合角が大きく（三角両錐では 90° と 120°），隣り合う P−F 結合の共有電子対間の反発は小さい。SF_6 分子も同様に，S 原子を中心とし，F 原子を頂点とする正六角形となった場合とくらべると，三角両錐の方が F−P−F 結合角が広く（三角両錐では 90° と 120°），隣り合う P−F 結合の共有電子対間の反発は小さい。

8.3　混成軌道

7.1.5 では，共有結合について量子力学の初歩的理論による進んだ考え方をほとんど数式を用いないで説明しました。5.2 で学んだ原子軌道（電子の存在確率の三次元的分布）が重なり合って結合が作られ，これが分子全体に広がった分子軌道を新たに形成することによって安定な分子となるのです。前章で学んだ共有結合が，イオン結合と違う点は，実は，結合の方向性があることなのです。そして，その方向性については，7.1.1 で学んだルイスの共有電子対の理論では全く説明ができないのです。そこで，原子軌道がいくつか集まって混成した軌道を形成すると考え，共有結合の方向性，分子の 3 次元的な広がりを説明しようとする新たな理論的飛躍があったのです。専門課程での有機化学の初めの部分でも学ぶことですが，炭素の混成軌道について解説しておきます。実際に近い分子の姿が見えるようになるでしょう。

sp^3 混成軌道

メタン CH_4 分子では，結合性分子軌道をつくる際に，まず C 原子内で図 8.8 のように 2s，$2p_x$，$2p_y$，$2p_z$ の 4 つの軌道の電子配置を組み替え，新しい 4 つの等価な原子軌道 χ_1～χ_4 をつくり，これが H 原子の 1s 軌道と結合性分子軌道を形成すると考えることができる。このように結合をつくるために原子内で電子配置を組み替えて，もとの原子軌道がいくつか混ざり合ってできた新しい原子軌道を**混成軌道**（hybrid orbital）という。メタン CH_4 分子中の C 原子の場合，1 個の s 軌道と 3 個の p 軌道が混ざり合った新しい原子軌道なので，χ_1～χ_4 は sp^3 混成軌道と呼ばれている。CH_4 分子では図 8.9 のように，4 つの sp^3 混成軌道は正四面体の中心にある C 原子から各頂点方向に軌道がのび，H 原子の 1s 軌道と重なり合って結

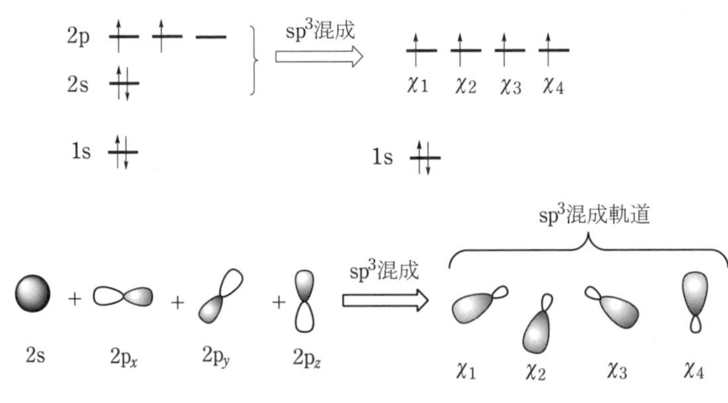

図 8.8　C 原子内の sp^3 混成軌道の形成の考え方

わかりやすくするために 2p 軌道は実際の形（ ）より細く描いている。
2p 軌道は x, y, z 軸方向だが、sp^3 混成軌道は正四面体の頂点を向いている。

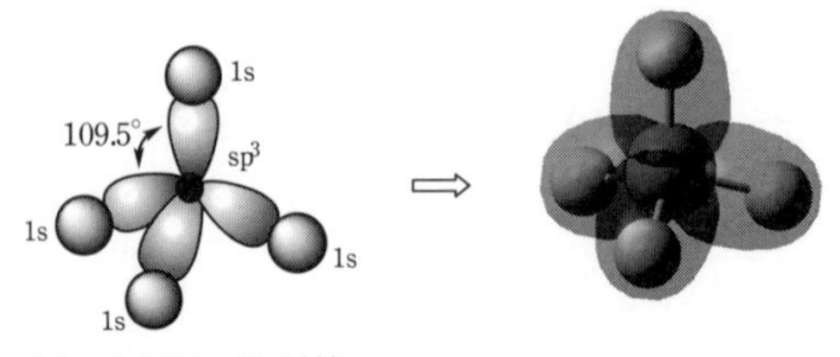

図 8.9　C 原子の sp^3 混成軌道と H 原子の 1s 軌道との重なりによる σ 結合（CH_4 分子）

合性分子軌道をつくる。これらの結合性分子軌道は，すべて結合軸のまわりの回転に対して対称になっていてσ結合である。

sp^2 混成軌道

エチレン C_2H_4 では，まずC原子内で図8.10のように電子配置を組み替え，2s，$2p_x$，$2p_y$ 軌道が混ざり合って3つの等価な新しい sp^2 混成軌道 χ_1 ～ χ_3 をつくる（sp^2 とは，1個のs軌道と2個のp軌道からできていることを表している）。sp^2 混成軌道は，平面上で互いに120°の角度をなしている。C_2H_4 分子では図8.11のように，2つのC原子の合計6個の sp^2 混成軌道がH原子の1s軌道や隣のC原子の sp^2 混成軌道と重なり合って結合性分子軌道をつくっている。これらの結合性分子軌道はすべて結合軸のまわりの回転に対して対称になっていてσ結合である（C－Hが4本，C－Cが1本の合計5本のσ結合）。

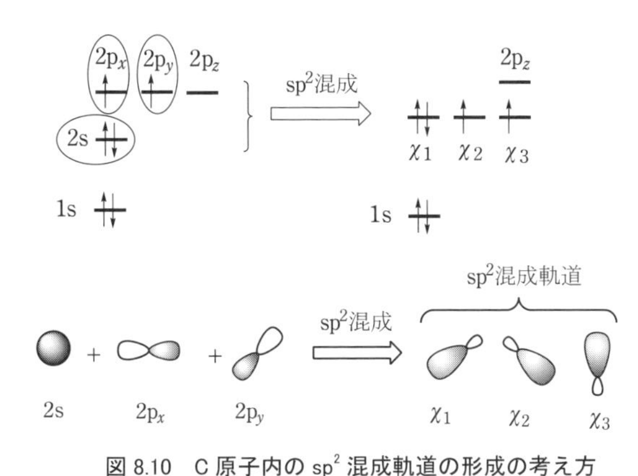

図8.10　C原子内の sp^2 混成軌道の形成の考え方

わかりやすくするために2p軌道は実際の形（ ）より細く描いている

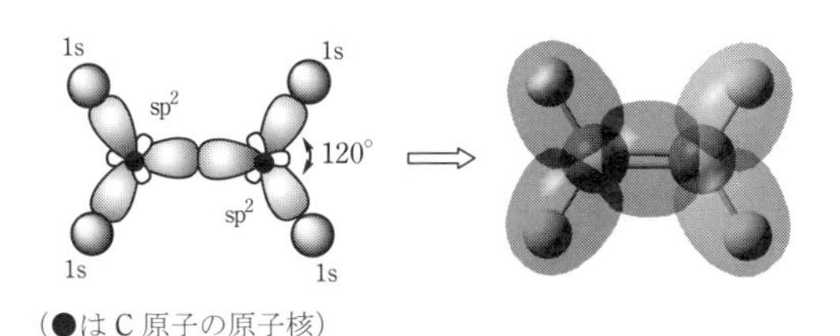

図8.11　C原子の sp^2 混成軌道，1s軌道の重なりによるσ結合（C_2H_4 分子）

sp^2 混成軌道の形成に参加しなかったC原子の $2p_z$ 軌道は図8.12のように分子平面とは垂直方向に広がりをもち，もう1つのC原子の $2p_z$ 軌道とわずかに重なり合ってπ結合を形成する。したがってC原子間の二重結合のうち1本はこのπ結合であり，もう1本が sp^2 混成軌道の重なりによるσ結合になっている。π結合は重なりが小さく，σ結合に比べて弱い結合である。これらの電子を配置し，全電子の分布を表わしたものが，UNIT IIIの扉の図である。

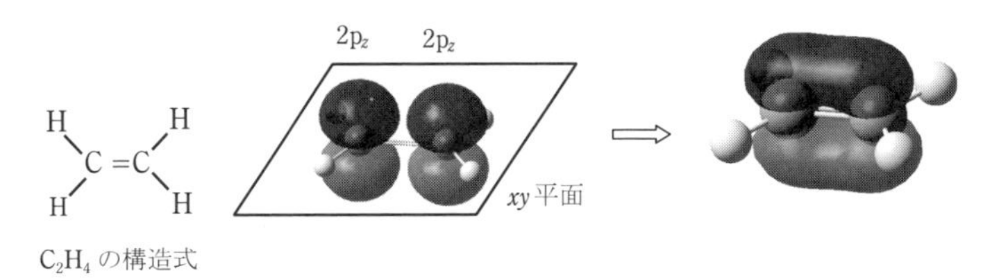

図8.12　エチレン C_2H_4 の $2p_z$ 軌道の重なりによるπ結合の形成

sp 混成軌道

アセチレン C_2H_2 では，C 原子内で図 8.13 のような電子配置の組み替えが起き，2s, $2p_x$ 軌道が混ざり合って 2 つの等価な新しい sp 混成軌道 χ_1, χ_2 がつくられる（sp 混成軌道は，1 個の s 軌道と 1 個の p 軌道からできていることを表している）。sp 混成軌道は直線状になっていて，H 原子の 1s 軌道や隣の C 原子の sp 混成軌道と重なり合って結合性分子軌道をつくっている。これらの結合性分子軌道はすべて結合軸のまわりの回転に対して対称になっていて σ 結合である（C−H が 2 本，C−C が 1 本の合計 3 本の σ 結合）。

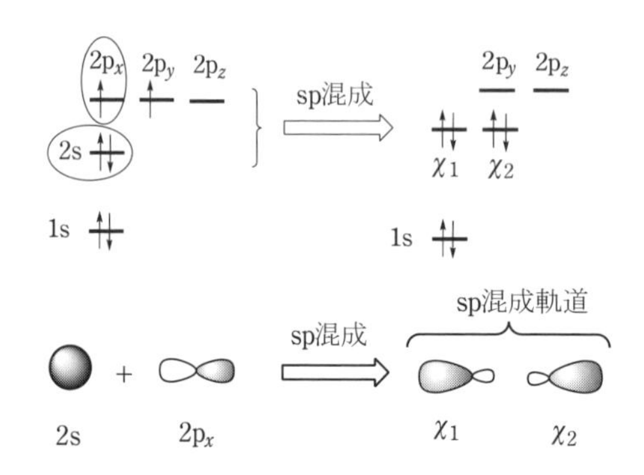

図 8.13　C 原子内の sp 混成軌道の形成の考え方

わかりやすくするために 2p 軌道は実際の形（　）より細く描いている。

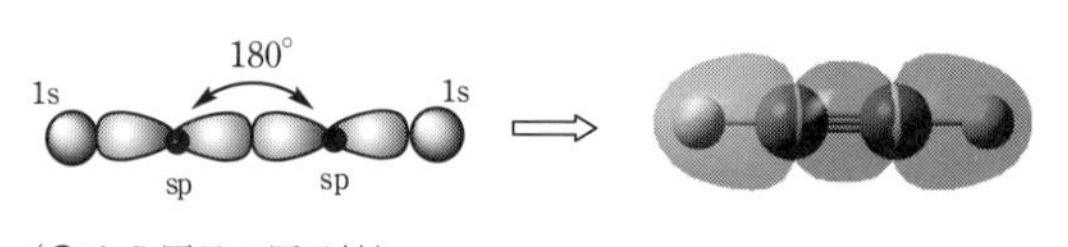

図 8.14　C 原子の sp 混成軌道，1s 軌道間の重なりによる σ 軌道（C_2H_2 分子）

アセチレン C_2H_2 では，図 8.15 のように，sp 混成軌道形成に参加しなかった C 原子の $2p_z$，$2p_y$ 軌道がそれぞれ *xy* 平面，*zx* 平面の上下で π 結合を形成する。C 原子間の三重結合のうち 2 本が π 結合であり，1 本が sp 混成軌道による σ 結合に相当する。

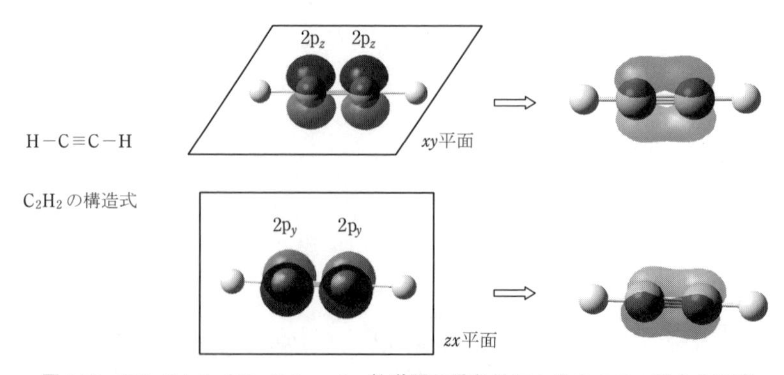

図 8.15　アセチレン C_2H_2 の $2p_z$，$2p_y$ 軌道間の重なりによる 2 つの π 結合の形成

これらの軌道に配置した結合電子の分布図は，UNIT III の扉に示したようになる。

8.4　結合距離

分子の形を決めるには，それを構成する結合の角度だけではなく，結合距離も求めなければなりません。そのとき頼りになるのが原子半径のデータです。原子半径は結合様式によって大きく変わり，共有結合半径のほかにイオン半径，金属結合半径，ファンデルワールス半径などが知られています。それらのデータは，いろいろな化合物について測定した結果の平均的なものですから，両方の原子の半径を加算するとおおよその結合距離を見当付けるには役立ちます。正確な値は，それぞれの物質について適切な方法で測定する必要があります。

結合距離と結合エネルギー

分子構造を考える上で，結合の長さ（結合距離）も重要である。結合距離は結合の強さに関係している。結合が強ければ原子を引き付ける力が強くなり，結合距離は短くなる。結合の強さは，その結合を切るのに必要なエネルギーである結合（解離）エネルギーで表され，この値が大きいほど強い結合（短い結合距離）である。図 8.16 は結合距離と結合解離エネルギーの相関を示す。これから次のことがわかる。

(1)　一般に周期表の同族元素では，周期が下がるほど結合が弱くなり，結合距離は長くなる。例えば 17 族ハロゲン元素の場合，Cl−Cl，Br−Br，I−I と周期が下がるにつれて結合が弱くなり，結合距離は長くなる。これは6.2 で学んだ原子の直径の傾向と一致している。ただし，F−F は例外である。フッ素は他の原子とは非常に強い結合をつくるが，F−F の場合，結合距離が短く孤立電子対間の反発が強いため，結合解離エネルギーは小さくなる。

(2)　炭素原子間の結合のように，単結合，二重結合，三重結合と結合次数が大きくなるにつれて，強い結合になり，結合距離は短くなる。ただし，二重結合 C=C や三重結合 C≡C の結合解離エネルギーが，単結合 C−C の 2 倍，3 倍の値になるわけではない。なぜか？ C=C，C≡C の多重結合のうち 1 本は σ 結合で，sp^2 混成軌道，sp 混成軌道が結合方向に広

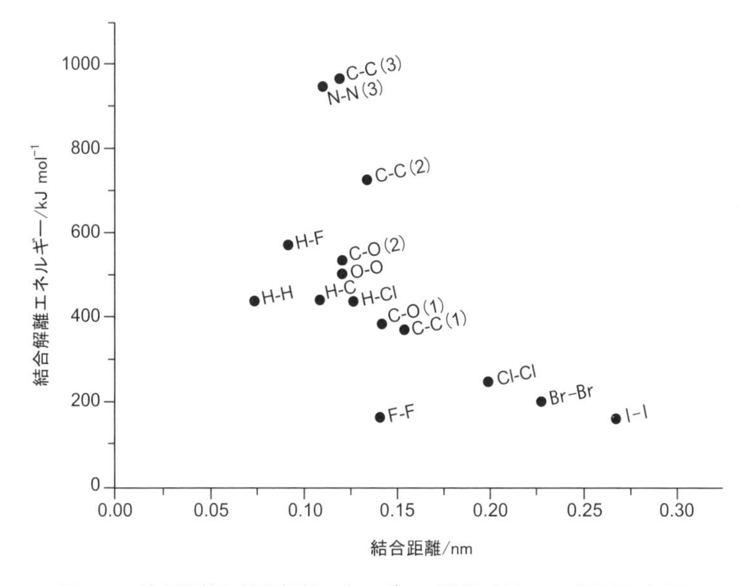

図 8.16　結合距離と結合解離エネルギーの関係（(*n*) は *n* 重結合を表す）

がり，隣の原子の原子軌道と大きく重なって強い結合になるが，残りの結合はπ結合で，重なりが小さく弱い結合になるからである。

化学結合と原子半径

化学結合により結合（解離）エネルギーが異なるため，原子間距離も化学結合によって異なる。原子間距離が異なるということは，原子半径も異なることを示している。共有結合で同種の原子が結合している場合，結合している原子の原子核間距離の 1/2 を共有結合半径と定義する。一方，ファンデルワールス力によって単体の結晶をつくる元素については，結晶中で隣接する原子の原子間距離の 1/2 をファンデルワールス半径と定義する。ヨウ素分子（I_2）の共有結合半径は 0.13 nm（結合距離 0.27 nm）であり，ヨウ素分子どうしのファンデルワールス半径 0.22 nm（結合距離 0.44 nm）よりも小さい。表 8.1 にいくつかの原子の共有結合半径とファンデルワールス半径を示す。

その他，原子半径には，イオン半径，金属結合半径などがある。イオン結晶では単原子の陽イオン半径と単原子の陰イオン半径の和を結合距離としているが，配位数の違いによって多少異なる。一般に陽イオン半径は原子状態よりも小さくなり，陰イオン半径は大きくなる（図 6.3 参照）。この傾向はいずれも原子番号の増加とともに増加する。一方，金属結合半径は単体の金属結晶における金属原子距離の半分と定義されている。

表 8.1　共有結合半径とファンデルワールス半径

原子	H	N	O	F	C	P	S	Cl
C	0.030	0.074	0.074	0.072	0.077	0.110	0.104	0.099
V	0.120	0.155	0.152	0.147	0.170	0.180	0.180	0.175

C：共有結合半径 /nm　　*V*：ファンデルワールス半径 /nm

調査考察課題

1. アセチレン C_2H_2 の立体構造を VSEPR 理論から推定せよ（直線状）。
2. BF_2H の立体構造を VSEPR 理論から推定せよ（B 原子を中心に H と 2 個の F を頂点にした二等辺三角形。F は孤立電子対を持つので，F−B−F の結合角は 120° よりも大きく，2 つの F−B−H の結合角は 120° よりも小さくなると推定される）。
3. VSEPR 理論の原則において，孤立電子対が共有電子対より反発しやすいのはなぜか。
4. アンモニアが塩基性を示すのは N 原子に孤立電子対があるためである。孤立電子対があるとどうして塩基性を示すのか他の例もあげて説明せよ。
5. 水分子の O も 2 対の孤立電子対をもっている。これは水の物性にどのような影響を与えているか説明せよ。

UNIT Ⅳ 化学量論

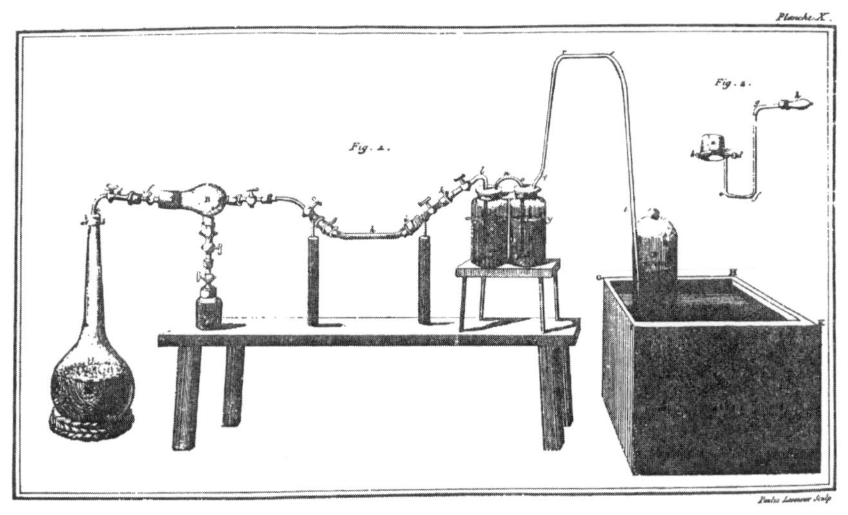

ラボアジエ、『化学基礎論』（1789 年 ）アルコール発酵実験装置図

植體分離[illegible]發精酵第二百九十六章
植物或其體等種子根葉ヲ分離スレバ自ラ精酵[illegible]
[illegible]ヲ生ス養酵其見象光景ハ另
ニ裝置有ヲ締ニ觀ベシ其裝置ノ圖詳ハ舍密原本ニ
出
○舍密原本云砂糖百比ヲ水四百比
ニ和シ酵母十比ヲ和シ一通計十五百比
之ヲ水十二彬篤ヲ容ベキ大格
尓弗甲ニ納レ彎管ヲ漬ク
此彎管ニ乙ノ
受器ヲ螺定ス
此受器三口アリ一ハ
彎管ニ通シ一ハ丙壜
ニ通シ一ハ子管ニ通
ス子管ハ内ニ[illegible]
易キ鹽類滷酸加爾基鹽酸加爾基
醋酸加里等ノ粗碎極テ燥
ク者ヲ實ス此管ニ丁
戊ノ二壜ヲ屬ス其壜
各苛性加里滷ヲ盛テ辛壬ノ感ニ至ル

宇田川榕菴訳述、『舎密開宗』（1837 ～ 47 年）アルコール発酵実験説明図

UNIT IV 各章の構成と到達目標

9章　モルの概念

9.1　化学量論とは

・化学の基本概念である化学量論に関する項目について，状況に応じた説明ができるようになること

・要素粒子，化学種の説明ができるようになること

9.2　原子量(相対原子質量)・分子量(式量)

・相対原子量の決め方とその平均値を用いる意味を説明できるようになること

・物質の分子量・式量とは何か説明し，物質の形態に応じた使用ができるようになる

9.3　モルの有用性

・モルの定義の背景を理解すること

・モルと粒子数，質量，体積との相互変換の原理を理解し，数値的相互変換ができるようになること

9.4　組成式・実験式と分子式

・物質の組成の求め方を説明できるようになること

・元素分析値をもとに，どのようにして組成式（実験式）を求めるかを理解する

・さらに，分子量を測定して分子式を導くことができるようになること

10章　化学反応式

10.1　化学変化の表し方

・化学反応はどのように書かれるのかを理解すること

・化学反応式の係数を正確に決めることができるようになること

10.2　化学反応式の量的関係

・化学反応式に含まれている量的関係を説明できること

10.3　制限反応物と収率

・理論収量と実収量の関係を理解し，収率の計算ができること

質量保存の法則と化学方程式

ラボアジエは，図左のフラスコに砂糖と酵母を入れてアルコール発酵させ，反応物と生成物の重量を精密に測り，それぞれの物質の元素組成をていねいに分析することにより，化学変化の前後で各元素の重量は不変であることを確かめた。発生した炭酸ガスは，カセイカリ水溶液に吸収させて定量している。『化学基礎論』には次のような意味の記述がある。

「人工的な操作でも，自然の操作でも何ものも創造されない。その前後において，等量の物質が存在することと，元素の質と量は同一で組み合わせの変化があるだけであることは，公理とみなせる。このことは，方程式をもって表されるはずであり，例えば，アルコール発酵の場合は，

ぶどう液　＝　アルコール　＋　炭酸

と書き表せる。」

これが，質量保存則の化学史上最初の提言であり，この式が最初の化学方程式であるといわれている。

『舎密開宗』（せいみかいそう）:「舎密」とはオランダ語の「Chemie」の当て字である。江戸後期の天保8年～弘化4年，ラボアジエの『化学基礎論』をもとにした教科書のオランダ語訳本などを原本として取り入れて蘭医の宇田川榕菴が和訳・著述したもので，我が国最初の化学書である。図は原本（舎密原本と記述されている）の写しであり，細かい説明が加えられている。

9章　モルの概念

9.1　化学量論とは

物質の相互変換を扱う化学の特質から考えれば，物質変換を定量的に考えることは当然なことです。先人たちが膨大な試行錯誤を積み重ねた結果，私たちの周りの大部分の「物質」は小さな粒子の集合体であることがわかっています。つまり，物質変換とは基本的に物質の本体である粒子から別の粒子への変換のことになります。そのような物質の組成や変換を定量的に取り扱うことを化学量論といいます。化学計算の基礎ですので，この単元では例題，演習問題などを多めにやりましょう。

化学的性質を考えるときの，原子，イオン，分子など最小単位としての粒子を**要素粒子**（element entity）という。また，これらの粒子やその集合体を化学的性質を表す実体として捉えるときには，**化学種**（chemical species）と呼ぶこともある。

物質変換の過程を追跡して，どのような要素粒子からどのような粒子に変わるかがわかれば，それに関与する原子の数もわかることになる。このように化合物や化学変化における物質間の数量的関係を取り扱うことを**化学量論**＊（stoichiometry）と呼ぶ。「化学量論」という言葉は，ある範囲内で拡張された意味付けで用いられていて，使われている状況・前後の脈絡からその意味を解釈する必要が生じることもある。例えば，原子団やイオン中の原子数の相対比を指して，「化学量論比」を考えるときも英語では stoichiometry である。一般に反応系では物質は比較的単純な整数比で反応する。つまり，反応前の物質と反応後の物質の数の比は単純な整数比になり，半端な数字にはならない。こういうことを指して「化学量論的（stoichiometric）」という。これは，通常出発物質も生成物も単純な化学量論比となっているので，反応に関わる化学種の比も単純になるのが自然ということである。一方，「化学量論的反応」というと化学反応式において必要十分な試薬を作用させるだけでよく進行する反応を指す。通常，複数の試薬のうちいくつかを過剰に使うので，「化学反応式通りに進む反応」を特別に区別する使い方である。また，理想的な化学種や化学量論的であるはずだが，自然は奥が深く，多くの要因でその姿が決まっている。そのため，「化学量論的」という定義に照らしたときに「自然」ということになる化合物を化学量論的化合物（stoichiometric compound）と呼ぶ。化学量論比混合物（stoichiometirc mixture）も「混合物」となっているが同義の化合物と考えて差し支えない。一方，そうではない「非化学量論的化合物」も多々あって，ベルトライド化合物（不定比化合物；berthollide compound）とも呼ばれている。

＊**化学量論の語源**：物質の化学構造・組成とその物理的・化学的性質との間の数量的関係全般を指すこともある。語源はギリシャ語で” 元素（stoicheion）” と” 量る（metron）” という語を組み合わせたもの。

反応式 $aA + bB \rightarrow cC$ で表される化学反応において，反応物Aが α モル存在するとき，もう1つの反応物Bが $\alpha \times (b/a)$ モル存在すれば2種類の反応物は過不足なく反応し，生成物Cは $\alpha \times (c/a)$ モル得られる。このようにある反応物に対する別の反応物の量について，反応式から理論的に導き出される必要量を化学量論量という。

9.2　原子量（相対原子質量）・分子量（式量）

原子量，分子量についての英語は，従来，atomic weight, molecular weight が用いられてきました。ここで対象としなければいけないのは質量（mass）であり，重力という「力」の大きさを示す重量 weight を用いるのは明らかに不適切です。長く使われてきた用語なので，柔軟に受け止めればよいと思いますが，皆さんが情報発信する時には，しっかりと「質量」を認識して mass を使えばよいでしょう。日本語の場合は先人がこの不適切性を考えて，「〜重」とせずに「〜量」を用いてくれたのかもしれません。

化学量論を考える上では，実は，要素粒子1つ1つの正確な質量を知る必要はなく，相対的な質量がわかっていればよい。そして，反応に関与する化学種を構成する原子の数がわかれば，ある反応でそれぞれ何 g の出発物質が反応すると最大何 g の物質が得られるかということがわかることになる。幸い元素の質量比は実験で正確に求められるので，それを使えば，加減乗除の計算でこれらの数値は求まる。この相対的な原子の質量は体系的に整理されていて，

統一原子質量単位（unified atomic mass unit，記号 u）：^{12}C 原子の質量の 1/12 ＝ $1.6605402 \times 10^{-27}$ kg（つまり ^{12}C のモル質量：0.012 kg mol^{-1}）を基準の単位1として各原子について相対的に求めたのが，相対原子質量（relative atomic mass）である。各元素に関して自然界での同位体（4.2 参照）の存在比の加重平均値，すなわち平均相対原子質量を**原子量**（atomic mass）と呼んでいる。

同じ単位であるが生化学などではダルトン（dalton, Da）として使われていることもある。

複数の原子からなる要素粒子の組成（composition）がわかっていて組成式が明らかな場合には，**式量**（formula mass）が各原子の原子量から計算される。分子を形成している要素粒子については，それを構成している元素と原子の数がわかれば，原子量から**分子量**（molecular mass）が計算できる。つまり，

$$分子量（式量）=\sum_{元素}(原子数 \times 原子量)$$

である。この値は原子量と同様に，分子の相対的な質量比を表わす無次元量である。

表 9.1　物質の型とモル質量

いくつかの要素粒子の相対質量・分子量（式量）・モル質量を表にまとめる。数値は同じであるが単位が異なることに注目してほしい。

物質例	物質の型	原子量	分子量（式量）	モル質量
ヘリウム He	単原子分子	4.003	4.003	4.0 g mol^{-1}
酸　素 O_2	二原子分子	16.00	32.00	32.0 g mol^{-1}
水 H_2O	分子状物質	水素：1.008 酸素：16.00	18.016	18.0 g mol^{-1}
食　塩 NaCl	イオン性物質	ナトリウム：22.99 塩素：35.45	(58.44)	58.4 g mol^{-1}

例題 9-1　原子量から分子量を求める

近年，バイオ燃料としてエタノール（C_2H_5OH）が注目されている。エタノールの分子量を求めよ。

1. **分　析**　エタノールの化学式が与えられて分子量を計算することが求められている。

2. 計　画　　分子量は，組成元素の原子量に1分子中の原子数をかけて計算した積をすべての元素について足し合わせたものである。

3. 解　答　　H　6原子　×　1.008 = 6.048

C　2原子　×　12.01 = 24.02

O　1原子　×　16.00 = 16.00　　　合計　46.068

与えられた有効数字を考慮して，C_2H_5OH の分子量は，46.07.

4. チェック　　原子量を付表から再チェックするとともに，計算を確認する。

9.3 モルの有用性

12本の鉛筆などを1ダースと呼んで，まとめて売っています。ある一定数をまとめると扱いやすくなるので便利だからです。化学で扱う要素粒子の物質量に関しては，602,214,076,000,000,000,000,000個というとてつもない数の粒子を一まとめにして1モルとして考えるのです。物質は多種多様であり，状態によっても大きく変化しますが，粒子数と質量という観点から考えれば整理しやすくなるはずです。この節では，化学における数と量の取り扱い方を学びます。モルという物質粒子の塊は，物質量を物質の粒子数，質量，体積と関連づけて表すことができる便利なものなのです。

アボガドロ定数　化学において，一定数の要素粒子の物質量をまとめて示す単位としてモル (mole) が用いられる。各々の要素粒子に対して，$6.022\ 140\ 76 \times 10^{23}$ 個分の物質量を1モルと定める。12個を1ダースというのと同じ発想で，大きな数をいちいち扱わないためである。従来，モルの定義としては，1971年に定められた「モルは，0.012 kg の ^{12}C の中に存在する原子の数に等しい要素粒子を含む系の物質量であり，単位の記号は mol である」が用いられてきたが，2019年の SI 基本単位の定義の改定に際し，モルの定義も改定され，「1モルには厳密に $6.022\ 140\ 76 \times 10^{23}$ 個の要素粒子が含まれる」と定められた。この結果，1 mol の粒子数は質量の単位や測定値などに依存しない，不確かさのない定数として，定められることになった。新しい定義の下でも，1 mol の ^{12}C の質量は 0.012 kg = 12 g である。ただし，この値はもはや厳密な値ではなく，4.5×10^{-10} の相対的な不確かさを含む。

1モルあたりの粒子数を，mol^{-1} という単位をもつ定数として扱い，**アボガドロ定数** (Avogadro constant) と呼ぶ。通常，N_A という記号で表す。

要素粒子系の粒子数（無次元）= N_A / mol^{-1} × 物質量 / mol

この式は要素粒子の種類によらずに成立する。例えば，物質量 2 mol の He 原子は，$N_A \times 2 = 1.2 \times 10^{24}$ 個という膨大な数の集合である。

このように，アボガドロ定数というものは，人間の目に見える物質量というマクロな世界と目に見えないミクロな化学の世界を結びつける重要な意味のある比例定数である。

モル質量　1 mol 当たりの質量は基本的に物質によって異なる。その要素粒子1つの質量が異なれば，その同数の集合体の質量も当然異なるからである。物質 1 mol の質量を**モル質量** (molar mass) という (SI 単位は kg mol^{-1} である)。原子量・分子量・式量 M に単位 g mol^{-1}

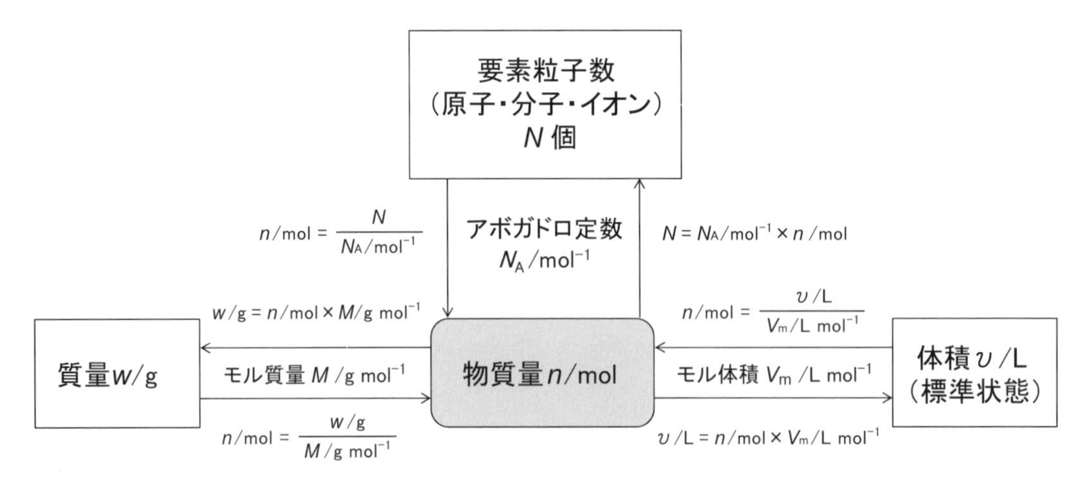

図 9.1　物質量（モル）を中心とする物質の物理量の変換

物質量（モル）に換算できれば，アボガドロ定数によって粒子数へ，モル質量によって質量へ，標準状態のモル体積によって体積へ，それぞれ変換できる。モルが大変便利なものであることがガッテンできただろうか？ここで，w(g)などの表記は，単位を含んだ量である物理量の質量を単位 g で除した数値であること，すなわち w/g を表している。

をつければ，モル質量になる。例えば，O_2 のモル質量は 32 g mol^{-1} であり，これは O_2 分子が 1 mol ＝ N_A 個集まれば 32 g になることを意味している。同様に，水 H_2O のモル質量は 18 g mol^{-1} であり，これは水分子 1 mol 当りの質量が 18 g であることを意味している。

モル体積　物質の体積は，同一の物質でも三相（気相・液相・固相）によって異なる。ただし，気体物質の場合は，同温同圧であれば，物質の種類によらず同体積中に同数の分子を含む（このことをアボガドロが見出した）。これは気体物質の種類によらず，各分子のエネルギーは同じ温度では同じであることを意味し，その衝突確率から説明できる（気体分子そのものの体積を除いて考える；13 章参照）。気体 1 mol（つまり 6.022×10^{23} 個あたり）の体積を**モル体積**（molar volume）V_m という。SI 単位は m^3 mol^{-1} である。**標準状態**（standard temperature and pressure, STP，273 K（0℃），1 atm（気圧））でのモル体積は 22.4 L である。気体の体積は，物質の種類によらず粒子数のみによって決まる束一的性質（colligative property）の 1 つである（14.4 参照）。

例題 9-2　質量から粒子数を求める

金 1.000 g 中の金原子の個数を求めよ。

1. **分　析**　有効数字 4 桁の質量が与えられて要素粒子の個数が求められている。
2. **計　画**　周期表に付記されている金原子の相対原子質量（原子量）をモル質量に変換し，これで金の質量を除して物質量（モル）を求め，アボガドロ定数によって原子の個数を計算する。有効数字 4 桁で与えられているからなるべく詳しい原子量を用いる。
3. **解　答**　Au の原子量：196.97

Au のモル質量：196.97 g mol^{-1}

金 1.000 g の物質量（モル）：$\dfrac{1.000\ \text{g}}{196.97\ \text{g mol}^{-1}} = 5.0769 \times 10^{-3}$ mol

金原子の個数：　$6.0221 \times 10^{23}\ \text{mol}^{-1} \times 5.0769 \times 10^{-3}\ \text{mol} = 3.057 \times 10^{21}$/ 個

4. **チェック**　金の原子量から約 200 g が 1 mol で，アボガドロ数 6.022×10^{23} 個である。1 g なら約 200 分の 1 の個数になるはず，概算的に間違いない。この問題の有効数字は 4 桁で，解答もそのような表現をしている。

例題 9-3　質量から物質量，さらに体積，粒子数を求める

ドライアイスは二酸化炭素の固体である。1.0 kg のドライアイスが完全に気化したとき，発生する二酸化炭素ガスの体積は標準状態で何リットルか。また，その分子数は何個か。

1. **分　析**　有効数字 2 桁で質量が与えられ，その体積と粒子数が求められている。
2. **計　画**　この場合も質量から物質量（モル）を計算する。物質量（モル）さえわかれば，1 モルの気体が標準状態で 22.4 L であることを用いて体積を，アボガドロ定数から分子数が求められる。有効数字 2 桁だから原子質量は大まかなもので十分である。
3. **解　答**　二酸化炭素の分子式：CO_2

　CO_2 のモル質量：$(12 + 2 \times 16)\ \mathrm{g\ mol^{-1}} = 44 \times 10^{-3}\ \mathrm{kg\ mol^{-1}}$

　CO_2 の物質量：$1.0\ \mathrm{kg} / (44 \times 10^{-3}\ \mathrm{kg\ mol^{-1}}) = 0.023 \times 10^{3}\ \mathrm{mol} = 23\ \mathrm{mol}$

　CO_2 ガスの体積：$23\ \mathrm{mol} \times 22.4\ \mathrm{L\ mol^{-1}} = 5.2 \times 10^{2}\ \mathrm{L}$

　CO_2 の粒子数：$23\ \mathrm{mol} \times 6.02 \times 10^{23}\ \mathrm{mol^{-1}} = 1.4 \times 10^{25}$/ 個

4. **チェック**　ドライアイス 44 g で 1 mol だから，1.0 kg で 23 mol，ガスの体積が 520 L は妥当である。粒子数もアボガドロ数の 23 倍になっている。解答は有効数字を表す表記になっている。

9.4　組成式・実験式と分子式

元素分析によりある化学種を構成している元素の質量比がわかれば，その化学種の組成を求めることができます。組成を原子量で割ることによって，分子を構成している原子の個数の比を求め，それを元素記号に書き加えたものが「組成式」です。わが国では実験式とも呼んでます。もともと実験的に求めた組成式が「実験式」で，それも含めて組成を一般に表している組成式と区別しているのですが，本来同じになるはずのものです。英語では実験式（empirical formula）に統一されています。

組成（composition）とは，物質を構成する元素の質量の割合の％表示のことである。組成と物質は必ずしも 1 : 1 に対応しない。組成が違えば違う物質だが，組成が同じでも同じ物質とは限らない。したがって，化合物の同定に当たって，組成が等しいことは必要条件ではあるが，十分条件とはならない。何らかの方法で実際の分子の大きさ（分子量）を求めれば実際にその分子がいくつといくつの原子でできているか決めることができる。これが分子式（molecular formula）である。

分子式と物質も必ずしも 1 : 1 に対応しない。分子式が違えば違う物質だが，分子式が同じでも同じ物質とは限らない。化合物の同定に当たって，分子式が等しいことは必要条件ではあるが，十分条件ではない。これが異性（isomerism）と呼ばれる概念で，同じ分子式でも構造式が違うものを異性体（isomer）の関係にあるという。この点から，特に有機化学の分野では構造式が重要な意味を持つ。構造式を明らかにするためには，スペクトル測定などの機器分析が活用される。

ここまで述べてきたのは，未知化合物について組成を求め，そこから組成式，分子式を決定する流れである。それとは逆に組成式・分子式がわかっていれば，その逆をたどって組成が計算できる。

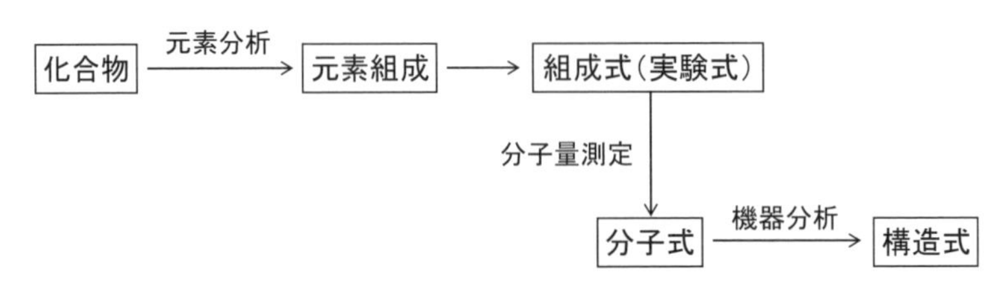

図 9.2　化学構造式決定の手順

有機化合物の一般的な元素分析は燃焼によって行われる。燃焼によって発生する CO_2 と H_2O の質量測定値と，燃焼ガス中の窒素酸化物を還元して得られる N_2 の体積から，それぞれ，C，H，N の組成（%）を計算する。O の直接的な測定は複雑なので，通常 100% からの CHN の組成を差し引いた値を当てる。分子量測定は，沸点上昇，凝固点降下などの束一的性質を利用して行われる。

例題 9-4　元素分析値と分子量測定値から分子式を求める

炭素，水素，酸素からなる有機化合物（A）がある。142 mg の（A）を完全燃焼させたところ，二酸化炭素 352 mg，水 126 mg が生成した。また，(A) の分子量は 142 であった。この有機化合物 (A) の分子式はどのようになるか。C，H，O の原子量は，それぞれ 12，1，16 である。

1. **分　析**　　この有機化合物の組成元素は，C，H，O　のみであって，分子量が与えられており，分子式が求められている。
2. **計　画**　　完全燃焼によって生ずる CO_2, H_2O の量が示されているから，これから 142 mg の（A）中の C と H の質量を計算して，142 mg から差し引いた残りを O の質量とすればよい。これらをそれぞれの原子量で割れば，全体の元素組成比が求まる。それから組成式を立て，その式量と与えられている分子量と比較して分子式を決定する。
3. **解　答**　　CO_2 の分子量は 44 だから，生成した 352 mg 中の C は

$$352 \times C/CO_2 = 352 \times 12/44 = 96\ \mathrm{mg}$$

H_2O の分子量は 18 だから，生成した 126 mg 中の H は

$$126 \times O/H_2O = 126 \times 2/18 = 14\mathrm{mg}$$

したがって，化合物（A）142 mg 中の O は 142 − 96 − 14 = 32 mg

元素組成比　$C : H : O = \dfrac{96}{12.0} : \dfrac{14}{1.0} : \dfrac{32}{16.0} = 4 : 7 : 1$

となるので，組成式は C_4H_7O である。

この組成式の式量は，12 × 4 + 1 × 7 + 16 × 1 = 71 である。

分子量は 142 であったから，分子式 $(C_4H_7O)_n$ の n は，$n = \dfrac{142}{71} = 2$

よって，(A) の分子式は $C_8H_{14}O_2$ である。

4. **チェック**　得られた分子式から逆に分子量を計算すると，

$$12 \times 8 + 1 \times 14 + 16 \times 2 = 142$$

となり，検算できた。

調査考察課題

1. アボガドロ数というのは，アボガドロが求めた数ではなく，彼の業績を記念するため付けられたものである。現在でも実験的に正確な値が求められている。どのような手法が用いられるのか調査せよ。
2. アボガドロの法則が成り立つ理由を詳しく説明せよ。
3. モル体積はどのようにして定められたのか調査せよ。
4. 有機化合物中のC, H, Nの元素分析の方法を調べよ。
6. 有機化合物の分子量の測定の仕方を調べよ。
7. 有機化合物の構造を明らかにする機器分析法についてまとめよ。

数から見る「化学の世界」

これまでの展開の中では，要素粒子や化学種の構成を，原子の相対的な質量である，相対原子質量，を基に考えてきた。それによって，相対的な分子量を求めることができ，何かの反応を行うときに必要な試薬の質量を比例計算することで，収率の計算等も行え，実用上あまり不便はなかった。

しかしながら，物質が細かい粒子でできていて，それは有限のサイズを持っているにも関わらず，連続体として考えているという気になる前提がどっしりと存在する。実際，現代社会を支えている技術のかなりの部分が，このミクロサイズの科学に立脚している。私たちは，自分たちが生きているこの世の中を構成する物質の構成要素粒子の実際の大きさについて何らかの知見を持っていた方がよいだろう。そこで，いわゆるミクロの世界のサイズ，そしてそのような小さいサイズの物質の振る舞いについて，通常私たちが見ているサイズの世界の物質の振る舞いとどこが違うか考えてみよう。

身の周りの水は連続体のようにみえる。好きな量だけ量り取ることができそうに思える。しかし，物質そのものを別の物質へと変化させることなしに分けられること自身が連続体ではないことを意味することになる。すなわち，私たちの通常の感覚では認識できない小さな粒子でできているからこそ任意のサイズで分割できるように思えるのだろう。水の蒸発も端的にこの状況を説明しているものといえる。

もう少し大きな粒の，砂粒の山，砂丘とか砂場とかを考えてみる。大体同じような形と大きさの砂が丘を作っている。風が吹くと砂の表面の模様が少しずつ変わってくる。表面の砂の一部が，高いところにあるものは転げ落ちたり，旋風に襲われたところは巻き上げられて窪みになったりしたのだろう。砂全体が一斉に動いたわけではない。表面に近いところにあるという位置ポテンシャルの大きな砂の粒子のうちのある一部が空気の粒子に衝突されて位置を変えたのである。このように遠くから見ると一体化した砂山も近くで見ればまさに砂粒の集まりであって，その砂粒は1つ1つが別の動きをしている。そして，その砂山を形成している砂粒の塊は，全体としてはその条件下では恐らく最も安定な状態となっているが，その中には，高いところにあって危ない（位置ポテンシャルの大きい）ものも，下にあってなかなか動きそうもない（位置ポテンシャルが小さい）ものもある。また，それぞれの中でも，塊の内部にあって自由度の極端に小さいものや，表面にあって自由度の大きいものなど，粒子そのものの状態は個々に全部違う。とはいうもののマクロの視点からはそれらの元気よさも巨視的には連続的な分布に従って，全体として安定な塊になっているはずである。

このような状況を「反応性のある」物質に当てはめてみることができる。反応速度論である。物質が反応する時それを構成している粒子は全てが一挙に反応するわけではない。通常は大きな粒子の塊の中にいる本当に一部の元気者が反応資格者となって，これらが偶然に反応の障壁を超えるようなエネルギーを貰い，また，反応相手の元気者と衝突するなどしたときに，反応進行の可能性，すなわち，物質変換の可能性が出てくる。大体，全ての物質は安定な状態を好むはずである。一方，非常に反応性の高い化学種を考えてみるとそのような化学種は極めて不安定でどんどん反応してしまうだろう。反応して安定な物質に変わっていくはずである。そうすると，私たちが通常見ている「高反応性」の化学種は実は中程度に安定で，中程度に不安定（つまり活性）な要素粒子の集団ということになる。反応をするにはちょっと高い壁があって，普段は十分に安定な塊として取り扱うことはできる。つまり，私たちが目にすることのできる化学種とは，比較的容易に実現できる環境下で特に反応することなく静かにしていることのできる粒子の集団である。それらが完全に元気になれない物質であれば反応の可能性はない。それらがある大きさ以上の集団となったとき，その中の一部が「反応を進める程度まで」元気になって，活性化されて反応が起こる。このように，小さな粒子の集団である化学種は，自然界を支配する主要な原理の1つである分布則に従って存在する。これがボルツマン分布である。数式で示すと，ある要素粒子が E_a という値以上のエネルギーを持つ確率を p とすると，

$$p = \exp(-E_a/RT)$$

（R は気体定数：$8.3144\ \mathrm{J\,K^{-1}\,mol^{-1}}$）

である。E_a は活性化エネルギーであり，私たちが出会う反応では通常数10～数100 $\mathrm{kJ\,mol^{-1}}$ である。exp とは exponential（指数）の略である。指数の括弧の中は分母にも分子にも mol が入っていて相殺して消えてしまう。活性化エネルギーが 100 $\mathrm{kJ\,mol^{-1}}$ の反応の場合を考えて，指数の括弧の中を概算すると，$100 \times 10^3\ \mathrm{J\,mol^{-1}}$ を $8.314\ \mathrm{J\,mol^{-1}\,K^{-1}}$ と 300～400 K で割り算することになり，－30～－40 という数値となる。30～40 を 2.303 で割ると 13～17 くらいになるので，比較的活性化エネルギーの小さな場合でも有資格となる粒子の割合は全体の 10^{-13}～10^{-17} ぐらいの確率となる。そうすると化学反応が起こるためには，こういう「均質な」化学種の集合体が存在していることが必要となる。逆に考えれば，物質の変換（反応）というものは，その物質がかなりの数の集団になっていないと起こりえないものということになる。さらに，ある集団の中のあるわずかな部分が反応して，やはり，ある範囲で安定なものに変わっていくのだが，その生成物自身もあるサイズの集団になっていないと，物質として認知されないことになる。つまり，生成物がある程度の数の物質～要素粒子の集合体としての化学的性質を示し得ず，ノイズになってしまって，消えてしまう可能性が高くなるからである。このような考察に基づくと要素粒子が地球上で何らかの化学種として振る舞うには 10^{20}～10^{30} くらいのサイズの要素粒子数の集団が必要ということになる。

さて，通常「反応する」と認知しうる化学種はこのように莫大な数の集団なので，一般に化学種の要素粒子数は，粒子数に比例した何らかの指標を用いれば，数えることができて反応の化学量論は保つことができる。すなわち，平均相対原子質量に基づいた質量に比例させてそれぞれの化学種を量り取れば粒子数に応じた反応を行うことができる。

このように，化学種は要素粒子の集合体であるが，粒子のサイズが非常に小さいので，通常は連続体と考えて差し支えないはずである。ところが，19 世紀の終わりから 20 世紀の初頭にかけて，小さな要素粒子に関する知見が相乗的に深化した。電気や光も小さい粒子の性質を持つことがわかってきて，要素粒子としても扱う必要が認知された。そのような関係，極めて細かい粒子が莫大な数集まって巨視的に連続体のように見えるが，微視的にはやはり別々の不連続体として扱わなければいけないことを前提として，連続体として扱う考え方が統計力学である。分子・原子というものはこのように莫大な数がある統計学的な状況にいるときに初めてその化学的性質を示すものである。その発現は，すべての構成粒子が一斉に行うのではなく，温度によって決まる分布に従って，一定以上の「元気さ」を持つもののみが示す反応性として観測される。

10章　化学反応式

10.1　化学変化の表し方

私たちの周りにはいろいろな物質があり，これらの物質は様々に変化します。物質の変化を書き表すには化学反応式を使います。化学式を使った化学反応式は世界共通です。言葉で説明できなくても化学反応式を見ればどのような変化が起きているのか，誰でも一目瞭然になっています。化学反応式には物質がどのように変化して，どのような物質が生成するかといった質的な変化だけではなく，量的な関係も含まれています。化学を学ぶ基礎になっていますから，ていねいに説明しますのでしっかり学習して下さい。

化学反応式の意味　プロパンガスが燃焼して水と二酸化炭素になるのも，鉄が錆びるのも，食物が体内で分解されて吸収されるのも，石油から合成繊維やプラスチックを作り出すのも，すべて物質の変化である。物質を構成する原子間の結合が変化し，原子の組み換えが起きて新しい物質が生成し，その特性や構造が変化するのが**化学変化**または**化学反応**である（物質そのものは変化しないが，その形状・大きさや状態だけが変化するのは「物理変化」である）。化学式を使って化学反応を書き表したのが化学反応式である。化学反応を起こす前の原料となる物質群を**反応物**（reactant）または**原系**，化学反応を起こした後に新しくできた物質群を**生成物**（product）または**生成系**という。化学反応式では，反応物を左辺に，生成物を右辺に書き，両者を矢印→で結ぶ。なお，化学反応式にエネルギーも書き加えた熱化学方程式（20章）では→の代わりに＝を，また平衡反応（15章）では両矢印⇄を使うのが原則である。

水酸化ナトリウム＋塩酸 → 塩化ナトリウム＋ 水

$$\underbrace{NaOH \quad + \quad HCl}_{\text{反応物または原系}} \rightarrow \underbrace{NaCl \quad + \quad H_2O}_{\text{生成物または生成系}}$$

化学反応では原子の組み換えが起きて原子間の結合が変化するだけであり，原子が消滅したり新しい原子が生成することはない（原子核反応では原子の消滅・生成が起きるが，原子核の反応はふつう化学反応に分類しない）。したがって，化学反応式では→の左辺と右辺で各元素の原子数が等しくなるように化学式の前に係数をつける必要がある。例えばメタン CH_4 が燃焼して酸素 O_2 と反応し，二酸化炭素 CO_2 と水 H_2O ができる場合の化学反応式は次のようになる。

$$CH_4 + 2\,O_2 \rightarrow CO_2 + 2\,H_2O$$

ここで各物質の係数は次式の□内の数字である。なお，係数の1は省略することになっている。

$$\boxed{\begin{matrix}1\\ \text{(省略)}\end{matrix}}\,CH_4 + \boxed{2}\,O_2 \rightarrow \boxed{\begin{matrix}1\\ \text{(省略)}\end{matrix}}\,CO_2 + \boxed{2}\,H_2O$$

係数は各分子が何個あるかを表している。上記の例では，$2\,O_2$ は O_2 分子が 2 個，$2\,H_2O$ は H_2O 分子が 2 個あることを表している。原子の数を数えるときには，数学の方程式と同様に，次のように（　）をつけて考えるとわかりやすい。

$$2\,O_2 \longrightarrow 2(O_2) \qquad 2\,H_2O \longrightarrow 2(H_2O)$$

$2\,O_2$ に含まれている O 原子は 2 × 2 = 4 個，$2\,H_2O$ に含まれている H 原子は 2 × 2 = 4 個，O 原子は 2 × 1 = 2 個になる。したがって，上の化学反応式では→の左辺と右辺で，各元素の原子数が等しくなっていることが，次のように確認できる。

CH_4 : C が 1 個，H が 4 個
$2\,O_2$: O が 4 個
　⟶
CO_2 : C が 1 個，O が 2 個
$2\,H_2O$: H が 4 個，O が 2 個

$CH_4 + 2\,O_2 \rightarrow CO_2 + 2\,H_2O$ における原子の数

	左辺 $CH_4 + 2O_2$	右辺 $CO_2 + 2H_2O$
C 原子の数	1	1
H 原子の数	4	4
O 原子の数	4	2 + 2 = 4

化学反応式の係数の決め方　化学反応式の係数を次の原則に従って決める。複雑に見えるが慣れてくると頭の中で計算できるようになる。

① 反応式の→の左辺と右辺で各元素の原子数が等しくなるようにする。
② 最も複雑な化合物の係数から先に決める。
③ 登場回数の少ない元素から順に決めていく。

エタノール C_2H_6O が燃焼して酸素 O_2 と反応し，二酸化炭素 CO_2 と水 H_2O ができる場合の化学反応式を例にとって，次式の（　）内の係数を上の原則で決めてみよう。

（　）C_2H_6O ＋ （　）O_2 → （　）CO_2 ＋ （　）H_2O

1）最も複雑な化合物は 3 種類の元素を含む C_2H_6O なので，上の原則②にしたがってこの係数を 1 とする（1 でなくても良いが，1 ならば以下の計算が簡単になる）。

（$\underline{1}$）C_2H_6O ＋ （　）O_2 → （　）CO_2 ＋ （　）H_2O

2）上の原則③にしたがって，元素の登場回数を調べ，係数を決めるための元素の順序を決める。この化学反応式で各元素の登場回数は，

C : $\underline{C}_2H_6O$ と $\underline{C}O_2$ の 2 回
H : $C_2\underline{H}_6O$ と $\underline{H}_2O$ の 2 回
O : $C_2H_6\underline{O}$ と $\underline{O}_2$ と $C\underline{O}_2$ と $H_2\underline{O}$ の 4 回

なので，上の原則③により，C，H の原子数を先に考え，O を後回しにする。

3) C の原子数:左辺は $1 \times 2 = 2$ 個 ⇒ 右辺も C を 2 個にするために, CO_2 の係数は 2 と決まる。
CO_2 の係数 : $2 = (\ \ ) \times 1$, $(\ \ ) = 2$

$$(1)\ C_2H_6O \ + \ (\ \ )\ O_2 \ \rightarrow \ (\underline{2})\ CO_2 \ + \ (\ \ )\ H_2O$$

4) H の原子数:左辺は $1 \times 6 = 6$ 個 ⇒ 右辺も H を 6 個にするために, H_2O の係数は 3 と決まる。
H_2O の係数 : $6 = (\ \ ) \times 2$, $(\ \ ) = 3$

$$(1)\ C_2H_6O \ + \ (\ \ )\ O_2 \ \rightarrow \ (2)\ CO_2 \ + \ (\underline{3})\ H_2O$$

5) O の原子数 : 右辺は $2 \times 2 + 3 \times 1 = 7$ 個 ⇒ 左辺も O を 7 個にするために, O_2 の係数は 3 と決まる。このとき C_2H_6O の O を計算に含めるのを忘れないようにする。
O_2 の係数 : $1 \times 1 + (\ \ ) \times 2 = 7$, $(\ \ ) = 3$

$$(1)\ C_2H_6O \ + \ (3)\ O_2 \ \rightarrow \ (2)\ CO_2 \ + \ (3)\ H_2O$$

6) 反応式の→の左辺と右辺で各元素の原子数が等しいかどうかを検算する。

$(1)\ C_2H_6O \ + \ (3)\ O_2 \ \rightarrow \ (2)\ CO_2 \ + \ (3)\ H_2O$ における原子の数

	左辺	右辺
C 原子の数	2	2
H 原子の数	6	6
O 原子の数	$1 + 3 \times 2 = 7$	$2 \times 2 + 3 \times 1 = 7$

上の表により各元素の原子数が左辺と右辺で等しいことが確かめられた。
7) 最後に係数 1 を省略して，最終的な化学反応式は次のようになる。

$$C_2H_6O \ + \ 3\,O_2 \ \rightarrow \ 2\,CO_2 \ + \ 3\,H_2O$$

上は暗算で計算する方法だが, $C_2H_6O + x\,O_2 \rightarrow y\,CO_2 + z\,H_2O$ として, 連立方程式 C:$2 = y \times 1$, H : $6 = z \times 2$, O : $1 + 2x = 2y + z$ を解いても同じ解が得られる。

10.2　化学反応式の量的関係

何かを作り出そうとするとき，必要な分の原料がなければ目的とするものを作り出すことはできません。例えば 1 kg もの大量のココアがあったとしても，牛乳がわずか 1 mL しかなかったらコップ 1 杯のココアミルクを作ることはできません。このような関係はプラスチックなどのように化学反応によって作り出される物質の場合も同じことです。前の章で皆さんは“モル”とよばれる物質量という考え方に基づいて，化学物質の粒子（原子や分子）の数や質量，体積を求めることができることを学びました。そして“モル”の考え方を用いることで, 化学反応で消費される反応物の量や生成物の量を関係付けることもできます。物質の量に関する問題は化学に関わっていく限り必ず遭遇する重要な問題ですが, どうか楽しみながら“量”に関する問題の解決方法を身につけてください！

化学反応式の意味するもの

化学反応式については，9 章で学んだ“物質量（モル）”という考え方を導入することで，化学式の意味すること，化学式に含まれている情報をより深く理解できる。正しくつりあっている化学反応式では，それぞれの化学物質の前に書かれている係数は反応に関わる物質の粒子（原子や分子）の個数を表すものであって，それぞれの物質の質量（重さ）や体積といった，通常実験室や化学工場で測定される具体的な量とは異なる。ではどうすれば化学反応式中の係数と物質の質量や体積を関係付けられるのだろうか？それには“物質量（モル）”を考えることである。次に化学反応式に登場する“物質量（モル）”について例をあげて説明しよう。

メタノール CH_4O が燃焼して酸素 O_2 と反応し，二酸化炭素 CO_2 と水 H_2O ができる場合の化学反応式を例にとる。下の数字は各々の分子量である。

$$2\,CH_4O \quad + \quad 3\,O_2 \quad \rightarrow \quad 2\,CO_2 \quad + \quad 4\,H_2O$$
$$32 \qquad\qquad 32 \qquad\qquad 44 \qquad\qquad 18$$

下の表のようにまとめてみると，2 mol（64 g）の CH_4O が燃焼するには，3 mol（96 g）の O_2 が必要であり，その結果 2 mol（88 g）の CO_2 と 4 mol（72 g）の H_2O が生成することがわかる。

	$2\,CH_4O$	+	$3O_2$	→	$2CO_2$	+	$4H_2O$
係数比	2	:	3	:	2	:	4
分子数比	2 分子	:	3 分子	:	2 分子	:	4 分子
分子モデルイメージ							
物質量比（モル比）	2 mol	:	3 mol	:	2 mol	:	4 mol
質量比	2 × 32 = 64 g	:	3 × 32 = 96 g	:	2 × 44 = 88 g	:	4 × 18 = 72 g

これを問題演習の手法によって解くと次の例題のようになる。

例題 10-1 反応に伴うモルと質量の計算

1 mol のメタノール CH_4O が燃焼するには，何 mol の酸素が必要であり，またその結果何 g の二酸化炭素と水が生成するか？

1. **分　析**　前節で学んだ方法によって化学反応式の係数をもとめ，その比から，燃焼に必要な O_2 の物質量と，生成する CO_2，H_2O の質量を計算する問題である。
2. **計　画**　化学反応式を正しく書き，係数の比から求める量を計算する。必要な分子量は CO_2 : 44，H_2O : 18。
3. **解　答**　化学反応式は，$2\,CH_4O + 3\,O_2 \rightarrow 2\,CO_2 + 4\,H_2O$　係数の比は

$$CH_4O : O_2 : CO_2 : H_2O = 2 : 3 : 2 : 4 = 1 : 3/2 : 1 : 2$$

（CH_4O の係数を 1 にするために，すべての項を 2 で割った）なので，1 mol の CH_4O が燃焼するには，

3/2 mol の O_2 が必要であり，その結果 1 mol = 44 g の CO_2 と 2 mol = 36 g の H_2O が生成する。

4. **チェック**　反応式の→の左辺と右辺で各元素の原子数が等しいことを検算し，係数の比が正しいことを確認する。2 mol の H_2O は，2 × 18 = 36 g で間違いない！

化学量論に関する問題の解法　化学量論に関する問題は，与えられている量と求める量により分類できる。典型的な問題としてはある物質の質量から別の物質の質量を求めたり，質量と体積や体積と体積の関係について求める場合がある。たとえ質量と体積のように種類の異なる量どうしの問題であったとしても，正しい手順を踏んでいけば解決できる。

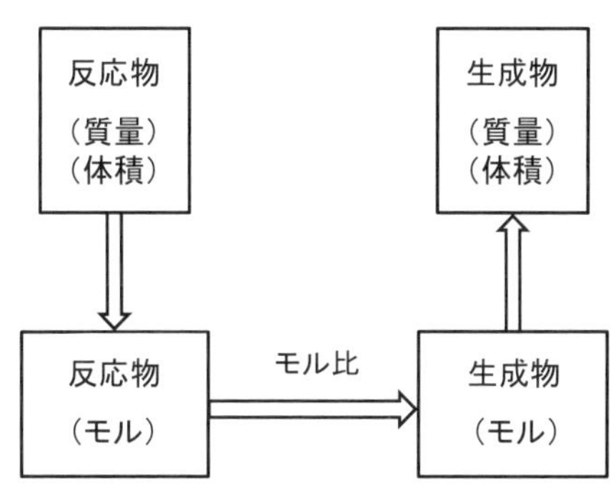

図 10.1　化学量論

与えられている反応物の量に関する情報（実測値）から物質量（モル）を導き，そこから化学式に基づくモル比を用いて，生成物の物質量（モル）を求め，最後に質量や体積など知りたい情報（理論値）に変換すればよい。どのようにして変換すればよいかは図 10.1 で学んだ。

例題 10-2　質量のわかっている反応物から生成物の体積を求める

16 g のメタノール CH_4O が完全燃焼したとき，標準状態で何 L の二酸化炭素 CO_2 が生成するか。

1. **分　析**　反応物の量と化学反応の種類（完全燃焼）が与えられている。化学反応式から，生成する二酸化炭素の物質量を求め，その値から標準状態における体積を計算する問題である。
2. **計　画**　化学反応式を正しく書き，係数の比から生成する CO_2 の物質量を求め，さらにその体積を計算する。必要な分子量は CH_4O : 32，CO_2 : 44 とする。
3. **解　答**　化学反応式は，$2\ CH_4O + 3O_2 \rightarrow 2\ CO_2 + 4\ H_2O$ となり，必要な化合物の係数の比は $CH_4O : CO_2 = 2 : 2 = 1 : 1$ である。

   16g の CH_4O の物質量は 16/32 = 0.5 mol であるから，完全燃焼の結果生成する CO_2 の物質量も 0.5 mol となる。

   標準状態で 1 mol の気体の体積は 22.4 L であるから，0.5 mol の CO_2 の体積は 11.2 L である。
4. **チェック**　予想した化学反応式の両辺で各元素の原子数が等しいことを検算し，2 mol の CH_4O から 2 mol の $2CO_2$ が生成することを確認する。反応系の CH_4O の質量からその物質量を求め，それと等しい物質量の CO_2 が標準状態で占める体積を求めると点検完了。

10.3 制限反応物と収率

化学反応によって得られる生成物の量を決定するもの，それは反応物の量です。2 種類以上の反応物が必要な反応において，反応式から導かれるモル比通りの量の反応物が存在している場合，反応物は過不足なく反応し，生成物も反応式から導かれるモル比通りの量が得られます。このような場合，「化学量論量の反応物が存在している」といわれます。しかし全ての反応物が反応式から導かれるモル比通りに存在していない場合，反応はある 1 つの反応物が消費された時点で止まってしまい，別の反応物は反応しないまま残ります。このような場合，どの反応物が生成物の量を決定しているのかが問題になります。

制限反応物の特定　全ての反応物が反応式から導かれるモル比通りに存在していなかったとしても，反応自体は反応式どおりに進行するため，実際に反応する反応物のモル比は反応式から導かれるとおりである。つまりある反応物が過剰に存在していても，別の反応物が消費されつくした時点で反応は停止するため，この消費されつくした反応物が存在していた量が生成物量を決定することになる。このように生成物量を決定する反応物は制限反応物（limitting reactant）と呼ばれる。

化学量論に従えば，ある 1 つの反応物の存在量から生成物の量は理論的に導かれる。したがって前節までに述べたように 2 つの反応物の質量（存在量）が与えられていても，まずどちらか 1 つの反応物とその存在量に着目し，反応式に従って理論的な生成物の量（理論収量，theoretical yield）を求める。これを両方の反応物について行い，それぞれの反応物と存在量に対する理論収量を比較する。その結果少ない理論収量を与える方の反応物が制限反応物ということになる。

収率計算　化学反応を行なってみると，化学量論的計算によって求められる理論的な生成物の量（理論収量）と実際に得られた生成物の量（実収量）が異なる場合がほとんどである。その理由は様々であり，例えばある反応物の一部がただ単に反応しない（反応が遅い），反応物の一部が目的の反応とは別の反応（副反応）を引き起こしてしまう，あるいはろ過や反応容器の移し替えなどの実験操作の過程で生成物が消失してしまう場合などである。

理論収量に対してどれだけの割合で実際の生成物が得られたのかということは，化学実験において重要かつ有益な情報の 1 つである。このような理論収量に対する実収量の割合を百分率で表したものは“収率（% yield）”と呼ばれる。収率を求めるための一般式は次の通りである。

$$\text{収率} = \frac{\text{実収量}}{\text{理論収量}} \times 100\%$$

例題 10-3　収率の計算

2.13 g の硝酸アルミニウム $Al(NO_3)_3$ に小過剰の水酸化ナトリウム NaOH の水溶液を加えたところ，0.70g の水酸化アルミニウム $Al(OH)_3$ の沈殿が得られた。この反応における沈殿の収率（%）はいくらか。

1. **分　析**　反応物の量と生成した沈殿の量が与えられている。化学反応式から予想される沈殿の量を求め，実際に生成した沈殿の量との比から収率を計算する問題である。

2. **計　画**　化学反応式を正しく書き，係数の比から求める量を計算する。必要な原子量は H : 1.0, Al : 27.0, N : 14.0, O : 16.0 とする。

3. **解　答**　化学反応式は，$Al(NO_3)_3 + 3NaOH \rightarrow Al(OH)_3 + 3Na^+ + 3NO_3^-$ となる。
また，2.13 g の $Al(NO_3)_3$（式量 213）を物質量に換算すると 2.13 / 213 = 0.01 mol に相当するから，同反応式より 0.01 mol の $Al(OH)_3$（式量 78），すなわち 78 × 0.01 = 0.78 g の沈殿が生成することが予想される。
したがって，生成した $Al(OH)_3$ の沈殿の収率は，0.70g / 0.78 g × 100 = 89.7% となる。

4. **チェック**　予想した化学反応式の両辺で各元素の原子数が等しいことを検算し，1 mol の $Al(NO_3)_3$ から 1 mol の $Al(OH)_3$ が生成することを確認する。反応系の $Al(NO_3)_3$ の質量からその物質量を求め，それと等しい物質量の $Al(OH)_3$ の質量が理論収量となる。

調査考察課題

1. 化学反応式中の係数から得られる情報はなにか。
2. 化学反応において質量保存の法則が成り立っていることはどのようにして証明できるか。
3. アセチレンガス（C_2H_2）は高温の炎をあげて燃える。この現象は次に示す化学反応式で表される。

$$2\,C_2H_2 + 5\,O_2 \rightarrow 4\,CO_2 + 2\,H_2O$$

この反応式から得られる全ての情報を示せ。

4. ある化学反応に関わる反応物の量がわかっているとき，その量の多少や単位・種類が何であれ，どのようにすれば生成物の量を求めることができるのかを説明せよ。
5. 化学量論の問題において，どのようにして化学反応式から反応に関与する物質の未知の質量や体積を求めることができるのかを説明せよ。
6. 化学量論において，転化率（conversion）や選択率（selectivity）が問題となることがある。それはどのような場合であるか説明せよ。

数学ノート

(1) 対数 (logarithm)　log と ln

ある数 y が $y = a^x$ と指数形式でかけるとき，その指数部分 x をあらわすのが対数で，$x = \log_a y$ と書く。指数法則を反映して，対数には次の関係がある。

$$\log_a y + \log_a z = \log_a (yz)$$
$$\log_a y - \log_a z = \log_a (y/z)$$
$$\log_a y^z = z \log_a y$$
$$\log_a y = \frac{\log_b y}{\log_b a}$$
$$\log_a a = 1$$
$$\log_a 1 = 0$$

底 a が 10 の対数 $\log_{10} y$ を常用対数, 底 a がネイピア数 $e = 2.718\cdots$ の対数 $\log_e y$ を自然対数といい，どちらも底を省略して $\log y$ と書く。本書ではこれらを区別するために，常用対数は $\log y$，自然対数は $\ln y$ と書いている。

なお，ネイピア数 $e = 2.718\cdots$ は単に「自然対数の底」ということが多い。

(2) 指数法則 (law of exponent)

$$a^x \times a^y = a^{x+y}$$　（かけ算は右肩で足し算になる）
$$a^x \div a^y = \frac{a^x}{a^y} = a^{x-y}$$　（割り算は右肩で引き算になる）
$$(a^x)^y = a^{xy}$$　（右肩でかけ算になる）
$$a^{-x} = \frac{1}{a^x}$$
$$\sqrt[x]{a^y} = a^{\frac{y}{x}}$$
$$a^0 = 1$$

(3) 偏微分 (partial differential) ∂

数学的な厳密さは欠くが, 偏微分は次のように考えればよい。普通の微分（常微分、記号 d を使う）$\frac{df(x)}{dx}$ が 1 変数の関数 $f(x)$ の微分であるのに対し，偏微分は多変数関数の微分である。ある変数にだけ注目して残りの変数は定数だと思えば, 偏微分も普通の微分と同じように計算できる。例えば, x, y, z の 3 変数の関数 $f(x, y, z) = x^2y^3z^4$ に対し，x の偏微分 $\frac{\partial f}{\partial x}$ は，y, z を定数だと考えて x について普通に微分し，$\frac{\partial f}{\partial x} = 2xy^3z^4$ となる。

同様に，y, z の偏微分は y^3, z^4 を微分して，

$$\frac{\partial f}{\partial y} = 3x^2y^2z^4,\ \frac{\partial f}{\partial z} = 4x^2y^3z^3$$

である。

なお，偏微分の記号 ∂ の読み方はいろいろである。英語ではパーシャル (partial) と読むことが多いが, 記号 ∂ が丸い d なので, ラウンドディー (round d) またはラウンドデルタ (round δ), あるいは, 単にディーまたはデルタと読むこともある。

UNIT V 物質の状態

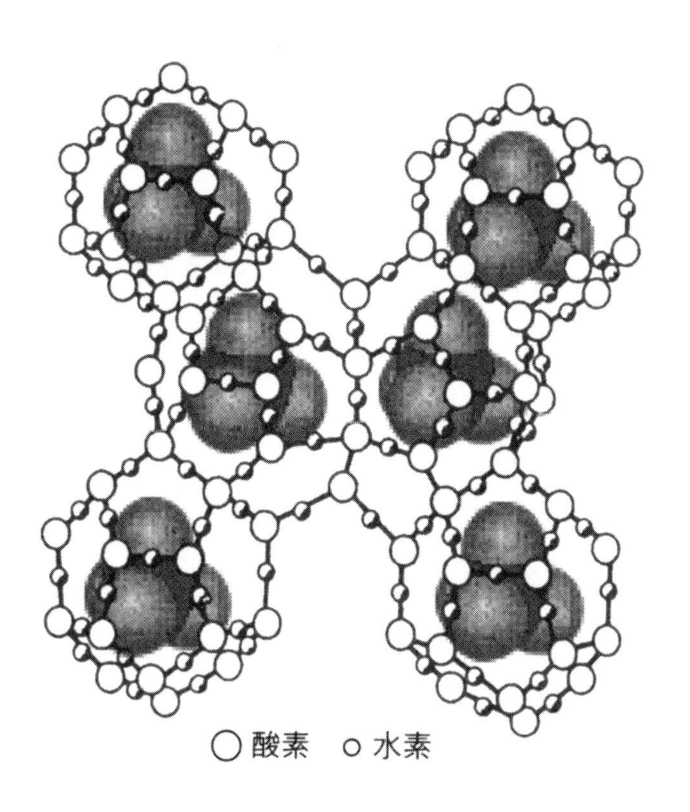

メタンハイドレートの包接格子：水分子で構成される立体網目構造（5角形12面体）の中にメタン分子（スペースモデルで表されている）が閉じ込められた包接化合物で，1 m^3 中に常圧 164 m^3 のメタンをとじ込めることができる。低温高圧下で形成されるシャーベット状の物質で火をつけると燃えるので「燃える氷」などともいわれる。1960年代に永久凍土の堆積層で発見されたが，今世紀になって調査が進み，世界各地の大陸棚のうち圧力温度が一定条件を満たす海底（水深500～1000 m）下層に存在している。

日本の近海には，現在の天然ガス消費量の100年分ほどが埋蔵していることがわかっているが，現在の採掘技術では回収コストがかかり採算性が悪いのでまだ実用化には至っていない。近い将来の技術開発が期待されている。

UNIT V 各章の構成と到達目標

11章　物質の三態

11.1　物質の状態変化

・物質の状態が，それを構成する粒子の熱運動により変化することを理解すること

11.2　状態図

・純物質の状態図の見方を理解すること

12章　気　　体

12.1　気体の性質

・分子運動論に基づいた気体のふるまいを理解すること

12.2　気体の法則

・気体の法則および理想気体の状態方程式をいろいろな側面から説明できること

12.3　気体の状態方程式

・理想気体と実在気体の違いを理解すること

13章　液　　体

13.1　溶液の性質

・物質の溶解現象について説明できるようになること

13.2　溶液の濃度

・さまざまな溶液の濃度のあらわし方を知ること

13.3　溶　　解

・どのような仕組みで物質が溶解するのかを理解すること

・溶解熱の吸熱・発熱について理解すること

・溶解に及ぼす温度や圧力の影響を知ること

13.4　希薄溶液の束一的性質

・蒸気圧降下，沸点上昇，凝固点降下，浸透圧に関係した法則を理解すること

13.5　コロイド溶液

・コロイド溶液と真の溶液と違う点を知ること

14章　固　　体

14.1　結　　晶

・固体の構造を理解すること

・結晶にはどのような種類があるかを知ること

14.2　非晶質固体（アモルファス）

・非晶質固体について知り，結晶との違いを説明できること

11 章　物質の三態

11.1　物質の状態変化

同じ物質でも，温度や圧力などのまわりの環境が変わることにより，その性質は大きく変わります。例えば，H_2O という分子からなる物質は，低い温度では固い氷として存在します。また，温度を上げていくと，どんな形のコップにもすき間なく収まる水や，つかみどころのない水蒸気にもなります。なぜ，このような性質の違いが起こるのでしょうか？　また，その違いは何が原因となっているのでしょうか？

11.1.1　物質の状態と特徴

物質は気体（gas）・液体（liquid）・固体（solid）の 3 つの状態（state）に分類でき，これを物質の三態という。通常，物質はそれら 3 種類の状態のうち，いずれかの状態で存在しているが，特殊な条件下で特別な状態として，超臨界状態やプラズマ状態をとることが知られている。

表 11.1　物質の状態と特徴

状　態	特　　　　徴
気　体	・低密度 ・圧力によって体積・密度が変化する。 ・容器内いっぱいに広がろうとする性質があり，定まった形も定まった体積もない（容器の体積が気体の体積になる）。 ・物質を構成する粒子（原子，分子など）は，ばらばらにほとんど自由に動き回っている（大きな袋の中に少量の米粒を入れて袋を激しく動かす場合や，広い運動場の中を元気に走り回っている子供たちをイメージすると良い）。
液　体	・圧力による体積・密度の変化はほとんどない。 ・一定の体積はあるが，容器に合わせて形が変化する。 ・物質を構成する粒子は互いに密着しているが，相互の位置は一定ではなく比較的無秩序に動ける（袋の中に入れた米粒や，満員電車の中の人間をイメージすると良い）。
固　体	・圧力による体積・密度の変化はほとんどない。 ・一定の体積があり，一定の形を保つ。 ・物質を構成する粒子が規則正しく並んでいて，位置を大きく変えることはない（箱の中に敷き詰めたたくさんのビー玉や，整然と並んだ人の行列をイメージすると良い）。
超臨界状態	・臨界温度・臨界圧力を超えた温度・圧力下の物質は，気体・液体の区別がつかない状態になっている。超臨界状態の溶媒を利用して，物質の分離や新奇な化学反応によるエネルギー創成の研究が進められている。
プラズマ	・太陽の内部のような高温・高エネルギー状態では，物質は正・負の荷電粒子に分解し，これらが自由に動き回っている。地上での太陽を目指す核融合研究では，超高温のプラズマ状態の研究が進められている。

11. 1. 2　状態の変化

物質を構成する粒子はたえず運動しており，この運動は外部からの熱エネルギーの供給により活発化し，物質の状態が変化する。すなわち，粒子が熱エネルギーを吸収することにより，物質は固体から液体，さらに気体へと変わる。また，逆に物質が気体から液体，さらに固体へと変化するときは，エネルギーが放出される。このような粒子の運動を熱運動という。図 11.1 に，加熱あるいは冷却にともなう水の状態変化の模式図を示した。例えば，加熱過程でも異なる状態が共存するときは，温度変化は認められない。固体と液体が共存する温度が融点（melting point）で，液体と気体が共存する温度が沸点（boiling point）となる。また，物質の三態とそれらの状態間の変化を図 11.2 にまとめた。

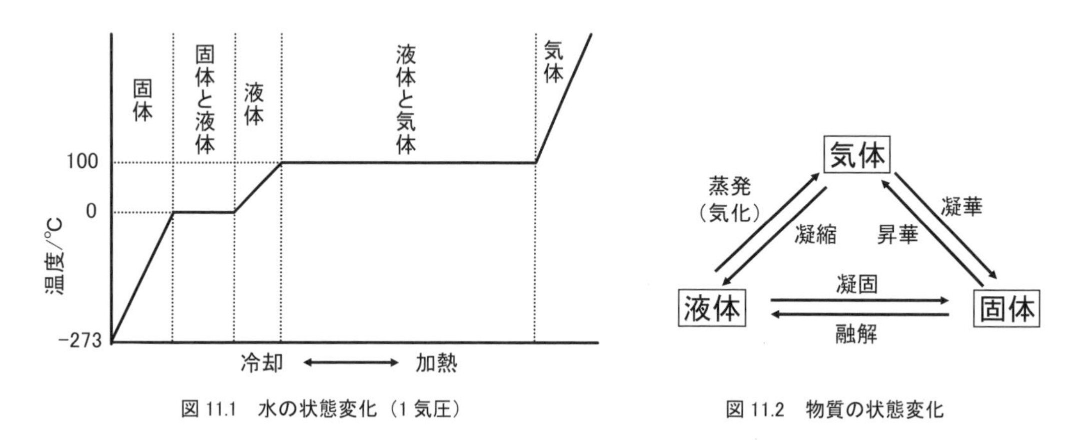

図 11.1　水の状態変化（1 気圧）

図 11.2　物質の状態変化

蒸発と凝縮：液体がエネルギーを得て，それを構成する分子が液体表面から飛び出す現象を蒸発（気化, vaporization）といい, 逆に気体中の分子が液体に戻る現象を凝縮（condensation）とよぶ。また，液体が蒸発するときに吸収する熱を蒸発熱といい，気体が凝縮するときには蒸発熱に等しい熱量が放出される。

融解と凝固：固体を加熱していくと, 一定の温度（融点）で液体になる。この現象を融解（fusion）という。また，融解とは逆に液体を冷却したときに固体となる現象を凝固（freezing）とよぶ。固体が融解するときに吸収する熱を融解熱という。

凝　華：気体から直接固体になる現象を凝華（deposition）といい，逆に固体から直接気体になる現象は昇華（sublimation）とよぶ。

11. 1. 3　蒸　気　圧

コップに水を半分ほど入れてフタをすると，はじめは蒸発する分子が凝縮する分子よりも多いため，水の量は減少する。時間が経過すると，蒸発する速度と凝縮する速度が等しくなり，水の量は一定を保つようになる。この状態を気液平衡（gas-liquid equilibrium）という。

気液平衡の状態にあるときの蒸気の圧力を飽和蒸気圧（蒸気圧，vapor pressure）といい，液体の蒸気圧は温度により決まる。温度が高いほど蒸気圧は高くなり，温度による蒸気圧の変化を示した曲線を蒸気圧曲線とよぶ。図 11.3 にさまざまな液体の蒸気圧曲線，つまり圧力による沸点の変化を示す。

液体を加熱して蒸気圧が大気圧に等しくなると，液体の内部から蒸発が起こるようになり，気体が発生する。この現象を沸騰（boiling）とよび，そのときの温度が沸点である。

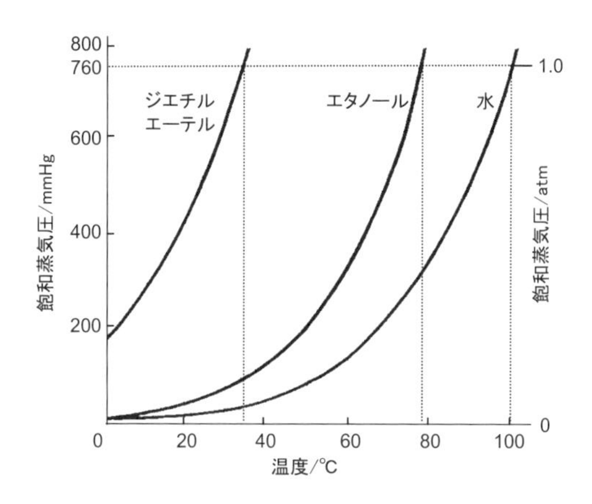

図 11.3　さまざまな液体の蒸気圧曲線

11.2 状　態　図

温度や圧力を変化させたとき，物質の状態が変化することを前項で学びました。それでは，温度と圧力を指定したときの物質の状態は，どのようにして知ることができるのでしょうか？

温度や圧力を変化させたときの物質の状態をまとめたものを状態図（相図，phase diagram）という。図 11.4 に 水の状態図を示す。ここで 1 気圧での状態を絶対零度の X 点から調べてみると，0℃の Y 点までは固体（氷）であることがわかる。さらに高温側では Z 点の 99.974℃までは液体（水），それ以上の温度では気体（水蒸気）になることがわかる。Y 点の温度が融点で，Z 点の温度が沸点となる。また，曲線 B-D および曲線 C-D は各々融解曲線（melting temperature curve），および蒸気圧曲線（vapor pressure curve）とよばれ，それらの線上では，各々氷と水，および水と水蒸気が共存できる。融解曲線はやや左側に傾いているが，これは水の特徴であり，多くの物

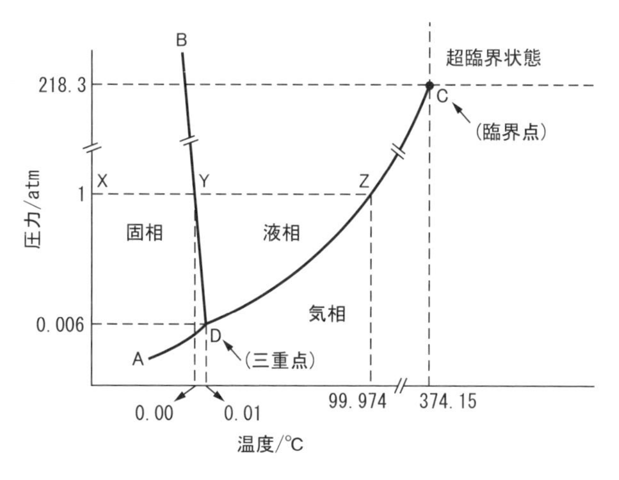

図 11.4　水の状態図

質の融解曲線は右側に傾いている。さらに，蒸気圧曲線は高温側に端点（C 点）があり，これを臨界点（critical point）といい，その点の温度と圧力を各々臨界温度（critical temperature）および臨界圧力（critical pressure）とよぶ。臨界点より高温・高圧側では水と水蒸気の区別がつかない。水の臨界点は，臨界温度が 647.30 K（374.15℃），臨界圧力は 22.12 MPa（218.3 atm）である。

次に，圧力を X 点より下げたときの状態をみると，曲線 A-D が現れる。これは昇華曲線（sublimation curve）とよばれ，固体と気体の境界線となる。この場合，曲線上では氷と水蒸気が共存でき，D 点より低圧側では氷が水の状態を経ずに水蒸気に昇華することがわかる。D 点では，氷，水，および水蒸気が共存できる。すなわち，固相，液相，および気相の 3 相が共存可能な状態で三重点（triple point）とよばれる。三重点の温度と圧力は物質固有の値であり，水の場合は温度が 273.16 K（0.01℃），圧力は 611 Pa（0.006 atm）である。

調査考察課題

1. 二酸化炭素の状態図を調べ，水とは異なる特徴を述べよ。
2. 蒸発と沸騰とは現象的にどのような違いがあるか説明せよ。
3. 臨界点を超えた状態（超臨界）での物質の利用が注目されている。具体的な例を調べよ。

memo

12章　気　　体

12.1　気体の性質

普段から気体を意識して生活している人は少ないでしょう。しかし，気体の混合物である空気は，私たちの生存や生活にはなくてはならないものです。たとえば，空気は自転車や自動車のタイヤにクッションとして入っています。また，友人と会話をしたり，音楽を聴いたりするには空気が必要です。さらに，おいしい料理をつくったり，その香りを伝えたりするにも，気体である空気が欠かせません。私たちの周りにある空気は，無色透明で無臭のため，感じることはできても見たり嗅いだりして確認することはできません。しかし，色や臭いがついた気体もあります。このような気体を化学ではどのように研究してきたのでしょうか？

気体の特徴　気体は液体や固体と違って，容易に圧縮できる。また，適当な容器内の空間全体に広がる。このような性質をどのように説明できるのだろうか。空気のような気体混合物の物理的なふるまいは，一種類の気体のそれとほとんど同じであるとともに，すべての気体の性質は驚くほど似ている。例えば，1 mol のヘリウム，酸素，メタンは，0℃，101,325 Pa（= 1 atm）でいずれも約 22.4 L の体積を占める。

ほとんどの気体は，2 原子分子，あるいはそれ以上の数の原子が結合した分子である。ただし，貴ガス（ヘリウム，ネオン，アルゴン，クリプトン，キセノン，ラドン）の原子は，単原子分子として存在する。このように，気体分子は，単原子分子，二原子分子（窒素，酸素など），多原子分子（オゾン，アンモニアなど）に分類されるが，気体分子の原子数は気体の性質に影響せず，物理的な性質やふるまいなどは全ての気体に共通しており，互いに似ている。

気体の物質量/n：気体の量は，モル（mol）で表される。気体の質量をモル質量で除すると，物質量（モル）となる。アボガドロ数を使えば，質量から気体の粒子数を求めることもできる。

$$n = \frac{\text{質量}}{\text{モル質量}} = \frac{m/\mathrm{g}}{M/\mathrm{g\,mol^{-1}}} \tag{12-1}$$

体　積/V：気体は，どのような容器であっても均一に満たされる。このため，気体の体積は容器の体積と一致する。体積をメートル単位で表すと，$1\ \mathrm{L} = 1 \times 10^{-3}\ \mathrm{m^3}$ である。

温　度/T：気体の計算では，セルシウス温度を絶対温度に変換する。セルシウス温度 t/℃と絶対温度 T/K には，おおよそ次の関係がある。

$$T/\mathrm{K} = t/℃ + 273 \tag{12-2}$$

圧　力/P：気体粒子が容器内の壁に衝突し，壁に力を与えている。この力は，容器内全体に広がり圧力となる。空気による圧力は，大気圧と呼ばれる。力の SI 単位はニュートン（N）であり，圧力の SI 単位はパスカル（Pa）である。$1\ \mathrm{m^2}$ あたり 1 N の力が働くと 1 Pa となる。圧力の別の単位には，気圧（atm）がある。標準圧力は，海面の平均大気圧である。

一端を封じたガラス管を水銀で満たし，これを逆さまにして水銀槽に立てた気圧計がある。水銀柱の高さは，正確に 1 atm の圧力とつり合い，海面では 760 mm の高さとなる。この気圧計に基づき，圧力を，水銀柱の高さ（mm）で計り，mmHg（ミリメートル水銀柱）の単位をつけて表わすことができる。

$$101{,}325\ \mathrm{Pa} = 1\ \mathrm{atm} = 760\ \mathrm{mmHg}$$

標準状態

気体のふるまいは，温度と圧力に強く依存する。気体のふるまいの議論を容易にするため，決められた温度と圧力を気体の標準状態とする。一般に標準状態（standard state）の温度は 273 K（0 ℃）で，圧力は 101,325 Pa（1 atm）である。

12. 2　気体の法則

気体のふるまいを研究することは，17 世紀から 18 世紀にかけて物理学の発展に重要な役割を担っていました。ここでは，ボイル，シャルル，アボガドロそしてドルトンの気体の法則を学びます。気体の法則では，圧力，体積，温度，物質量という 4 つの変数で，実験結果を数学的に表すことができます。また，これらの法則は実験によって導かれたものですが，気体分子運動論によって，理論的に導くこともできるのです。

ボイルの法則：圧力と体積の関係

イギリスの化学者であり物理学者のボイルは，圧力に応じた空気の体積を測定し，表 12.1 に示す結果を得た。表に示した圧力と体積の値から，圧力が増加すると体積が減少していることに気付くだろう。さらに，圧力と体積の積が一定の値となることが導ける。この関係をボイルの法則（Boyle's law）という。

表 12.1　体積と圧力の関係（圧力に依存する空気の体積，温度一定のとき）

番号	圧力／atm	体積／cm^3
1	1.30	3.10
2	1.60	2.51
3	1.90	2.11
4	2.20	1.84

「温度が一定のとき，気体の圧力と体積の積は一定である」

また，ボイルの法則は（12-3）式で表される。

$$PV = k_1 \tag{12-3}$$

このとき，P は気体の圧力，V は体積，k_1 は温度と物質量に依存する定数である。P と V の積が一定であることから，体積を小さくすると圧力が増加することがわかる。同様に，気体の圧力が小さくなると，体積は増加する。すなわち，温度が一定の気体の圧力と体積は，互いに反比例の関係にある。圧力が P_1 のときの体積が V_1 で，圧力が P_2 のときの体積が V_2 であるとき，ボイルの法則から（12-4）式が導かれる。

$$P_1V_1 = P_2V_2 \tag{12-4}$$

シャルルの法則：温度と体積の関係

フランスの物理学者であるシャルルは，気体の温度を変化させたときの体積を実験で調べた。酸素あるいは二酸化炭素を用いたときの実験結果を図12.1に示す。ただし，気体の圧力と物質量は一定である。温度に対する体積の値は，右上がりの直線で表される。温度が上昇すると，体積が増えることがわかる。シャルルは非常に低い温度での実験はできなかったが，直線を外挿すると低温の気体についての結果も予想できる。この直線を体積ゼロに外挿すると，全ての気体で同じ温度－273.15℃を示す。この温度は，理論的に到達できる最低温度なので絶対零度（absolute zero point）と呼ばれる。

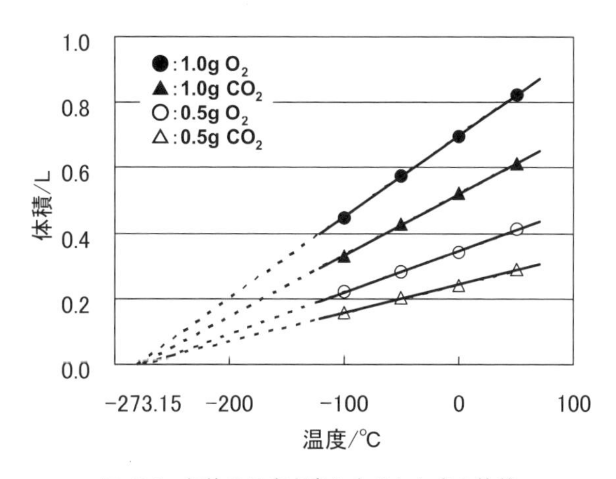

図12.1　気体の温度を変化させたときの体積

絶対温度 T（K）を用いると，気体の体積と温度は（12-5）式のように表される。

$$V = k_2T \tag{12-5}$$

k_2 は，ある圧力下での定数である。この関係をシャルルの法則（Charles' law）という。

「圧力が一定のとき，一定量の気体の体積は絶対温度に比例する」

（12-5）式から，V/T は常に一定の値 k_2 になる。したがって，温度が T_1 のときの体積が V_1 で，温度が T_2 のときの体積が V_2 である場合，（12-6）式が得られる。

$$\frac{V_1}{T_1} = k_2 = \frac{V_2}{T_2} \tag{12-6}$$

アボガドロの法則：物質量と体積の関係

イタリアの化学者アボガドロは，気体の粒子数が体積に関係しているというきわめて単純な仮定を提案した。この仮定により，多くの問題が解決し，提案からわずか20年後に次に示すアボガドロの法則が認められた。

「一定温度，一定圧力の気体に含まれる粒子数は等しい」

アボガドロの法則（Avogadro's law）には，2 つの重要なポイントがある。1 つめは，全ての気体は物理的に同じ振る舞いを示すということ。2 つめは，気体の体積が増えれば粒子数も増えるという法則であることである。これは，圧力や温度が一定のとき，気体の体積は粒子数だけで決まるということを意味している。アボガドロの法則から（12-7）式の関係が導かれる。

$$V = k_3 n \tag{12-7}$$

ただし，n は物質量，k_3 はアボガドロの法則の比例定数である。気体 1 mol の体積は，モル体積（molar volume）とよばれ，標準状態（273 K，101,325 Pa，つまり 0 ℃，1 気圧）でのモル体積は，22.4 L である。

ドルトンの分圧の法則

イギリスの化学者ドルトンは，混合気体中の各々の気体の圧力は，温度が同じであれば，その気体だけを容器に入れたときの圧力に等しいと考えた。混合気体中の成分気体の圧力を分圧といい，ドルトンの分圧の法則を次に示す。

「全ての気体の分圧（partial pressure）の和は，混合気体の全圧（total pressure）に等しい」

$$P_T = p_a + p_b + p_c + \cdots \tag{12-8}$$

（12-8）式で，P_T は混合気体の全圧，p_a は成分気体 a の分圧，p_b は成分気体 b の分圧などである。ただし，成分気体はお互いに化学変化しないことが条件である。

例題 12-1 シャルルの法則を用いる計算

気温 5.0 ℃の屋外で，巨大な熱気球に空気を入れ，空気が 3/4 まで入ったところで，プロパンガスのバーナーで気球内の空気を温めた。熱気球を最大 2,000 m^3 の空気で満たすには，空気の温度を何℃にすればよいか。ただし，圧力は一定であり，すでに入っている空気は気球から出ていかないものとする。

1. **分　析**　気体の物質量と圧力は一定であり，体積と温度の関係を考える。

2. **計　画**

① シャルルの法則より，$V_1 T_2 = V_2 T_1$ である。

② V_2 を熱気球の最大の体積とすると，V_1 は V_2 の 3/4 である。

③ T_2 を未知数とし，これを解くために式を変形する。ただし，温度 T_1 を絶対温度に直して計算し，最終的には絶対温度 T_2 をセルシウス温度に換算する。

3. **解　答**

① $T_2 = V_2 T_1 / V_1$

$T_1 = 5℃ + 273 = 278\ \mathrm{K}$

$V_1 = (3/4)\ V_2 = (3/4) \times 2{,}000\ \mathrm{m^3} = 1{,}500\ \mathrm{m^3}$

$\therefore\ T_2 = V_2 T_1 / V_1 = 2{,}000\ \mathrm{m^3} \times 278\ \mathrm{K} / 1{,}500\ \mathrm{m^3} = 371\ \mathrm{K}$

$T_2 = 371\ \mathrm{K} - 273 = 98℃$

4. **チェック**　　シャルルの法則 $V_1T_2 = V_2T_1$ に，$V_1 = 1{,}500\ \mathrm{m^3}$，$T_2 = 371\ \mathrm{K}$，$V_2 = 2{,}000\ \mathrm{m^3}$，$T_1 = 278\ \mathrm{K}$ を代入すると，両辺の値が等しいことがわかる。

12.3　気体の状態方程式

理想気体の状態方程式

気体の法則であるボイルの法則，シャルルの法則およびアボガドロの法則は，2つの変数を一定とし，他の2つの変数の関係を表したものである。表12.2にこれらの法則をまとめた。表に示す方程式をまとめると，(12-9) 式を導くことができる。これを理想気体の状態方程式（equation of state）という。

$$PV = nRT \tag{12-9}$$

ただし，P は気体の圧力，n は物質量，T は絶対温度，V は体積，R は比例定数である。

表12.2　気体の法則のまとめ

法　則	関　係	方程式	固定値
ボイルの法則	P は V に反比例する	$PV = k_1$	T, n
シャルルの法則	V は T に正比例する	$V/T = k_2$	P, n
アボガドロの法則	V は n に正比例する	$V/n = k_3$	P, T
ドルトンの法則	全圧（P_t）は成分気体の分圧（p_a，p_b，p_c・・・）の和である	$P_T = p_a + p_b + p_c + \cdots$	T, V

気体定数

理想気体の状態方程式は，理想気体（ideal gas）の圧力，体積，温度，そして物質量の関係を表しているが，実在気体（real gas）を取り扱うときにも役立つ数式である。実際には理想気体は存在しないが，ごく普通の条件下では実在気体は理想気体のようにふるまう。ただし，後述するように，低温や高圧下では，実在気体は理想気体のふるまいをしない。理想気体の状態方程式の定数 R は気体定数（gas constant）と呼ばれ，R の値は単位に依存する。前述したように，1.00 mol の気体は，273 K（0 ℃），101,325 Pa（標準状態）のとき，22.4 L の体積を占める。R に対して理想気体の方程式を解くと，(12-10) 式により R の値が求まる。

$$R = \frac{PV}{nT} = \frac{101{,}325\ \mathrm{Pa} \times (22.4 \times 10^{-3}\ \mathrm{m^3})}{1.00\ \mathrm{mol} \times 273\ \mathrm{K}} = 8.314\ \mathrm{Pa\ m^3\ mol^{-1}\ K^{-1}} \tag{12-10}$$

表12.3には，圧力や体積を異なる単位で表したときの R の数値を示した。ただし，理想気体の状態方程式では，温度はかならず絶対温度で表すことに注意する。

表12.3　さまざまな単位で表した気体定数（R）

数値	単位
0.0821	$\mathrm{atm\ L\ mol^{-1}\ K^{-1}}$
8.314	$\mathrm{Pa\ m^3\ mol^{-1}\ K^{-1}}$
8.314	$\mathrm{J\ mol^{-1}\ K^{-1}}$

例題 12-2　状態方程式による物質量（モル）の求め方

1.00 L のフラスコに，101,325 Pa，25.0℃で気体を満たしたとすると，気体の物質量はいくらか。

1. **分　析**　理想気体の状態方程式に関する問題で，気体の物質量 n について解く。温度，体積，圧力の値が与えられている。単位と気体定数の値に注意する。

2. **計　画**　理想気体の状態方程式を物質量 n について解く。

$PV = nRT$ より，　$n = PV/RT$

3. **解　答**　温度を絶対温度，体積を m^3 に換算し，方程式を数値で置き換える。

$T(\mathrm{K}) = 25℃ + 273 = 298\ \mathrm{K}$

$$n = \frac{PV}{RT} = \frac{101{,}325\ \mathrm{Pa} \times 1.00 \times 10^{-3}\ \mathrm{m^3}}{8.314\ \mathrm{Pa\ m^3\ mol^{-1}\ K^{-1}} \times 298\ \mathrm{K}} = 0.0409\ \mathrm{mol}$$

4. **チェック**　理想気体の状態方程 $PV = nRT$ から，物質量 n について解く式をつくる。温度を絶対温度に換算することを忘れないこと。

理想気体の状態方程式と分子運動論

理想気体の状態方程式 $PV = nRT$ は，実験結果をまとめることによって導かれ，通常の温度や圧力の下で気体は理想気体の状態方程式にしたがうこと，すなわち理想的にふるまうことが証明されている。

一方，理想気体のさまざまな法則は，分子運動論により説明することができる。この理論は，気体を構成する極微小な粒子のふるまいに基づくものであり，その条件は次の通りである。

1）　気体は極めて小さな粒子からなり，質量がある。

2）　気体の粒子間は離れており，気体の全体積に比べて気体粒子の体積は相対的に小さい。したがって，気体粒子の体積はゼロと仮定する。

3）　気体粒子は，無秩序に運動している。

4）　気体粒子が互いに衝突したり，壁に衝突したりするときには，完全な弾性衝突である。

5）　気体粒子の平均運動エネルギーは,気体の温度に依存する。気体粒子の運動エネルギーは,温度が高ければ大きく，温度が低ければ小さい。

6）　気体粒子は，互いに力を及ぼさない。言い換えると，気体粒子間の引力や斥力はたいへん小さく，ゼロと仮定する。

そこで，分子運動論により気体のふるまいを考えてみよう。まず，一辺の長さ L の立方体の容器に 1 個の気体分子が含まれるとする。任意の分子の運動速度 U は直交座標軸 x，y，z に平行なベクトル成分 U_x，U_y，および U_z に分けることができ，次式のような関係がある。

$$U^2 = U_x^2 + U_y^2 + U_z^2 \tag{12-11}$$

x 方向に垂直な対面（2 面）に衝突する回数は毎秒 U_x/L 回となり，このときの運動量の変化は $mU_x - (-mU_x) = 2mU_x$ となる（m は分子の質量）。この場合，片側の面に与える力は $2mU_x \times (U_x/2\mathrm{L}) = mU_x^2/L$ となり，これを面の面積（L^2）で除すると単位面積当りの力 mU_x^2/L^3 となる。この面に及ぼす力が圧力であるから，この圧力を p_1 とすれば次式が得られる。ただし，V は一辺がLの立方体の体積である。

$$p_1 = mU_x^2/L^3 = mU_x^2/V \tag{12-12}$$

ここで, U_xの平均速度を$\overline{U}_x$として, (12-12)式をN個の分子による圧力Pにかきかえると, (12-13)式となる。

$$\begin{aligned} P &= p_1 + p_2 + \cdots + p_N \\ &= m(U_{x_1}^{\ 2} + U_{x_2}^{\ 2} + \cdots + Ux_N^{\ 2})/V \\ &= Nm\overline{U}_x^2/V \end{aligned} \tag{12-13}$$

なお，無秩序な運動をしている分子では$\overline{U}_x^2 = \overline{U}_y^2 = \overline{U}_z^2$の関係があることから，(12-11) 式より次式が得られる。

$$\overline{U}^2 = \overline{U}_x^2 + \overline{U}_y^2 + \overline{U}_z^2 = 3\,\overline{U}_x^2 \tag{12-14}$$

(12-13) 式と (12-14) 式より次式が導かれる。

$$PV = Nm\overline{U}^2/3 \tag{12-15}$$

ここで，(12-15) 式の右辺が一定の値となることから，ボイルの法則が得られる。

次に，$\overline{U}$の平均速度をもつ気体分子1個の平均エネルギー$\overline{E}$は，次式で示される。

$$\overline{E} = m\overline{U}^2/2 \tag{12-16}$$

(12-15) 式と (12-16) 式から次式が得られる。

$$PV = 2N\overline{E}/3 \tag{12-17}$$

一方, エネルギー等分配則 (equipartition law of energy) によると, 温度Tにおける運動エネルギーは自由度1あたり$kT/2$ (kはボルツマン定数) であり，x，y，zの3方向の運動エネルギーを含む場合の平均運動エネルギー$\overline{E}$は$3kT/2$となる。これを (12-17) 式に代入すると, 次式となる。

$$PV = NkT \tag{12-18}$$

分子数Nをアボガドロ定数N_Aで除すると物質量n molが得られるから，n molの分子に関して (12-18) 式は次式となる。

$$PV = nN_AkT \tag{12-19}$$

ここで，$k = R/N_A$ (Rは気体定数) であるから,

$$PV = nRT \tag{12-20}$$

となり，分子運動論からも理想気体の状態方程式が導かれる。

さらに，1 molの気体について (12-15) 式を書きかえると (12-21) 式が得られ，(12-22) 式により分子量Mの気体の根平均二乗速度 ($\sqrt{(\overline{U}^2)}$) を求めることができる。

$$PV = M\overline{U}^2/3 \qquad (12\text{-}21)$$

$$\therefore \quad \sqrt{\overline{U}^2} = \sqrt{3RT/M} = \sqrt{3kT/m} \qquad (12\text{-}22)$$

以上のように，気体分子の運動速度は全て同じではないが，全体としては温度の関数として示すことができ，図 12.2 に示すような分布となっている。これをマクスウェル・ボルツマン分布（Maxwell-Boltzmann distribution）といい，その分布関数は次式で与えられる。

$$F(U)\,\mathrm{d}U = AU^2\exp(-mU^2/2kt)\,\mathrm{d}U,\ \ A = 4\pi(m/2\pi kT)^{3/2} \qquad (12\text{-}23)$$

これにより，温度が高くなると，気体分子の速度は高い方にずれ，またより高い速度の分子が出現してくることがわかる。図 12.2 には，根平均二乗速度（a）のほか，（12-24）式および（12-25）式で与えられる平均速度（b）および最大確率速度（c）も示した。

$$b = \sqrt{8kT/\pi m} = \sqrt{8/3\pi} \times \sqrt{\overline{U}^2} \qquad (12\text{-}24)$$

$$c = \sqrt{2kT/m} = \sqrt{2/3} \times \sqrt{\overline{U}^2} \qquad (12\text{-}25)$$

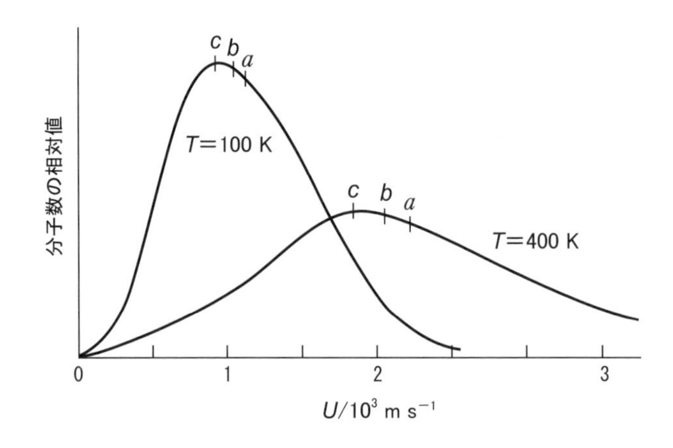

図 12.2　水素分子の速度分布

c：最大確率速度，b：平均速度，a：根平均二乗速度

理想気体からのズレ

理想気体の状態方程式 $PV = nRT$ は近似式であり，実在気体のふるまいを完全に表しているわけではない。例えば，超高圧下では，方程式から得られた体積と実測した体積は大きく異なっている。極めて低い温度の場合も，計算値と測定値は一致しない。実在気体の $PV = nRT$ からのずれを図 12.3 に示す（図中では $n = 1$ mol）。

圧力が高くなると，気体粒子が近づき，互いに力を及ぼし合うようになる。さらに圧力が高くなると，粒子自身に体積があるので圧縮が一層難しくなり，粒子自身の体積が気体の体積に対して無視できなくなる。理想気体の法則は，気体粒子の体積がゼロであると仮定した分子運動論に基づいているため，実際の気体に合わなくなる。

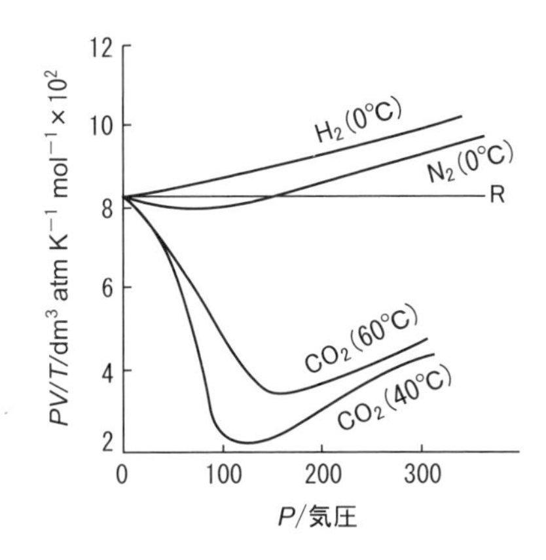

図 12.3　実存気体の $PV = RT$ からのずれ

一方，温度が下がると気体のエネルギーが小さくなり，気体粒子の運動が遅くなる。気体粒子の引力は粒子が速く動いているときは無視できるが，小さくなると無視できない。理想気体は粒子間の引力はないものと仮定していたため，極めて低い温度では理想気体の状態方程式は成り立たない。

以上のずれの原因を補正した式を，ファンデルワールスが提案し，これをファンデルワールスの状態方程式（van der Waals equation）とよぶ。

$$\left(P + \frac{an^2}{V^2}\right)(V - nb) = nRT$$

ここで，a は粒子間の引力（分子間力あるいはファンデルワールス力）を考慮するための定数であり，b は気体分子の体積を考慮するための定数である。表 12.4 に実在気体の a および b の値を示す。

表 12.4　実在気体におけるファンデルワールスの状態方程式の定数

気　体	a/kPa・dm⁶ mol⁻²	b/dm³ mol⁻¹
H_2	24.4	0.0266
He	3.4	0.0237
N_2	139	0.0391
O_2	136	0.0318
CO_2	359	0.0427
NH_3	417	0.0371
H_2O	546	0.0305

調査考察課題

1. 理想気体の状態方程式を書き，各々の変数を通常使われている単位で示せ。
2. 理想気体の状態方程式における温度は，なぜケルビン単位なのか。
3. 分子運動論の仮定は，なぜ実在気体に当てはまらないのか。
4. 理想気体の方程式には，ボイルの法則，シャルルの法則，アボガドロの法則が含まれることを示せ。

13章　液　　　体

13.1　溶液の性質

物質が溶解する（溶ける）という現象は，どのように説明したらよいのでしょうか？　また，溶け込む物質の種類によって溶解する様子は異なるのでしょうか？　私たちの身の周りにある物質を観察してみると，さまざまな物質が溶解した均一混合物が見えてくるでしょう。

溶解と溶液　溶解（dissolution）とは，溶質（solute）とよばれる物質（気体，液体，固体）が溶媒（solvent）とよばれる物質（液体）の中に分散し，溶液（solution）という均一な組成をもつ混合物をつくりあげる現象である。気体である二酸化炭素や液体であるエタノール，あるいは固体である塩化ナトリウムが水に溶けて，水溶液となる場合が例としてあげられる。ただし，水とエタノールなどはどちらも液体であり，どんな割合でも均一な混合物をつくる。このような場合は量の多い方を溶媒，少ない方を溶質ということが多い。

溶体としての溶液　二種類以上の化学成分が均一に混合しているとき，その均一混合物を溶体という。このうち，液体物質が異なる化学成分を溶解している溶体を液溶体（溶液）という。また，合金の例に見られるように異なる固体物質が溶解しあったものを固溶体といい，気体どうしの混合物は気溶体という。表13.1に溶体の例を示す。

表13.1　身のまわりにある溶体の例

	溶　媒	溶　質	例
気溶体	気　体	気　体	空　気
溶　液	液　体	気　体	炭酸水
		液　体	灯　油
		固　体	海　水
固溶体	固　体	固　体	ハンダ

溶液の中の溶質　溶液中の溶質は，原子や分子などの電気的に中性な粒子として存在するか，またはその全量あるいは一部が電荷を帯びたイオンに電離している。また，前者の原子や分子は10^3～10^9個集まった集団（コロイド粒子）として分散する場合もあり，このときの溶液をコロイド溶液という（13.5参照）。

溶　媒：物質を溶解させる（溶かす）性質をもつ物質
溶　質：溶媒に溶解する（溶ける）物質
溶　液：溶媒に溶質が溶解した（溶けた）物質。水を溶媒としたときは水溶液という
電解質：水などの溶媒に溶解して，その溶液が導電性を示す物質
電離度：電解質が溶液中で陽イオンと陰イオンに電離している割合

一方，後者のように溶液中で電離してイオンを生成する物質を電解質（electrolyte）といい，電解質が溶解した溶液を電解質溶液という。水などの溶媒に溶解したとき，比較的濃厚な溶液においてもほぼ完全に電離する物質を強電解質（strong electrolyte）といい，希薄な溶液でも電離度が小さく，わずかな量しか電離しないものを弱電解質（weak electrolyte）という。また，全く電離しないものは非電解質（nonelectrolyte）という。表13.2に，電解質を分類して示す。

表13.2　電解質の例

強電解質	弱電解質	非電解質
塩酸，硝酸，硫酸	酢酸，シュウ酸，リン酸	エタノール
水酸化ナトリウム	アンモニア	ショ糖
水酸化カルシウム	アニリン	ブドウ糖
塩化ナトリウム	水酸化鉄（Ⅲ）	アセトン

固溶体

固溶体（solid solution）を原子レベルで見た場合，2種類の型に分けることができる。第一の型が，ある原子からなる結晶格子のすき間に他の原子が入り込んだものであり，これを侵入型固溶体という。たとえば，鉄に炭素が溶け込んだ鋼などがあり，比較的小さな原子が大きな原子のすき間に侵入する。

第二の型は置換型固溶体とよばれ，結晶格子中の原子の一部が別の元素の原子に置き換わったものである。この置換反応は，同程度の大きさの原子どうしで起こりやすく，100円硬貨などに使われている白銅は，銅原子の一部がニッケル原子と置換した合金である。

気溶体

互いに反応しない2種類以上の気体を混合したとき，気体分子はすばやく分散して均一な混合物となる。その拡散速度は，固体や液体どうしの場合と比べると格段に大きい。地球の大気は，人類をはじめとする多くの生物の生存に必要な酸素が窒素によって希釈された組成となっている。この大気中に排出された窒素酸化物や硫黄酸化物は，またたく間に分散して世界中の大気を汚染することになる。

13.2　溶液の濃度

「このみそ汁は塩辛い」とか「濃い」とかいいますが，溶液の濃度はどのような単位であらわしたらよいのでしょうか？　これまでは，溶液中の溶質の質量をパーセントで表した濃度（質量パーセント濃度）を使っていたでしょう。この章では，溶液に含まれる溶質の量を「モル（mol）」という物質量の単位で表したときの濃度を学びます。具体的には，モル濃度，質量モル濃度，およびモル分率です。

モル濃度

（13-1）式に示すように，溶液1L中に含まれている溶質の量を物質量で表した濃度をモル濃度（molarity）という。単位は mol L^{-1} あるいはMを用いる。最も一般的な濃度の表記方法であり，質量モル濃度と区別するために容量モル濃度ということもある。

$$\text{モル濃度}/\text{mol L}^{-1} = \frac{\text{溶質の物質量}/\text{mol}}{\text{溶液の体積}/\text{L}} \qquad (13\text{-}1)$$

例題 13-1　モル濃度の計算

20.0 g の塩化ナトリウム NaCl を水に溶かして 250.0 mL の水溶液をつくった。この水溶液における NaCl のモル濃度を求めよ。

1. **分　析**　溶質の種類と質量，および溶媒の種類とつくる溶液の量（体積）が与えられている。
2. **計　画**

① NaCl の式量からモル質量を求める。

② 同じ濃度で，水溶液を 1 L つくるときの NaCl の質量を計算する。

③ ②の質量を NaCl の物質量に換算する。

3. **解　答**

① NaCl の式量＝ Na の原子量＋ Cl の原子量

$$= 23.0 + 35.5 = 58.5$$

∴　NaCl のモル質量は 58.5 g mol^{-1} である。

② 同じ濃度の水溶液を 1 L つくるには，250.0 mL のときの 4 倍量の溶質が必要である。

20.0 g ×（1000 mL/250 mL）＝ 80.0 g

∴　1 L の水溶液をつくるのに必要な NaCl の質量は 80.0 g となる。

③ ②で求めた質量の NaCl を物質量に換算すると，

$$\frac{80.0\ \mathrm{g}}{58.5\ \mathrm{g\ mol^{-1}}} \fallingdotseq 1.4\ \mathrm{mol}$$

これが 1 L の水溶液をつくるときに必要な NaCl の物質量である。

∴　求める NaCl 溶液のモル濃度は約 1.4 mol L^{-1} となる。

4. **チェック**　③で求めたモル濃度の水溶液の 250.0 mL に含まれる NaCl の物質量を求め，さらにその質量を計算してみよう。得られた値が問題文で示した NaCl の質量と等しければ，③で求めたモル濃度が正しいことがわかる。

質量モル濃度　(13-2) 式に示すように，溶媒 1 kg 中に含まれている溶質の量を物質量で表した濃度を質量モル濃度（molality）という。単位は mol kg^{-1} を用いる。質量パーセント濃度や容量モル濃度が「溶液」に対する溶質の割合であるのに対して，質量モル濃度は「溶媒」に対する溶質の割合であることを注意する。なお，質量モル濃度は温度による濃度の変化をともなわない（物質量，質量は温度により変化しないから）。

$$\text{質量モル濃度}/\mathrm{mol\ kg^{-1}} = \frac{\text{溶質の物質量}/\mathrm{mol}}{\text{溶媒の質量}/\mathrm{kg}} \qquad (13\text{-}2)$$

式　量：組成式を構成する元素の原子量の和。
分子量：分子式を構成する元素の原子量の和。
モル質量：物質 1 mol あたりの質量で，単位は g mol^{-1} を用いる。
質量パーセント濃度：溶液の濃度の表し方の 1 つで，溶液に含まれる溶質の質量をパーセントで表した濃度である。単位を mass% と表記することもある。

$$\text{質量パーセント濃度}/\% = \frac{\text{溶質の質量}/\mathrm{g}}{\text{溶液の質量}/\mathrm{g}} \times 100$$

また，結晶水を含む物質の濃度を求めるときは，無水物の量が溶質の量となり，結晶水は溶媒に加えることを忘れないこと。

モル分率　物質Aと物質Bの混合物があり，各々の物質量が a mol および b mol であるとき，物質Bのモル分率は（13-3）式で示される。すなわち，モル分率（mole fraction）とは全ての物質の量を物質量で表したときの濃度である。

$$\text{物質Bのモル分率} = \frac{b\,/\,\text{mol}}{a\,/\,\text{mol} + b\,/\,\text{mol}} \tag{13-3}$$

仮に，物質Aが溶媒で物質Bが溶質であるとすると，溶液中の溶質の濃度を粒子（分子やイオン）の数の比で示したことになる。（13-3）式を用いて溶媒（物質A）のモル分率を求めると，溶媒と溶質のモル分率の和は1となる。なお，モル分率は無次元数であり単位はない。

例題 13-2　モル分率の計算

窒素 N_2　84.0 g と酸素 O_2　32.0 g の混合気体がある。各成分気体のモル分率はいくらか。

1. 分　析　混合気体の成分の種類と各々の質量が与えられている。

2. 計　画

① N_2 および O_2 の分子量から，モル質量を求める。

② ①で求めたモル質量の値と成分気体の質量を用いて，各成分気体の物質量を算出する。

③ 各成分気体の物質量とそれらの総和から，モル分率を計算する。

3. 解　答

① N_2 の分子量＝Nの原子量×2＝14.0×2＝28.0

O_2 の分子量＝Oの原子量×2＝16.0×2＝32.0

∴　N_2 のモル質量＝28.0 g mol^{-1}

O_2 のモル質量＝32.0 g mol^{-1}

② 与えられた成分気体の質量から，各々の気体の物質量は次のようになる。

$$N_2\text{の物質量} = \frac{84.0\ \text{g}}{28.0\ \text{g mol}^{-1}} = 3.0\ \text{mol}$$

$$O_2\text{の物質量} = \frac{32.0\ \text{g}}{32.0\ \text{g mol}^{-1}} = 1.0\ \text{mol}$$

③ ②で求めた物質量から，各成分気体のモル分率を求める。

N_2 のモル分率＝3.0 mol/（3.0＋1.0）mol＝0.75

O_2 のモル分率＝1.0 mol/（3.0＋1.0）mol＝0.25

4. チェック　まず，各成分気体のモル分率の総和が1となることを確認しよう。次に，モル分率が構成物質の粒子数の比に相当することを思い出すこと。

13.3　溶　　解

物質が溶けるという現象をミクロの目で見てみましょう。物質が溶けるときに熱の出入りがあるのは何故でしょうか？　どんな溶媒がどんな溶質を溶かすのでしょうか？　溶媒と溶質の相性というものがあるのでしょうか？　また，溶解する量は温度や圧力によって変化するのでしょうか？　この節では，溶解の仕組みとこれにともなうさまざまな現象を学びましょう。

溶解の様子

物質が溶媒に溶けるとき，陽イオンと陰イオンに電離したり，また分子として分散したりして均一な混合物となる。たとえば，塩化ナトリウムが水に溶ける場合，ナトリウムイオン Na^+ と塩化物イオン Cl^- に電離して水溶液中に分散する。それでは，これらのイオンは再び結合しないのだろうか？　電離したイオンは，そのまわりに水分子を引き寄せて結合し，イオンのもつ電荷は中和されて安定化する。このように，溶質が電離して生じたイオンや溶質分子が溶媒分子と結合する現象を溶媒和（solvation）といい，溶媒が水の場合を水和（hydration）という。

溶解は，結晶中のイオン間の結合や分子間の結合を切断することになるので，そのためのエネルギーを外から吸収しなければならないから吸熱的に反応が進行すると考えられる。しかし，実際の溶解熱（物質を大量の溶媒に溶かしたときに発生する熱量，表 13.3）をみると，発熱反応（正の値）となるものも多い。これは，前述した溶媒和（水和）の寄与があるためで，切断に要するエネルギーと水和により発生するエネルギーの熱的収支により，水和による発生するエネルギーが，切断に要するエネルギーを上まわると発熱するからである。

表 13.3　水への溶解熱 / $kJ\ mol^{-1}$ の例

物　質	溶解熱	物　質	溶解熱	物　質	溶解熱
NaCl	− 3.88	$CaCl_2$	81.3	NH_4Cl	− 14.8
H_2SO_4	95.28	NaOH	44.52	NH_3	34.18
CO_2	20.3	尿素	− 15.4	エタノール	10.5

溶解度

溶媒に溶質がどれくらい溶けるかを数値で表したものが溶解度（solubility）である。一般に，固体や液体の溶解度は，溶媒 100 g に溶ける溶質の最大質量 / g で表し，気体の溶解度は，1 気圧（1.013×10^5 Pa）の気体が溶媒 1 mL に溶ける最大の体積 / mL を標準状態（0 ℃，1 気圧）に換算して表す。

水のような極性物質によく溶ける物質としては，塩化ナトリウム NaCl などのイオン結晶やメタノール CH_3OH などの極性分子がある。NaCl を水に入れると，水分子のいくつかが分子中のマイナスに帯電している酸素原子側を向けて Na^+ を取り囲む。一方，水分子中のプラスに帯電している水素原子側は，Cl^- に引きつけられてこれを取り囲む。このように，Na^+ と Cl^- は水和イオンを生成して水中に分散する。また，CH_3OH を水に入れたときは，そのヒドロキシ基 -OH が水分子と水素結合し，水和することによって水に溶ける。

ヘキサンなどの無極性溶媒には，イオン結晶や極性分子は溶けにくく，ナフタレンなどの無極性分子がよく溶ける。極性分子が無極性溶媒に溶けにくいのは，極性分子間で結合して分散しにくくなるからである。これに対して，無極性分子が無極性溶媒に溶けるのは，溶質間および溶媒間にはたらく分子間力が弱く，またその力が溶質－溶媒間にはたらく力と同程度であることから溶質が分散しやすいためである。

表 13.4　似たものどうしは溶けやすい

溶　質	極性溶媒	無極性溶媒
イオン結晶	溶けやすい	溶けにくい
極性分子	溶けやすい	溶けにくい
無極性分子	溶けにくい	溶けやすい

溶解における温度と圧力の影響（ヘンリーの法則）

液体に対する固体の溶解度は，温度が上がると大きくなる場合が多いが，図 13.1 に示すように，温度の上昇にともなう溶解度の増加の程度は溶質の種類によって大きく異なる。なお，溶解も化学平衡の 1 つであり，溶解度と平衡定数の間には関連がある。化学平衡の温度変化については，21.2 節と 21.3 節で詳しく議論する。

これに対して，気体の液体への溶解度は，表 13.5 に示すように温度が高くなるほど小さくなる。冷蔵庫で冷やされた炭酸飲料をコップに注いだとき，容器の内側に気泡が発生することを見れば，その傾向を実感することができるだろう。また，液体に対する気体の溶解度は，温度が一定のとき，その気体の圧力（混合気体の場合は分圧）に比例する。これをヘンリーの法則（Henry's law）といい，希薄溶液において成り立つ。

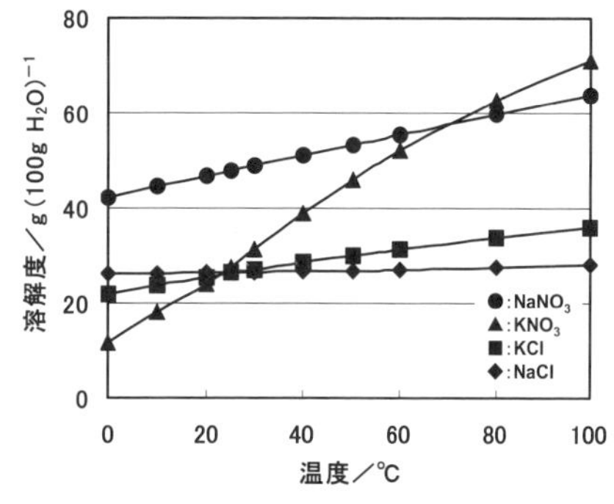

図 13.1　水に対する固体の溶解度

表 13.5　水に対する気体の溶解度*

温度 / ℃	N_2	O_2	CO_2	HCl	NH_3
0	0.0231	0.0489	1.72	517	477
20	0.0152	0.0310	0.873	442	319
40	0.0116	0.0231	0.528	386	206
60	0.0102	0.0195	0.366	339	130
80	0.0096	0.0176	0.283	—	82

＊水 1 L に溶ける気体の体積を 0℃，1 気圧の体積/L に換算した値。

13. 4　希薄溶液の束一的性質

水に食塩や砂糖を溶かすと，凍り始める温度が純粋な水より低くなります。これを凝固点降下といいます。溶質の濃度が十分に低いとき，凝固点降下の度合いは，溶質粒子の数（正確には質量モル濃度）が同じであれば，溶質の種類によらず一定になります。このように，溶質の種類によらず溶質粒子の数だけに依存する溶液の性質を，束一的性質（colligative properties）と呼びます。この章では，束一的性質の例として，蒸気圧降下，沸点上昇，凝固点降下および浸透圧について学びます。

蒸気圧降下（ラウールの法則）

溶媒に不揮発性の溶質を溶かしたとき，その溶液中の溶媒の蒸気圧はもとの純粋な溶媒の蒸気圧よりも低下する。この現象を蒸気圧降下（vapor-pressure depression）という。図 13.2 に示すように，一定温度（t_0）における溶液の蒸気圧（P_1, P_2）は溶質のモル分率が大きくなるほど低くなり，純粋な溶媒が最も高い値となる。一定温度で，純粋な溶媒の蒸気圧を P，溶液中の溶媒の蒸気圧を P_n，溶質のモル分率を n とすると，希薄溶液では（13-4）式に示すラウールの法則（Raoult's law）が成り立つ。すなわち，希薄溶液における蒸気圧の低下する割合は，溶質のモル分率に等しく，溶媒および溶質の種類には無関係である。ただし，ラウールの法則が成り立つのは溶質が非電解質の場合であり，電解質を用いたときには電離度を考慮して，溶液中に生成する粒子の数を物質量として用いなければならない。

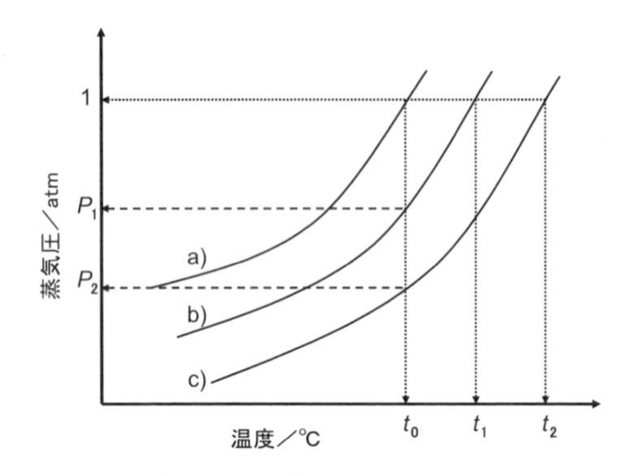

a) 溶媒の蒸気圧曲線
b) 溶液の蒸気圧曲線（溶質のモル分率が n_1 のとき）
c) 溶液の蒸気圧曲線（溶質のモル分率が n_2 のとき）
ただし，$n_1 < n_2$

図 13.2　溶媒と溶液の蒸気圧曲線

$$\frac{P - P_n}{P} = n \qquad (13\text{-}4)$$

沸点上昇

液体の沸点は，その液体の蒸気圧が大気圧（通常は 1 気圧）と等しくなって沸騰が観察される温度である。前項で述べたように，溶液における蒸気圧は純粋な溶媒よりも低い。したがって，図 13.2 に示すように，溶液の蒸気圧が 1 気圧になる温度（t_1, t_2）は純粋な溶媒の沸点（t_0）よりも高くなる。この現象を溶液の沸点上昇（elevation of boiling point）といい，溶媒 1 kg に不揮発性の溶質（非電解質）1 mol を溶かした溶液の沸点の上昇度をモル沸点上昇（molar elevation of boiling point）という。モル沸点上昇は溶媒によって決まり，溶質の種類には無関係である。

溶媒と溶液の沸点の差を ΔT_b / K，溶質の質量モル濃度を m / mol kg^{-1}，モル沸点上昇を K_b / K kg mol^{-1} とすると，(13-5)式の関係が成り立つ。主な溶媒のモル沸点上昇を表 13.6 に示す。ただし，(13-4) 式と同様に溶質が電解質のときはその電離度を考慮しなければならない。

$$\Delta T_b = K_b m \qquad (13\text{-}5)$$

表 13.6　モル沸点上昇

溶　媒	沸　点／℃	モル沸点上昇／K kg mol^{-1}
水	100	0.521
酢酸	118.5	3.08
ベンゼン	80.15	2.54
エタノール	78.3	1.07
ジエチルエーテル	34.5	1.83

凝固点降下

溶液の凝固点とは，温度を下げていったときに，溶液中の溶媒が凝固しはじめる温度である。図 13.3 では，固体の蒸気圧と液体の蒸気圧が等しくなったときの温度が凝固点であり，溶液の凝固点（t_1）は純粋な溶媒の凝固点（t_0）よりも低くなる。この現象を溶液の凝固点降下（depression of freezing point）といい，溶媒 1 kg に不揮発性の溶質（非電解質）1 mol を溶かした溶液の凝固点の降下度をモル凝固点降下（molar depression of freezing point）という。モル凝固点降下もモル沸点上昇と同様に溶媒によって決まり，溶質の種類には無関係である。

溶媒と溶液の凝固点の差を ΔT_{f} / K，溶質の質量モル濃度を m / mol kg^{-1}，モル凝固点降下を K_{f} / K kg mol^{-1} とすると，(13-6) 式の関係が成り立つ。主な溶媒のモル凝固点降下 K_{f} を表 13.7 に示す。沸点上昇と同様に，溶質が電解質のときはその電離度を考慮しなければならない。

$$\Delta T_{\mathrm{f}} = K_{\mathrm{f}}\, m \qquad (13\text{-}6)$$

表 13.7　モル凝固点降下

溶　媒	凝固点／℃	モル凝固点降下／K kg mol^{-1}
水	0	1.858
酢　酸	16.635	3.9
硫　酸	10.36	6.12
ベンゼン	5.455	5.065
フェノール	40	7.1

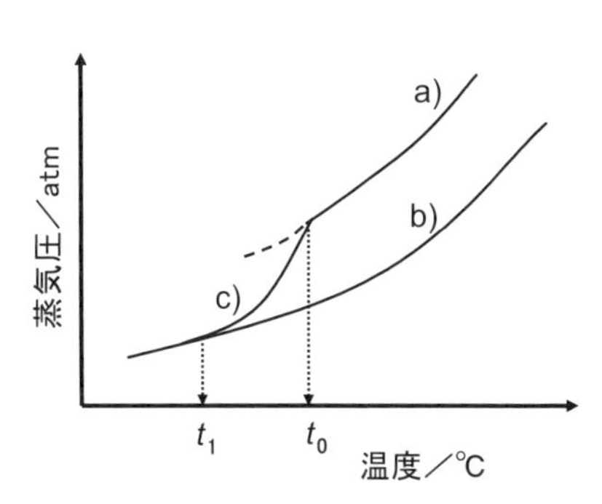

a) 溶媒の蒸気圧曲線，b) 溶液の蒸気圧曲線
c) 固体の蒸気圧曲線

図 13.3　溶媒，溶液および固体の蒸気圧曲線

例題 13-3　凝固点降下から分子量の求め方

ある非電解質 15.0 g を水 500 g に溶かしたとき，溶液の凝固点は − 0.31℃になった。この非電解質の分子量はいくらか。ただし，水のモル凝固点降下 K_{f} は 1.86 K kg mol^{-1} とする。

1. **分　析**　溶媒の種類と溶液の濃度（溶媒と溶質の質量），および溶液の凝固点が与えられている。

2. **計　画**

① 与えられた溶液における溶質の質量モル濃度を求める。

② (13-6) 式に，①で求めた質量モル濃度，溶液の凝固点，および溶媒のモル凝固点降下を代入して，溶質の分子量を算出する。

3. **解　答**

① 求める非電解質の分子量を M としたとき，その質量モル濃度 m は次式で表される。

$$m = \frac{15.0\ \mathrm{g}}{M} \times \frac{1000\ \mathrm{g}}{500\ \mathrm{g}} = \frac{30.0}{M}\ \mathrm{mol\ kg^{-1}}$$

② $\Delta T_{\mathrm{f}} = K_{\mathrm{f}}\, m$ より，

$$0 - (-0.31)\ \mathrm{K} = 1.86\ \mathrm{K\ kg\ mol^{-1}} \times \frac{30.0}{M}\ \mathrm{mol\ kg^{-1}}$$

∴　分子量 $M = 180$

4. **チェック**　分子量が 180 の非電解質 15.0 g を水 500 g に溶解したとき，その溶液の質量モル濃度は，30.0/180 mol kg^{-1} となる。(13-6) 式より，同濃度の溶液の凝固点は純水の凝固点より

も次の値だけ低くなる。

$$1.86\ \mathrm{K\ kg\ mol^{-1}} \times 30.0/180\ \mathrm{mol\ kg^{-1}} = 0.31\ \mathrm{K}$$

すなわち，この水溶液の凝固点は－ 0.31℃となり，題意の－ 0.31℃と等しい。したがって，上記で求めた分子量は正しいことがわかる。

浸透圧

溶媒のような小さな粒子は通すが，溶質のような大きな粒子は通さない孔をもつ膜を半透膜（semipermeable membrane）という。たとえば，素焼きの表面につくったフェロシアン化銅の薄膜，およびセロハンやぼうこう膜などがその性質をもつ。このような半透膜を隔てて 2 種類の濃度の溶液が接触しているとき，溶媒分子は低濃度の溶液から高濃度の溶液へ膜を通って移動し，両方の溶液の濃度が同じになろうとする。この現象を浸透（osmosis）といい，半透膜を通して溶媒が移動するときに生じる圧力が浸透圧（osmotic pressure）である。図 14.4 のような装置を用いたときは，浸透現象により両者の液面の高さに差が生じる。浸透を抑えるために，高濃度側の液面に圧力をかけて両者の液面を同じ高さにするのに必要な圧力が浸透圧に相当する。

ファント・ホッフは，浸透圧 Π / Pa が溶質（非電解質）のモル濃度 m / mol L^{-1}，気体定数 R，温度 T / K を用いて，(13-7) 式で示されることを発見した。これをファント・ホッフ（van' t Hoff）の浸透圧の法則 (van't Hoff's law of osmotic pressure) という。

$$\Pi = mRT \tag{13-7}$$

ここで，モル濃度は単位体積 V / L 中の物質量 n / mol であるから，(14-7) 式は理想気体の状態方程式とよく似た次式 (13-8) 式に書きかえられる。

$$\Pi V = nRT \tag{13-8}$$

このときも，溶質が電解質のときはその電離度を考慮しなければならない。

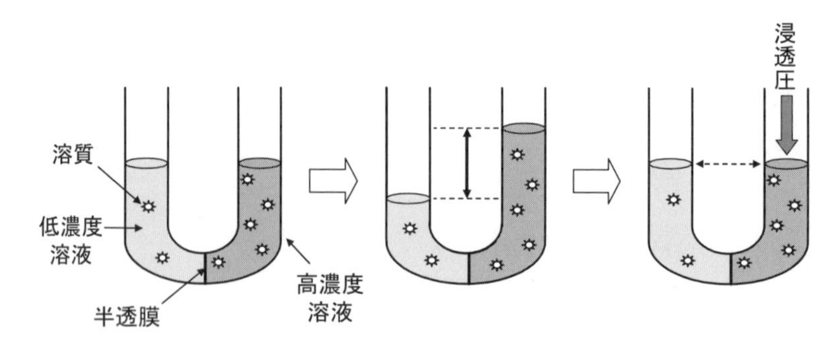

図 13.4　浸透圧の実験

例題 13-4　モル濃度から沸点・凝固点の求め方

水 100.0 g に 20.0 g のブドウ糖 $C_6H_{12}O_6$ を溶かしたとき，水溶液の沸点と凝固点は何℃になるか。ただし，水のモル沸点上昇 K_b は 0.52 K kg mol^{-1}，モル凝固点降下 K_f は 1.85 K kg mol^{-1} とする。

1. **分　析**　水溶液の成分の種類と各々の質量，および溶媒のモル沸点上昇 K_b とモル凝固点降下 K_f の値が与えられている。また，特にことわりのないときは，1 気圧での沸点および凝固点と考えて良い。

2. **計　画**

① $C_6H_{12}O_6$ の分子量から，モル質量を求める。

② ①で求めたモル質量の値と与えられた質量を用いて，$C_6H_{12}O_6$ の物質量を算出する。

③ ②で求めた物質量と与えられた溶媒質量から，溶質の質量モル濃度を求める。

④ (13-5) 式および (13-6) 式から，溶媒と溶液の沸点上昇および凝固点の差を求め，溶液の沸点と凝固点を算出する。

3. **解　答**

① $C_6H_{12}O_6$ の分子量＝ C の原子量× 6 ＋ H の原子量＋ O の原子量

$$= 12.0 \times 6 + 1.0 \times 12 + 16.0 \times 6$$

$$= 180.0$$

∴　$C_6H_{12}O_6$ のモル質量＝ 180.0 g mol^{-1}

② 与えられた質量から，$C_6H_{12}O_6$ の物質量は次のようになる。

$$C_2H_{12}O_6 \text{ の物質量} = \frac{20.0\ \mathrm{g}}{180.0\ \mathrm{g\ mol^{-1}}} = 0.11\ \mathrm{mol}$$

③ ②の物質量の $C_6H_{12}O_6$ を溶媒（水）100.0 g に溶かしたので，$C_6H_{12}O_6$ の質量モル濃度はその 10 倍量となる。

$$C_6H_{12}O_6 \text{ の質量モル濃度} = 0.11\ \mathrm{mol} \times 1000\ \mathrm{g}/100.0\ \mathrm{g}$$

$$= 1.1\ \mathrm{mol\ kg^{-1}}$$

④ (13-5) 式および (13-6) 式より，ΔT_b と ΔT_f を求める。

$$\Delta T_b = K_b m = 0.52\ \mathrm{K\ kg\ mol^{-1}} \times 1.1\ \mathrm{mol\ kg^{-1}} \fallingdotseq 0.57\ \mathrm{K}$$

$$\Delta T_f = K_f m = 1.85\ \mathrm{K\ kg\ mol^{-1}} \times 1.1\ \mathrm{mol\ kg^{-1}} \fallingdotseq 2.04\ \mathrm{K}$$

1 気圧における水の沸点および凝固点は，各々 99.97℃および 0℃であるので，求める溶液の沸点および凝固点は，各々 100.54℃および－ 2.04℃となる。

4. **チェック**　計算で求めた溶液と用いた溶媒の沸点および凝固点の差から ΔT_b と ΔT_f を求め，次にそれらの値を溶媒の K_b および K_f の値で除して，溶媒 1 kg あたり何モルの溶質が溶解しているかを求める。題意では，用いた溶媒は 100 g であるので，物質量はその 1/10 となり，求めた物質量と $C_6H_{12}O_6$ のモル質量の積から，溶かした $C_6H_{12}O_6$ の質量が求められる。得られた値が問題文で示した $C_6H_{12}O_6$ の質量と等しくなれば，④で求めた溶液の沸点と凝固点は正しいことになる。

13.5　コロイド溶液

液体に特定の大きさの粒子が分散したとき，その溶液は真の溶液とは違った特異な性質を示すようになります。ここでは，私たちの身の周りに意外とたくさんある「コロイド溶液」の特異な性質について学びましょう。

コロイドとは

溶体において，直径が 1 ～ 100 nm の粒子が他の物質中に分散するとき，その範囲外の大きさの粒子が分散するときとは異なる，特殊な性質を示すことがある。このような状態をコロイド（colloid）といい，分散している粒子をコロイド粒子（colloidal particle）とよぶ。分散媒が液体の場合をコロイド溶液（colloidal solution）またはゾル（sol）という。コロイドの種類と例を表 13.8 にまとめておく。

表 13.8　コロイドの種類と例

分散媒	分散質	例	名　称
気　体	液　体	霧，雲	エーロゾル
	固　体	煙	
液　体	気　体	泡	液体コロイド
	液　体	乳濁液，牛乳，マヨネーズ	
	固　体	懸濁液，ゾル，ゲル	
固　体	気　体	軽石，木炭	固体コロイド
	固　体	宝石，色ガラス	

コロイド溶液の特異な性質

1）チンダル現象：コロイド溶液をビーカーに入れ，側面から光を当てると，光の進路が明るく見える。この現象をチンダル現象（Tyndall phenomenon）とよぶ。これは，液体中に分散したコロイド粒子が光を分散させることにより起こる。

2）ブラウン運動：コロイド溶液を限外顕微鏡（ultramicroscope）で観察したとき，液体中のコロイド粒子が液流とは違って不規則な運動をしていることが観察される。この現象をブラウン運動（Brownian movement）とよぶ。これは周囲の溶媒粒子が熱運動をして，コロイド粒子に衝突することにより起こる。

3）電気泳動：コロイド溶液に電極を入れて直流電圧をかけると，液体中のコロイド粒子は一方の電極の方へ移動する。この現象を電気泳動（electrophoresis）とよぶ。これは，コロイド粒子が電荷を帯びていることにより起こる。

4）凝　析：コロイド溶液に少量の電解質を加えたとき，ある種のコロイド粒子は，集まって沈殿する。この現象を凝析（coagulation）とよび，凝析を起こすコロイドを疎水コロイド（hydrophobic colloid）という。これは，コロイド表面と反対の電荷のイオンがコロイド表面を覆い，表面の電荷が中和されてコロイド粒子どうしの反発が失われることにより起こる。

分散媒：粒子が分散している物質
分散質：粒子として分散している物質
ゾル：コロイド溶液ともよばれ，コロイド粒子が分散した液体のこと
ゲル：コロイド粒子が集まり，流動性を失って固まったもの

5）塩　析：ある種のコロイド溶液は，少量の電解質の添加では沈殿しないが，多量の電解質を加えたときに沈殿する。この現象を塩析（salting out）とよび，塩析を起こすコロイドを親水コロイド（hydrophilic colloid）という。

6）保護コロイド：疎水コロイドにある種の親水コロイドを加えると，疎水コロイドが凝析しにくくなる。このような効果のある親水コロイドを保護コロイド（protective colloid）とよぶ。これは，親水コロイドが疎水コロイドを覆うことにより起こる。

13.6　表面張力

コップに入れた水に毛管を差し込んで立てるとガラス管内を水が上昇するのも，アメンボが池の水面上を滑走できるのも，表面張力という力が働いているからです。表面張力は液体が広がっていこうとすることへの抵抗であり，表面積を小さくしようとして内部に向かう力の尺度です。この節では，液体と気体の界面に働く表面張力にともなうさまざまな現象を学びましょう。

表面張力とは

1805年，イギリスの物理学者であるトマス・ヤング（Thomas Young）は，液体の表面で面の方向に作用する力があることを明らかにした。図13.5に示すように，液体内部の分子Aはあらゆる方向の分子から引かれて安定な状態であるが，液体表面にある分子Bは内部の分子からのみ引かれることにより，表面積を小さくしようとして内部に向かう力がはたらく。このような，液体の表面にはたらく単位面積当たりの力を表面張力という。なお，液体と液体，固体と液体などの2相の境界面ではたらく力を界面張力（interfacial tension）といい，このうち液体と気体，あるいは固体と気体の界面ではたらくものを表面張力（surface tension）という。様々な液体の表面張力を表13.9に示す。

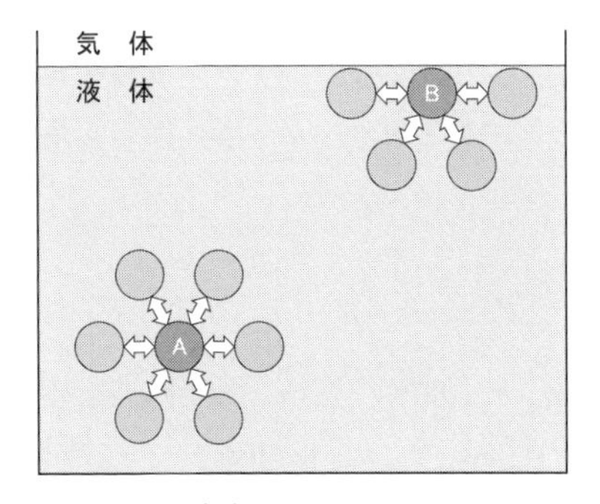

図13.5　液体中の分子にはたらく力

表13.9　20℃における液体の表面張力

液　体	表面張力 / $\times 10^{-3}$ Nm^{-1}
n-ヘキサン	18.4
エタノール	22.4
アセトン	23.3
ベンゼン	28.9
エチルグリコール	48.4
グリセリン	63.4
水	72.8
水　銀	482

表面張力は周囲の分子との分子間力にともなって増大するため，分子間に比較的強い水素結合をもつ水の表面張力は大きい。水銀原子間にはさらに強い金属結合がはたらいているために，水よりも大きな表面張力となる。

なお，温度が上がると分子運動が分子間の結合を妨げるので表面張力は減少する。また，水と空気の界面に配列する界面活性剤（洗剤）は水の表面張力を減少させるため，洗剤を溶かした水は繊維の内部まで容易に浸透するようになる。

表面張力が関わる特異な性質

1）**濡　れ**（wetting）：固体と液体が接触したとき，両者の表面張力の違いによって濡れの度合いに差が生じる。固体の表面張力が液体の表面張力よりも大きいと，固体に接触した液体は固体表面に広がってよく濡れる。これとは逆に液体の表面張力の方が大きいと，液体は球形に近くなり固体表面を濡らさない。なお，表面の濡れやすさの程度は接触角（θ）で表され，よく濡れる場合の接触角は小さく，濡れない場合は大きくなる（図 13.6）。液体として水を用いたとき，接触角が 90° 以上の固体表面を疎水性，0° に近い固体表面を親水性という。

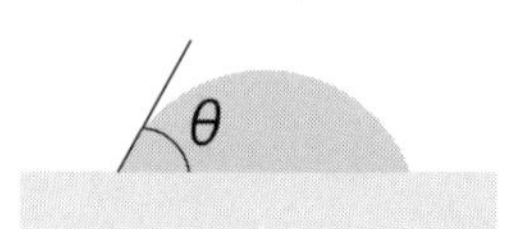

図 13.6　固液界面の接触角

2）**メニスカス**（meniscus）：ビュレットに水を入れると，水の表面は水平にならずに凹型にへこむ。このような容器表面と液体との相互作用によって形成される液面の屈曲をメニスカスという。ガラス容器に水を入れたとき，水とガラス間の分子間力は水分子間の凝集力よりも大きいために管の中の水の表面は凹型のメニスカスとなる。これに対して，水銀はガラスを濡らさず，水銀とガラス間の接着力よりも水銀原子間の凝集力がはるかに大きいため，ガラス容器中の水銀は凸型のメニスカスを形成する。毛管現象において，液面が上昇する場合は凹型のメニスカスに，降下する場合は凸型のメニスカスになる。

3）**毛管現象**（capillarity）：液体と毛管の引力が大きいほど液体は毛管の表面を濡らし，液体の表面張力が増加する。それを減少させるために液体が毛管中を上昇し，上昇した液体の重力と，器壁と液体の引力がつり合ったところでその上昇は止まる。表面張力（γ）と毛管現象には（13-9）式の関係が成り立つ。ただし，$\theta < 90°$ のとき液体は毛管を上昇し，$\theta > 90°$ のとき液体は毛管を降下する。

$$\gamma = \frac{rh\rho g}{2\cos\theta} \tag{13-9}$$

γ：表面張力 / J m^{-2}，r：毛細管の半径 / m，h：液体の上昇した距離 / m，
ρ：液体の密度 / kg m^{-3}，g：重力加速度 / 9.8 m s^{-2}，θ：接触角 / °

調査考察課題

1. 地球と火星の大気の組成を調べ，両者の性質がどのように異なるか考えよ。
2. 河川水と海水の組成を調べて比較せよ。また，塩分濃度の違いが水の性質にどのような影響をおよぼすか考えよ。
3. 身の周りで使われている合金の化学組成および用途を調べよ。
4. 市販の食酢に含まれる酢酸 CH_3COOH の濃度，および清酒に含まれるエタノール C_2H_5OH の濃度を調べて，各々モル濃度に換算せよ。
5. 質量パーセント濃度を容量モル濃度に換算する式をつくれ。ただし，溶液の比重を d とする。
6. 質量パーセント濃度を質量モル濃度に換算する式をつくれ。
7. 質量モル濃度が温度により濃度変化をともなわないのは何故か。
8. 液体どうしの溶解に関して，次の組合せの液体を調べよ。
   ① 互いに溶け，溶解度に制限がないもの
   ② 互いに溶けるが，溶解度に制限があるもの
   ③ 互いに全く溶けないもの
9. ヘンリーの法則を用いて，「温度が一定のとき，一定量の液体に溶ける気体の体積は，圧力に関係なく一定である」ことを証明せよ。
10. 身のまわりで経験する「蒸気圧降下」，「沸点上昇」，「凝固点降下」，「浸透」の現象を探せ。
11. 束一的性質はなぜ希薄溶液や気体の場合（13.4参照）にのみ成り立つのか。考えてみよ。
12. ファント・ホッフの浸透圧の法則（13-8式）は，どうして理想気体の状態方程式（12-9式）と似た式になるのだろうか。前問と同様に考察せよ。
13. コロイド溶液の特異な性質は「界面」の問題である。このことについて調べてみよ。
14. 固体や液体が水に溶けるとき，溶ける前と溶けた後でその物質はどのように変化するか。塩（塩化ナトリウム NaCl），砂糖（ショ糖 $C_{12}H_{22}O_{11}$）および酢（酢酸 CH_3COOH）が水に溶けるときを例にして考えよ。
15. 表面張力にもとづく身近な現象を挙げよ。

memo

14章 固　　体

14.1 結　　晶

固体とは，外圧によって形や体積を変化させるのが困難な状態であり，この点が気体や液体と違います。ヘリウムを除き，物質は低温にすると固体になります。固体状態では原子，イオンあるいは分子はそれぞれの場所に固定され，その場で振動しています。固体には原子，イオンあるいは分子などが規則正しく配列してできた結晶質固体と，規則的な構造をもたない非結晶質固体があります。塩化ナトリウムやダイヤモンドは前者の例で，ガラスは後者の例です。ここでは，結晶の構造やそれらの性質について学びましょう。

結晶系　原子，イオンあるいは分子が規則正しく配列しているとき，それらを単なる点と置き換えて，配列を考えると便利である。この配列を空間格子（space lattice）といい，空間格子はある最小の構造単位の繰り返しからできている。この最小の構造単位を単位格子（unit cell）という。一般に単位格子は，平行六面体を構成する辺の長さ（結晶軸の長さ）a，b，c とそれらのなす角（結晶軸のなす角）α，β，γ によって表され，これらの値を格子定数（lattice constant）という（図 14.1）。

単位格子はその対称性によって 7 種の結晶系（crystal system）に分類される。7 種の結晶系と格子定数の関係を表 14.1 に示す。さらに，単位格子は，7 種の結晶系と単純，面心，体心および底心の四つの基本形との組合せにより 14 種類の格子に分類される（図 14.2）。この 14 種類の格子は，考案者の名前をつけてブラベー格子（Bravais lattice）とよぶ。

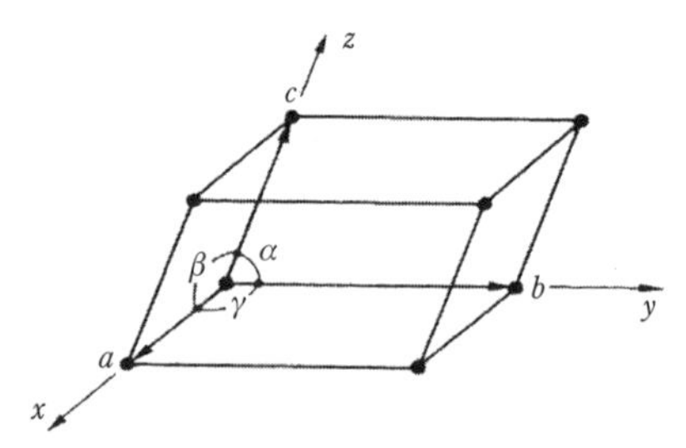

図 14.1　単位格子の表し方

表 14.1　結晶系と格子定数

結晶系	格子定数	
	結晶軸の長さ	結晶軸のなす角
立方晶系	$a = b = c$	$\alpha = \beta = \gamma = 90°$
正方晶系	$a = b \neq c$	$\alpha = \beta = \gamma = 90°$
斜方晶系	$a \neq b \neq c$	$\alpha = \beta = \gamma = 90°$
単斜晶系	$a \neq b \neq c$	$\alpha = \gamma = 90°,\ \neq \beta$
三斜晶系	$a \neq b \neq c$	$\alpha \neq \beta \neq \gamma$
三方晶系（菱面体）	$a = b = c$	$\alpha = \beta = \gamma \neq 90°$
六方晶系	$a = b \neq c$	$\alpha = \beta = 90°,\ \gamma = 120°$

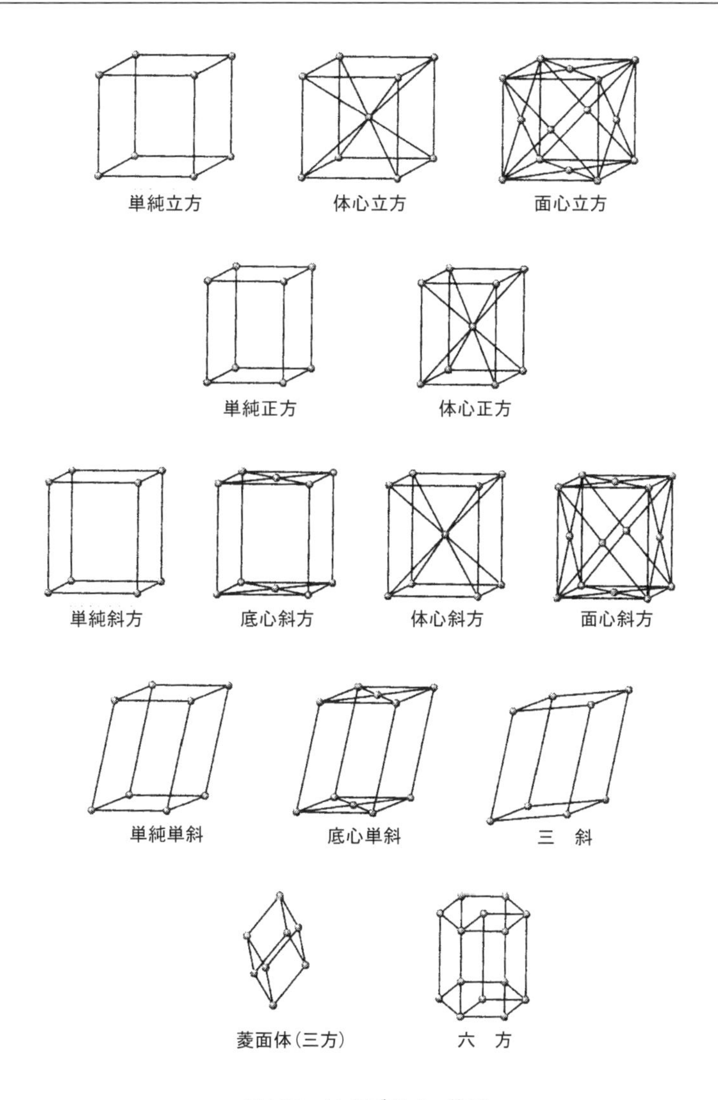

図 14.2　14 のブラベー格子

結晶の分類

結晶はそれを構成する化学結合の違いにより，電気伝導や硬さなどの性質が異なる。表 14.2 に結晶の分類と主な特性などを示す。

表 14.2　化学結合様式による結晶の分類

結晶の種類	化学結合様式	物質例	特　　性
イオン結晶	イオン結合	塩化ナトリウム，酸化カルシウム	結晶の状態では導電性はないが，水に溶解したり，加熱溶融したりすると導電性を生じる。やや硬くもろい。融点，沸点は高い。
共有結合結晶	共有結合	ダイヤモンド，水晶	黒鉛等を除いて硬く，導電性はない。融点，沸点は高い。
金属結晶	金属結合	鉄，銅	延性・展性を示し，電気や熱の良導体である。
分子結晶	ファンデルワールス力による結合	ドライアイス，ヨウ素	昇華しやすく融点も低い。硬度は低く，導電性はない。

イオン結晶

イオン結晶（ionic crystal）は，陽イオンと陰イオンが交互に規則正しく配列し，静電引力により結合したものである。例として，単純立方格子構造の NaCl（Na^+，Cl^-は各々 6 個の相手イオンに接している）や体心立方格子構造の CsCl（Cs^+，Cl^-は各々 8 個の相手イオンに接している），さらに面心立方格子構造の CaF_2（Ca^{2+}は 8 個の F^-に接し，F^-は 4 個の Ca^{2+}に接している）などがある。相手イオンと接している数を配位数（coordination number）といい，各々のイオン半径の比によりその数は異なる。イオン半径比と配位数の関係を表 14.3 に示す。また，NaCl，CsCl および CaF_2の結晶構造（単位格子）を図 14.3 に示す。

表 14.3　イオン半径比と配位数

イオン半径比（r^+／r^-）*	配位数
0.732	8
0.414	6
0.225	4
0.155	3

＊ r^+は陽イオン半径，r^-は陰イオン半径

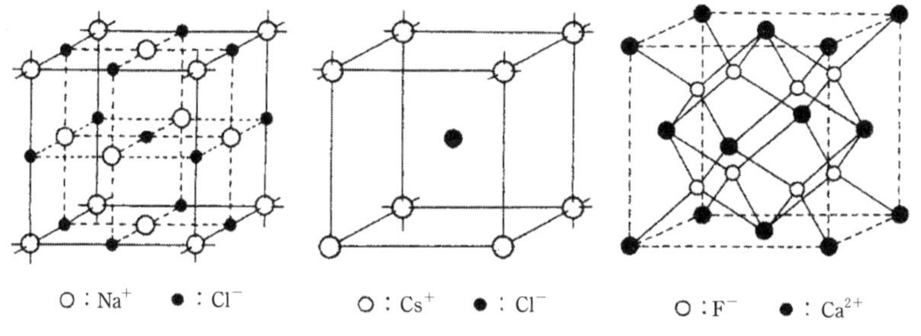

図 14.3　NaCl（左），CsCl（中）および CaF_2（右）の単位格子

一般に，1 族や 2 族などの陽性の強い元素（金属性元素）と，16 族や 17 族などの陰性の強い元素（非金属元素）とはイオン結晶を作りやすい。陽イオンと陰イオンの間の結合は，静電引力が強くはたらいて融点や沸点が高い。また，一般に硬くてもろい。結晶の状態では電気伝導性はないが，融解したり，水に溶かしたりすると電気伝導性が生じる。

共有結合結晶

結晶を構成する原子が共有結合によって多数結合し，巨大分子になっている結晶を共有結合結晶（covalent crystal）という。代表的な例として，ダイヤモンドとグラファイトの結晶構造を図 14.4 に示す。

ダイヤモンドの炭素原子間の結合は，すべて sp^3 混成軌道による σ 結合であり，各炭素原子は 4 個の炭素原子により正四面体型に取り囲まれ，これが三次元的に繰り返されている。また，炭素－炭素間の結合エネルギーは大きく，そのためにあらゆる固体の中で最も硬度が高い。ダイヤモンド型の結晶構造をもつものに，ケイ素，炭化ケイ素（SiC），ゲルマニウムなどがある。

一方，ダイヤモンドの同素体であるグラファイト（黒鉛）は，ダイヤモンドとは異なり，平面に 6 員環の繰り返された平面巨大分子が層状に結合した構造となっている。この層間の結合は，ファンデルワールス力である。そのため，グラファイトは共有結合結晶と分子結晶の両方の性質をもち，厳密な意味での共有結合結晶ではない。また，グラファイトは軟らかく，薄くはがれや

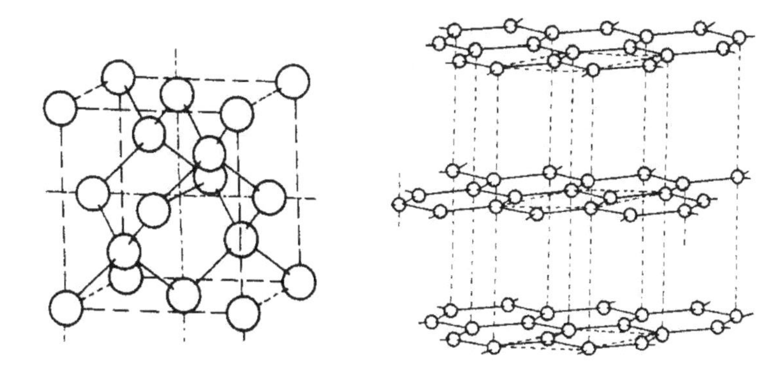

図 14.4　ダイヤモンド（左）とグラファイト（右）の結晶構造

すい。炭素原子は sp^2 混成軌道による σ 結合で，残った1個の π 電子は非局在化して層全体に広がっている。したがって，グラファイトはダイヤモンドと異なり，電気伝導性がある。

また，水晶（SiO_2）も共有結合性結晶であり，各ケイ素原子は4個の酸素原子に取り囲まれている。共有結合性が強いので，この種の結晶は電気伝導性が無く，融点は高い。また，共有結合は方向性を有するので，結晶は変形しにくく硬度が高い。

金属結晶　金属結晶（metallic crystal）は，最外殻電子を失った金属イオンが格子点に配列した構造をしており，金属原子の最外殻電子は非局在性電子（自由電子）となり，結晶全体を動き回って金属イオン（陽イオン）どうしを結びつけている。結晶構造には，方向性のない金属イオンの球体が最も密に充填する最密充填構造とやや隙間の多い体心立方格子などがある。最密充填構造は，空間に同じ大きさの球が最も密に充填したものであり，立方最密充填（面心立方格子）と六方最密充填（六方最密格子）がある（図 14.2，14.5）。

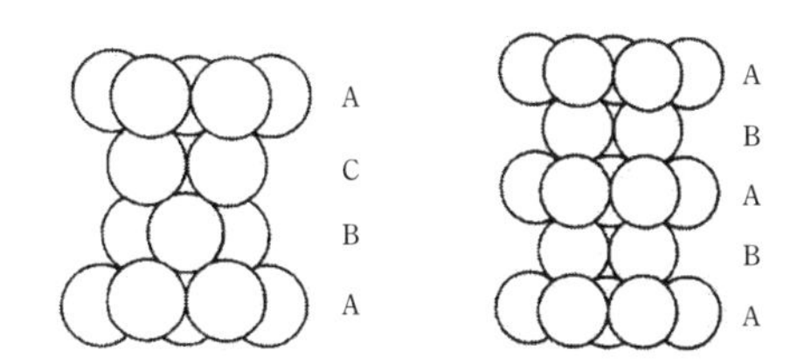

図 14.5　立方最密充填（左）と六方最密充填（右）

金，銀，銅，ニッケル，アルミニウムなどは面心立方格子であり，カドミウム，亜鉛，マグネシウムなどは六方最密格子である。一方，体心立方格子の金属には，バリウム，カリウム，ナトリウムなどがある。また，同一金属でも温度によって構造が変化する場合がある。鉄は，常温では体心立方格子の α 鉄であるが，約 910 ～約 1400℃では面心立方格子の γ 鉄となる。

分子結晶　分子結晶（molecular crystal）では，構成分子運動の自由度が下がり，分子が規則的に配列して格子点を占める固体となる。分子間の結合距離（ファンデルワールス半径）は，共有結合半径より大きく（図 6.3，14.6 参照），ファンデルワールス力により結合する。ただし，分子間の結合力は共有結合やイオン結合と比べて著しく弱いため，融点や沸点は低く昇華しやすい。ドライアイス，ヨウ素，ナフタレン，ショ糖，ブドウ糖などが分子結晶の例である。図 14.7 に，二酸化炭素の結晶であるドライアイスの結晶構造を示す。

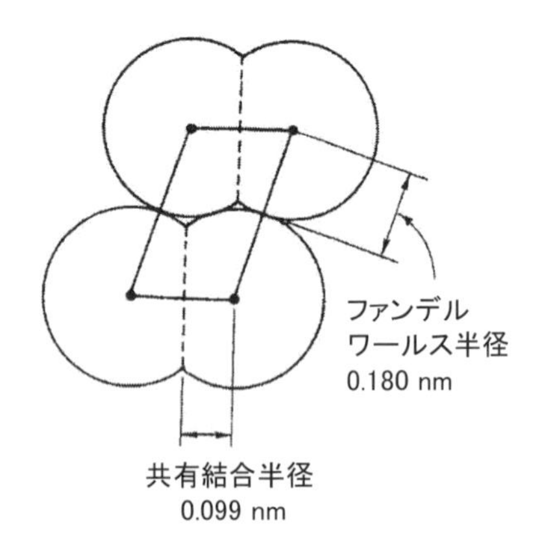

図 14.6　塩素分子（Cl_2）の共有結合半径と分子間のファンデルワールス半径

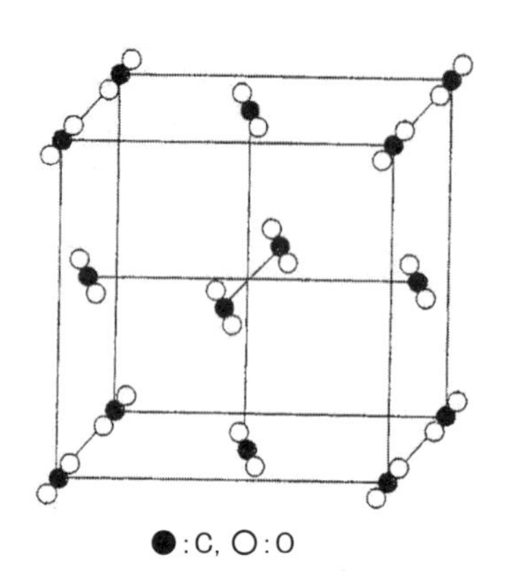

図 14.7　ドライアイスの結晶構造

完全結晶と不完全結晶　完全結晶とは，絶対零度で仮想的に得られるもので，実際の温度では結晶は不完全である。その不完全結晶中に現われる代表的な欠陥として，ショットキー欠陥（Schottky defect）とフレンケル欠陥（Frenkel defect）がある。前者は，イオン結晶において，陽イオンと陰イオンが対になって抜けた場合であり，後者はいずれかのイオンが正規の位置からずれた状態のものである。両欠陥ともに，温度の上昇によって指数関数的にその数は増加する。

14. 2　非晶質固体（アモルファス）

熱力学という学問的立場からは，非晶質固体は過冷却状態にある液体とみなし結晶だけを固体としています。しかし，一般的には非晶質も固体として扱っています。私たちの身の周りにあふれている材料はほとんどが固体状態の物質であり，さらに考えてみれば，ガラスやプラスチックなど量的には非晶質のものが圧倒的に多いことに気がつくことでしょう。物質材料については UNIT Ｘで改めて触れることにします。

非晶質固体（アモルファス固体あるいは無定形固体ともいう）は，特有な外形を示さず，原子・分子あるいはイオンが規則正しく並んでいない固体をいう。融解した結晶を冷却したとき，内部の原子配列が規則性を失って固化したガラスが代表的な例である。図 14.8 に石英（SiO_2, quartz）と石英ガラス（quartz glass）の構造（二次元的）を示す。

非晶質固体は構造的には液体に似ており，過冷却の液体ともいい，一定の融点を持たず徐々に軟化する性質を示す（図 14.9）。ガラスは化学組成により酸化物ガラス，ハロゲン化ガラス，カルコゲン化ガラスなどに分類される。また，金属や合金のガラスである非晶質金属（合金）や非晶質半導体，太陽電池として使用されるアモルファスシリコンなどが近年注目されている。

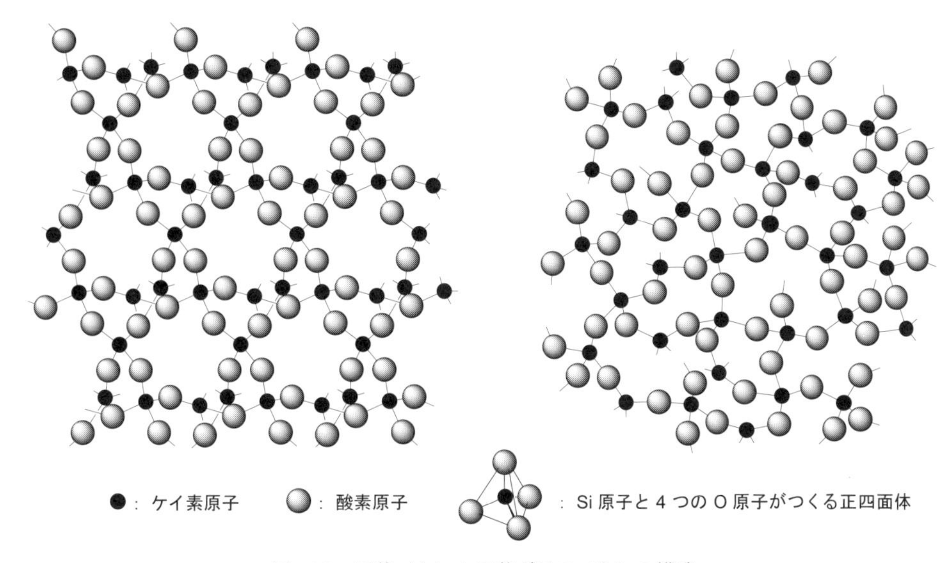

図 14.8　石英（左）と石英ガラス（右）の構造

石英（主成分は水晶の結晶）は規則正しく配列した共有結合の結晶であるが，石英ガラスは不規則な構造になっている。いずれも，重心にケイ素原子，4 つの頂点に酸素原子を配した正四面体をユニットとし，そのユニット同士が 1 つの酸素原子を共有して（酸素原子を介して互いに結合して）連なった構造である。石英は規則正しく配列された共有結合結晶であるが，石英ガラスは不規則な構造になっている。

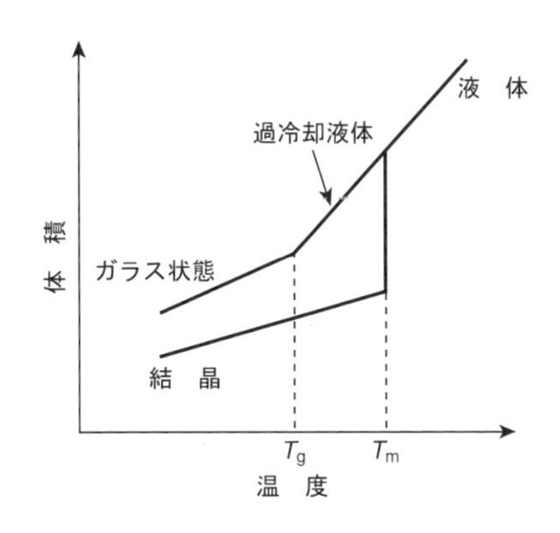

図 14.9　ガラス転移

液体からゆっくりと冷やすと固化して結晶状態になるが，急冷すると過冷却状態を経てガラス状態が固体転移することを示す。その時の温度をガラス転移点（T_g）という。

調査考察課題

1. 塩化ナトリウム結晶の単位格子は，一辺の長さが約 0.564 nm である。図 14.3 の構造を参考にして，塩化ナトリウム結晶の密度を求めよ。
2. 銀の結晶は，一辺が 0.406 nm の面心立方格子である。銀原子の半径はいくらか。ただし，結晶内では原子どうしが密着しているものとする。
3. 身の周りで使われているガラスの化学組成，および用途を調べよ。
4. 一般的にどのような分子構造の物質が急速冷却すると，過冷却状態になり，ガラス状態になりやすいか。
5. これに対して，ゆっくりと冷却すると結晶化しやすいのはどうしてか。
6. ダイヤモンドと石英（水晶）は，共に硬い物質として知られている。両者の結晶構造を比較し，類似点および相違点を述べよ。

質量作用の法則とルシャトリエの原理

これらの呼称は，古くから馴染まれてきたものでしたが，近年では多くの高校化学教科書から排除され他の名称に変えられたりしています。表現が事実にそぐわないという判断からでしょう。しかし，アメリカの教科書などでは，それぞれ“law of mass action”，“Le Chatelier's principle”のまま使われていますから，全く知らないと戸惑うことになるでしょう。

質量作用の法則から求められる平衡定数の式（p.135, 式 15-5）は，濃度で表されているのだから濃度作用と呼んだ方が分かりやすいと思われるかも知れません。しかし，19 世紀はじめ，化学平衡の考えを確立したベルトレ（p.132 コラム参照）が，化学現象を引き起こす動力はすべて物質間の相互引力（つまり親和力）であり，天体間に働く万有引力の源である重力質量と同様，物質間にも化学的質量による引力が作用すると考え「質量作用」という概念を導入しました。17 世紀ニュートンによって確立された一般力学の理論を化学の世界に応用しようとする姿勢が見られます。質量作用の法則を最初に実験的に定式化したのは，ノルウェーのグルベリとヴォーゲで，1864 年のことでした。彼らは 1 mL 中の物質の量（つまり濃度）を「活性質量」と称しています。まだまだニュートン力学の権威（ニュートンパラダイム）の下にあった時代でした。

同様な発想は 19 世紀末まで続いていたようで，1884 年，フランスの H. ルシャトリエらによって報告された化学平衡移動の法則は，化学における「作用・反作用の原理」によると考えられていました。現在では化学熱力学の法則で説明される現象なので法則というべきですが，人の意向に反して事が起こり理論的に説明できない神の意志であるかのように考えられ，ルシャトリエの‘原理（principle）’と呼ばれるようになり，現在でも習慣的に用いられているわけです。サムエルソンという著名な経済学者がこの‘原理’を使って経済動向を説明しようとしたことが知られています。

memo

UNIT Ⅵ 化学平衡論

エジプト，ワジ・ナトルーン湖

岸辺に白く写っているのは食塩で，一部はザラメのように結晶化している。

エジプト・ナイル川デルタ地帯

UNIT VI 各章の構成と到達目標

15章　化学平衡

15.1　化学平衡の概念

・平衡状態の概念を学び，化学反応の進行の程度を動的平衡という観点から考えられるようになること

15.2　質量作用の法則

・反応物と生成物の濃度を用いた質量作用の法則と平衡定数を理解すること

15.3　ルシャトリエの原理（平衡状態の変化）

・化学平衡の移動に影響を及ぼす反応因子について理解すること

16章　溶解と沈殿

16.1　溶解平衡

・電解質の溶解に関わる溶解平衡を学び，溶解度積の理論を理解すること

16.2　沈殿の生成

・溶解度積の理論を用いて，沈殿の生成条件を説明できるようになること

16.3　共通イオン効果

・共通イオン効果とは，どのような現象かを理解すること

・沈殿の生成におよぼす共通イオン効果の影響について，説明できるようになること

化学平衡発見の湖

エジプトのカイロからアレキサンドリアへの沙漠道路を約150 km走るとワジ・ナトルーンと呼ばれる塩湖が現れる（前頁地図）。これがナトリウム（ドイツ語）の語源となった湖として知られる。極乾燥地のため激しい水分蒸発により湖水は食塩で飽和され，その湖岸は一面に塩（一部はザラメ状）で覆われている。ところが，ある特定の場所からだけソーダ（炭酸ナトリウム，ドイツ語ではナトロン）が採れ，古代エジプトにおいてミイラの乾燥に用いられていた。また，石けんやガラスの原料としても使われていた。泥石けんというのは今でも売られている。

その箇所は，石灰石が露出しているため，当量反応とは逆に，次の化学平衡

$$CaCO_3 + 2\,NaCl \rightleftharpoons Na_2CO_3 + CaCl_2$$

が右に移行してソーダが生成したと説明される。この発見は，実験室的に石灰石を食塩水で湿らせると表面に風解による白華が生ずることから確かめられた。この異常な現象に疑問を持ち，今日の化学平衡の考えを提唱したのが，フランスの化学者ベルトレ（ナポレオンのエジプト遠征（1798年）に同行した）であった。

ワジ・ナトルーンは，ナトリウムの語源ばかりでなく化学平衡論の発見のきっかけとなった湖だったのである。

15章　化学平衡

15.1　化学平衡の概念

物質どうしが反応して別の物質が生成するとき，その反応は原料物質が完全になくなるまで続くのでしょうか，あるいは途中で止まるのでしょうか？　また，いったん生成物ができると，その逆向きの反応，すなわち生成物が反応物に分解する反応は起こらないのでしょうか？　化学反応がどの程度まで進行するのかは，「化学平衡」という観点で取り扱うことができます。化学反応を定量的に観察して，その反応がどの程度まで進行するのかを考えてみましょう。

平衡状態

平衡状態には物理平衡（physical equilibrium）と化学平衡（chemical equilibrium）があり，密閉容器に入れた水と水蒸気の間の気液平衡（11.1.3参照）を含む相平衡（phase equilibrium）は前者に分類される。ここでは，感覚的に理解しやすいので，一定温度に保たれた密閉容器内の水の蒸発を例にして平衡状態を考えよう。まず，容器に入れられた水はただちに蒸発し，容器内部の空間は水蒸気で満たされていく。やがて，水の蒸発は停止して，水の量も水蒸気の量も一定となる状況が観察される。このとき，水の蒸発は完全に停止したのであろうか？　実際には，水の蒸発と水蒸気の凝縮が同時に起きており，毎秒あたりに蒸発する水分子と凝縮する水蒸気の分子の数が等しくなった状態が保たれている。

このように，正方向と逆方向の反応が同時に起こり，両者が同じ速度で進行するためにお互いの変化を打ち消しあっている状態を平衡状態という。

可逆反応

前項で述べた平衡状態を，化学反応の例で考えてみよう。密閉容器に水素 H_2 とヨウ素 I_2 の等モル混合物を入れて加熱すると，(15-1) 式のように反応してヨウ化水素 HI が生成する。時間の経過と共に HI の生成量が増加してくると，今度は HI どうしの衝突により (15-2) 式のような HI の分解反応が起こり H_2 と I_2 が生成する。

$$H_2 + I_2 \longrightarrow 2HI \tag{15-1}$$

$$2HI \longrightarrow H_2 + I_2 \tag{15-2}$$

このように，逆方向の反応が起こりうるとき，この反応を可逆反応（reversible reaction）といい，次のように⇄を使って記す。

$$H_2(g) + I_2(g) \rightleftarrows 2HI(g) \tag{15-3}$$

(15-3) 式において，左辺から右辺への化学変化を正反応（forward reaction），右辺から左辺への化学変化を逆反応（reverse reaction）という。また，物質の状態を示すために，気体，液体，固体を各々 (g)，(l)，(s) で表す。

動的平衡　(15-3) 式の反応における，反応物（H_2，I_2）および生成物（HI）の物質量の変化と反応の速さの経時変化を図 15.1 に示す。反応時間の経過とともに，生成物の量が増加して反応物の量は減少する。いったん HI が生成すると同時にその分解反応が始まり，時間 t で HI の生成反応とその分解反応の速さが等しくなる。この時点で，見かけ上反応は止まったような状態になる。これを化学平衡の状態あるいは平衡状態といい，この時点で生成物と反応物は一定の量で共存している。もし，反応している原子を個々に識別することができるならば，反応物と生成物を構成している原子は絶えず入れ替わっていることがわかるだろう。このように，反応は起こりつづけているが，外見上の変化は認められない状態を動的平衡（dynamic equilibrium）という。

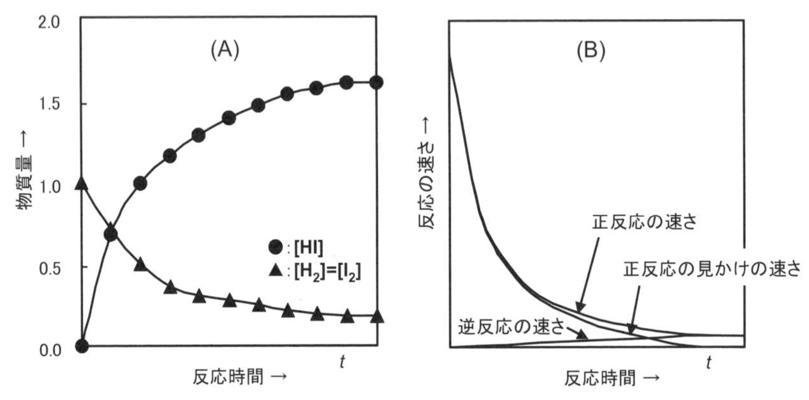

図 15.1　反応温度 600 K において，$H_2 + I_2 \rightleftarrows 2HI$ の反応が平衡状態になるまでの物質量の変化（A）と反応の速さの変化（B）

15. 2　質量作用の法則

正反応と逆反応の速さが等しくなったときに，化学反応は平衡に達します。そして，反応物と生成物の濃度から平衡に達したことが確認できます。この節では，反応物と生成物の濃度が平衡状態にどのように関わっているのか，またそれらの濃度と平衡状態を関連づける「質量作用の法則」について学びます。ところで，この「質量の作用」という呼び方を奇異に思いませんか？　この関係は，1867 年にノルウェーの化学者グルベルグとヴォーゲにより導かれたものです。当時は，ニュートンによる力学の理論を粒子間の反応に適用しようとして，粒子の質量による引力が反応性を支配しているのではないかと考えていたからです。歴史を留めた呼び方であると理解すればいいでしょう。

平衡定数　次のような可逆反応を考える。

$$aA + bB \rightleftarrows cC + dD \tag{15-4}$$

この反応が平衡状態にあるとき，成分 A，B，C，D のモル濃度（$mol\ L^{-1}$）を各々 [A]，[B]，[C]，[D] とすると，各々の反応係数をべき数とした (15-5) 式に示す関係が成り立つ。これを質量作用の法則（law of mass action）あるいは化学平衡の法則といい，K_c を平衡定数（equilibrium constant）あるいは濃度平衡定数と呼ぶ。K_c は反応に特有の定数で，温度が一定のときは反応開始時の物質の濃度に関係なく一定の値となる。

$$K_c = \frac{[C]^c[D]^d}{[A]^a[B]^b} \tag{15-5}$$

例題 15-1　平衡定数の式のたて方

次の反応が平衡状態にあるとき，平衡定数を表す式を示せ。

$$H_2(g) + I_2(g) \rightleftarrows 2HI(g)$$

1. 分　析　　平衡状態にある可逆反応の反応式が与えられている。

2. 計　画

① 平衡定数の算出には，反応物と生成物のモル濃度および反応係数を用いる。

② 反応係数は，各物質のモル濃度のべき数にする。

3. 解　答

$$K_c = \frac{[HI]^2}{[H_2][I_2]}$$

4. チェック　　与えられた反応式の生成物のモル濃度が分子に，反応物のモル濃度が分母にあることを確認する。反応物は2種類あるので，各濃度の積となることに注意する。次に，HIの反応係数が2であることから K_c を表す式の分子は［HI］^{2} となり，分母となる［H_2］と［I_2］の反応係数は1であることからべき数の記載は省略する。

例題 15-2　平衡定数から濃度の求め方

1.0 mol の酢酸 CH_3COOH に 2.0 mol のエタノール C_2H_5OH を加え，100 ℃で反応させた。反応が平衡に達したとき，何 mol の酢酸エチル $CH_3COOC_2H_5$ が生成するか。ただし，同温度における平衡定数 K_c は 4.0 とする。

1. 分　析　　反応前の CH_3COOH と C_2H_5OH の物質量，および反応温度における K_c が与えられている。

2. 計　画

① 反応式をつくる。

② 生成する $CH_3COOC_2H_5$ の物質量を n mol として，K_c を求める式をつくる。

③ 与えられた K_c を用いて，②で得られた式から $CH_3COOC_2H_5$ の生成量を算出する。なお，平衡に達した混合物の体積は V L とする。

3. 解　答

反応式	CH_3COOH	+	C_2H_5OH	$\rightleftarrows$	$CH_3COOC_2H_5$	+	H_2O
反応前 (mol)	1.0		2.0		0		0
変化量 (mol)	$-n$		$-n$		$+n$		$+n$
平衡時 (mol L^{-1})	$(1.0-n)/V$		$(2.0-n)/V$		n/V		n/V

$$K_c = \frac{[CH_3COOC_2H_5][H_2O]}{[CH_3COOH][C_2H_5OH]} = \frac{(n/V)^2}{(1.0 - n)/V \times (2.0 - n)/V} = 4.0$$

$$\therefore \quad 3n^2 - 12n + 8 = 0, \quad n = 3.2,\ 0.85$$

題意より $0 \leqq n \leqq 1$ であるから，$CH_3COOC_2H_5$ の生成量は 0.85 mol となる。

4．**チェック**　$CH_3COOC_2H_5$ の生成量が 0.85 mol であるときの K_c を求めてみる。前項の K_c を求める式に，平衡時の CH_3COOH，C_2H_5OH，$CH_3COOC_2H_5$ および H_2O の物質量を代入すると $K_c = 4.2$ が得られる。これは問題文で与えられた値とほぼ等しく，$CH_3COOC_2H_5$ の生成量が正しいことがわかる。

均一系と不均一系の様々な平衡反応

例題 15-1 で示した化学平衡は，物質の状態として気体だけが関わる反応であった。このように，ある反応の平衡状態に関わる全ての物質が同一相であるとき，この平衡を均一系（homogeneous system）の平衡という。これに対して，固体と気体など 2 つ以上の相が関わる場合を不均一系（heterogeneous system）の平衡とよび，(15-6) 式に示す塩化アンモニウムの分解反応などがある。

$$NH_4Cl\ (s) \rightleftarrows NH_3\ (g) + HCl\ (g) \qquad (15\text{-}6)$$

この場合，固体の濃度（正確には**活量***）は 1 とし，平衡定数は (15-7) 式のように表される。

$$K_c = [NH_3][HCl] \qquad (15\text{-}7)$$

圧平衡定数

反応物質と生成物質がともに気体である場合は，気体のモル濃度が分圧に比例するので，(15-5) 式のモル濃度の代わりに分圧を使う場合がある。分圧を使った場合の平衡定数は圧平衡定数 K_p といい，次のような反応を考える。

$$aA\ (g) + bB\ (g) \rightleftarrows cC\ (g) + dD\ (g) \qquad (15\text{-}8)$$

物質 A，B，C，D がいずれも気体で，(15-8) 式の反応が平衡状態にあるとき，成分 A，B，C，D の分圧を各々 P_A，P_B，P_C，P_D とすると，(15-9) 式に示す関係が成り立つ。

$$K_P = \frac{{P_C}^c \cdot {P_D}^d}{{P_A}^a \cdot {P_B}^b} \qquad (15\text{-}9)$$

K_p も K_c と同様に反応に特有の定数で，温度が一定のときは反応開始時の物質の濃度に関係なく一定の値となる。また，ある平衡状態における K_p と K_c の関係は反応前後の気体の物質量によって異なる。例えば，例題 15-1 のような反応前後で物質量の合計が等しい反応では，K_p と K_c の値は等しい。

これに対して，反応の前後で物質量の合計が異なる場合は，K_p と K_c の値は異なり，両者の関係は，例えば次のようにして求めることができる。

***活量**：活動度ともいう。濃度の一種で，理想溶液や理想気体の混合物ではモル分率に等しい。純粋な固体や希薄溶液の溶媒の活量は 1 とみなす。理想気体とみなせる気体や希薄溶液の溶質の活量には，モル濃度を代用することができる。

$$2\,CO_2\,(g) \rightleftarrows 2\,CO\,(g) + O_2\,(g) \tag{15-10}$$

すなわち，温度がTで体積がVの反応容器に，CO_2，CO，O_2が各々n_{CO_2}，n_{CO}，n_{O_2}モル含まれた状態で平衡にあるとすると，各気体の分圧P_{CO_2}，P_{CO}，P_{O_2}は，次のようになる（Rは気体定数）。

$$P_{CO_2} = [n_{CO_2}]RT,\quad P_{CO} = [n_{CO}]RT,\quad P_{O_2} = [n_{O_2}]RT\ (\because n/V = [n])$$

したがって，K_PとK_cの関係は次のようになる。

$$K_P = \frac{P_{CO}{}^2 \cdot P_{O_2}}{P_{CO_2}{}^2} = \frac{([n_{CO}]RT)^2 \cdot [n_{O_2}]RT}{([n_{CO_2}]RT)^2} = \frac{[n_{CO}]^2 \cdot [n_{O_2}]}{[n_{CO_2}]^2}RT = K_c RT \tag{15-11}$$

ただし，(15-11) 式のK_PとK_cの関係式は反応の種類（反応物と生成物の物質量の比）によって異なることに注意しなければならない。

15.3　ルシャトリエの原理（平衡状態の変化）

いったん平衡状態に達した可逆反応でも，いろいろな条件を変えることによって，再びいずれの方向にも反応を進めることができます。すなわち，はじめとは違う新しい平衡状態にすることが可能であり，この現象を平衡の移動といいます。1884年，フランスのルシャトリエが平衡移動の方向と反応条件との関係について発表しました。これをルシャトリエの原理（Le Chatelier' s principle），あるいは平衡移動の原理といいます。ルシャトリエの原理とは，「平衡状態にある系の反応物や生成物の濃度，そして圧力や温度などの条件を変えると，変えられた条件の影響を打ち消す方向に平衡が移動して，新しい平衡状態になる」というものです。

濃度変化と平衡移動

例として，窒素N_2と水素H_2からアンモニアNH_3が生成する反応を考えよう。

$$N_2\,(g) + 3\,H_2\,(g) \rightleftarrows 2\,NH_3\,(g) \tag{15-12}$$

この反応が一定体積の容器中で平衡状態にあるとき，反応物のN_2やH_2を加えると正反応が起こり，新しい平衡状態になる。また，生成物のNH_3を加えると逆反応が起こり，やはり新しい平衡状態になる。いずれも新たに加えられた物質の濃度を減少させる方向に反応は進行する。一方，生成物のNH_3の一部を取り除くと正反応が起こり，新しい平衡状態になる。この場合は，取り除かれた物質の濃度を増加させる方向に反応は進行する。

可逆反応が平衡状態にあるとき，その反応に関係する物質の濃度を増加させると，増加した物質の濃度が減少する方向に平衡が移動する。一方，逆にある物質の濃度を減少させると，その物質の濃度が増加する方向に平衡が移動する。ただし，いずれの場合でも平衡は移動するが，平衡定数の値は一定で変化しない。

圧力変化と平衡移動

例として，四酸化二窒素N_2O_4と二酸化窒素NO_2の平衡状態を考えよう。

$$N_2O_4\,(g) \rightleftarrows 2\,NO_2\,(g) \tag{15-13}$$

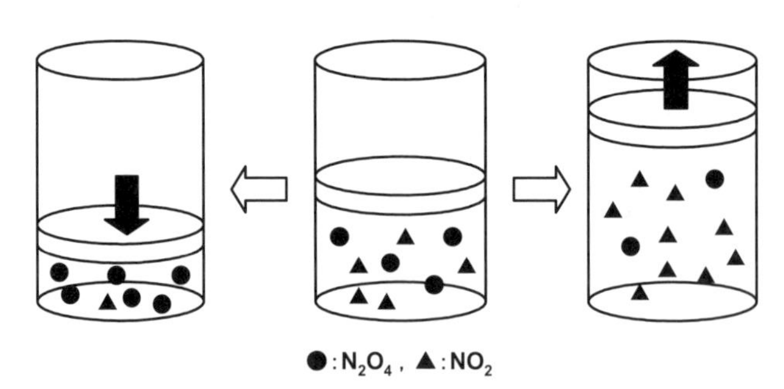

図 15.2　N_2O_4 (g) ⇄ $2NO_2$ (g) の反応における加圧時（左）と減圧時（右）の気体分子の様子

図 15.2 に示す体積変化が可能なピストン式の容器で，N_2O_4 と NO_2 の混合気体が平衡状態にあるとする。温度を変えずに，ピストンを動かして容器の体積を変化させたとき，平衡はどのように移動するだろうか。

ピストンを押し下げて容器の体積を減少させたとき，すなわち混合気体の全圧を高くすると，逆反応が起こって新しい平衡状態になる。一方，ピストンを引き上げて容器の体積を増加させたとき，すなわち混合気体の全圧を低くしたときは，正反応が起こって新しい平衡状態になる。何故，この反応では加圧すると逆反応が起こり，また減圧すると正反応が起こるのだろうか。

ルシャトリエの原理によると，平衡状態にある系の反応条件を変えた場合，変えられた条件の影響を打ち消す方向に平衡が移動する。すなわち，気体が加圧されたときは，その圧力を減少させる方向に平衡は移動する。気体の圧力が分子の数に比例することは気体の状態方程式からも明らかであり，気体が加圧されたときはその圧力を減少させる方向，すなわち分子数の減少する方向に平衡は移動する。一方，減圧されたときは，その圧力を増加させる方向，すなわち分子数が増加する方向に平衡は移動する。(15-13) 式の両辺の分子の数を比較すれば，平衡の移動する方向がわかるだろう。ただし，加圧・減圧いずれの場合でも平衡は移動するが，平衡定数の値は変化しない。また，(15-3) 式の反応のように，反応式の両辺で気体分子数の合計が等しい化学平衡は，圧力の影響を受けない。

(15-13) 式の反応において，1 mol の N_2O_4 が解離度 α で平衡状態にあるとき，N_2O_4 と NO_2 の物質量は各々 $(1-\alpha)$ mol および 2α mol となる。このときの全圧を P とすると，N_2O_4 および NO_2 の分圧 $P_{N_2O_4}$ および P_{NO_2} は次のようになる。

$$P_{N_2O_4} = \frac{1-\alpha}{1+\alpha} \times P,\ \ P_{NO_2} = \frac{2\alpha}{1+\alpha} \times P$$

したがって，圧平衡定数 K_p は

$$K_p = \frac{(P_{NO_2})^2}{P_{N_2O_4}} = \frac{4\alpha^2}{1-\alpha^2} \times P$$

$$\therefore \alpha = \sqrt{\frac{K_p}{4P + K_p}} \qquad (15\text{-}14)$$

(15-14) 式より，圧力 P を大きくすると，解離度 α が小さくなり N_2O_4 が増加する。すなわち，加圧すると逆反応が起こる。これに対して，圧力 P を小さくすると，解離度 α が大きくなり NO_2 が増加する。すなわち，減圧すると正反応が起こる。

温度変化と平衡移動　ルシャトリエの原理から予想すると，平衡状態にある系の温度を上げると平衡は吸熱反応の方向に移動し，温度を下げると発熱反応の方向に平衡は移動する。実際には，加熱により温度が上昇すると，発熱反応の平衡定数は減少し，吸熱反応の平衡定数は増加する。また，冷却により温度が降下した場合には，発熱反応の平衡定数は増加し，吸熱反応の平衡定数は減少する。すなわち，温度を変化させることにより予想どおりの方向に平衡は移動する。このように，平衡定数は温度の変化にともなって変わり，先に述べた反応物や生成物の濃度変化や圧力変化が平衡を移動するだけで，平衡定数を変化させなかったこととは異なる。表 15.1 に，(15-15) 式，(15-16) 式の熱化学方程式で示される反応における平衡定数と温度の関係を示す。熱化学方程式においては，発熱量，吸熱量をエンタルピー変化 $\Delta H°$ で表す (20.1 参照)。ヨウ化水素の生成反応 (15-15) 式は，正反応が発熱反応 ($\Delta H° < 0$) であるため，温度が高くなると平衡定数 K_c は小さくなる。すなわち，加熱により吸熱反応の向きに平衡が移動する。一方，二酸化炭素の還元反応 (15-16) 式は，正反応が吸熱反応 ($\Delta H° > 0$) であるため，温度が高くなると平衡定数 K_c は大きくなり，加熱により正反応の向きに平衡が移動する。

$$H_2(g) + I_2(g) \rightarrow 2\,HI(g) \qquad \Delta H° = -9.3\,kJ \tag{15-15}$$

$$CO_2(g) + H_2(g) \rightarrow CO(g) + H_2O(g) \qquad \Delta H° = +41.2\,kJ \tag{15-16}$$

表 15.1　発熱反応および吸熱反応における平衡定数の温度による変化

温　度／K	(16-15) 式の K_c	(16-16) 式の K_c
400	197	6.76×10^{-4}
800	37.2	0.248
1200	20.5	1.44

アンモニア合成と化学平衡　1913 年，ドイツの化学者ハーバーとボッシュにより，アンモニアの工業的合成法が確立した (UNIT VIII 扉参照)。これは，高温・高圧条件下で窒素 N_2 と水素 H_2 から直接アンモニア NH_3 を合成する方法で，ハーバー・ボッシュ法 (Haber-Bosch process) といわれる。この反応は，次の熱化学方程式で示される。

$$N_2(g) + 3\,H_2(g) \rightarrow 2\,NH_3(g) \qquad \Delta H° = -92.2\,kJ \tag{15-17}$$

(15-17) 式の熱化学方程式から，アンモニアの合成に有利な反応条件を考えてみよう。ルシャトリエの原理を用いて，与えられた熱化学方程式から平衡を右辺に移動させる条件を選ぶと，次の 3 点があげられる。

① 生成したアンモニアを除去する。

② 圧力を高くする。

③ 平衡状態の混合物を冷却する。

工業的には，平衡状態の気体混合物を冷却することにより，アンモニアだけを液体として取り出す (前記①の条件)。また，前記②および③の条件より，圧力は高いほど，温度は低いほどアンモニアの生成には有利であるが，高圧に耐える装置が高価なことや，温度が低い場合には反応が平衡に達するまでに長時間を必要とすることなどの問題がある。そこで，実際には鉄系の触媒 (Fe_3O_4 など) を用いて，反応は 200 ～ 1000 atm，400 ～ 600 ℃の条件で行われる。

以上のアンモニアを合成するときの工業的な反応条件は，平衡定数と反応速度が無関係であることを示している。触媒の添加により反応速度を高めることはできるが平衡定数は変わらない（触媒については19.3参照）。

例題15-3　ルシャトリエの原理の応用

次の熱化学方程式で示される反応が平衡状態にあるとき，平衡を右辺に移動するための条件を考えよ。

$$CO\ (g) + 1/2\ O_2\ (g) \rightarrow CO_2\ (g) \qquad \Delta H^\circ = -283\ kJ$$

1. **分　析**　可逆反応の熱化学方程式が与えられている。

2. **計　画**

① 検討する反応条件は，物質の濃度，圧力および温度の3つとする。

② ルシャトリエの原理を用いて，平衡を右辺に移動させる条件を探す。

3. **解　答**

① COあるいはO_2，およびそれら両者を加えるか，CO_2を除去する。

② 混合物の圧力を高くする。

③ 混合物を冷却する。

4. **チェック**

① 反応物の濃度を増加させるか，あるいは生成物の濃度を減少させることにより，平衡は右辺に移動する。

② 反応物と生成物の物質量を比較すると，反応物が1.5 molで生成物が1 molである。したがって，混合物の加圧により平衡は右辺に移動する。

③ 熱化学方程式よりCO_2の生成反応は発熱反応であることから，混合物を冷却することにより平衡は右辺に移動する。

調査考察課題

1. 平衡状態とはどのような状態か説明せよ。
2. 平衡状態に至るまでに，反応の速さはどのように変化するか。図15.1に示す水素とヨウ素の反応を例にして考えよ。
3. 身のまわりにある「動的平衡」の現象を探してみよ。
4. ある温度における，次の反応の平衡定数はK_cである。

$$aA + bB \rightleftharpoons cC + dD$$

この反応の反応時間tにおける$\dfrac{[C]^c[D]^d}{[A]^a[B]^b}$の値が$Q_t$であるとき，

次の問に答えよ。

① 反応初期で平衡に達していないとき，Q_tとK_cの大小関係はどのようになっていると考えられるか。

② Q_tとK_cの大小関係がどのようになったときに，この反応が平衡状態に達したといえるか。

③ この反応が平衡に達した後に生成物を除去したところ，著しい正反応の進行が認められた。再び反応が平衡に達したときのQ_tとK_cの大小関係はどのようになっていると考えられるか。

④ 反応物が多く残る反応と少ししか残らない反応では，K_cの値はどのような傾向があると考えられるか。

⑤ 反応物と生成物がいずれも全て気体であり，さらに平衡状態における反応前後の物質量が等しい場合，圧平衡定数K_pと濃度平衡定数K_cが等しくなることを証明せよ。

5. 「ルシャトリエの原理」とは何かを説明せよ。
6. 濃度，圧力，および温度の変化が化学平衡にどのように影響するかまとめよ。

16章　溶解と沈殿

16.1　溶解平衡

水溶液の中で固体物質が溶けきれずに残っている状態では，どのような現象が起きているのでしょうか？　また，物質がこれ以上溶けないという限界は，どのような数値で表したらよいのでしょうか？　私たちの身の周りにある物質の中で，イオン結晶に代表される電解質は特殊で重要な溶解挙動を示します。この章では，難溶性塩を例にした電解質の溶解平衡について学びましょう。

溶解と析出

固体の溶質を液体の溶媒に入れたとき，溶質が溶解して溶液という均一な組成の混合物ができる。ただし，溶質を多量に加えるとその一部は溶けきれずに残る。このとき，残った溶質の表面付近では溶液への溶解（dissolution）と溶液からの析出（deposition）が同時に起こっている。溶解と析出の速さが等しくなった状態を溶解平衡といい，この状態の溶液を飽和溶液（saturated solution）という。

通常，ショ糖のような非電解質は溶液中で分子のまま分散し，その溶解度は，少量であれば他の物質の溶解によって大きく変化することはない。一方，塩化ナトリウムのような電解質は，溶解により陽イオンと陰イオンに電離するため，その溶解度は共通のイオンをもつ他の物質の溶解によって大きな影響を受ける。特に，難溶性塩の場合はそれ自身の溶解度が小さいので，共通イオンの影響は顕著となる。電解質の溶解におよぼす共通イオンの影響について学ぶ前に，まず難溶性塩を例とした溶解平衡について考えよう。

塩化銀 AgCl の水に対する溶解度は非常に小さく，また溶解している分は全てイオンに電離していると考えてよい。したがって，その溶解反応は（16-1）式のように表される。

$$\mathrm{AgCl\,(s) \rightarrow Ag^{+}\,(aq) + Cl^{-}\,(aq)} \tag{16-1}$$

ここで，(aq) は水溶液の状態を示す。溶解度以上の AgCl を加えた場合には，（16-2）式に示す逆反応も起こり，全体として（16-3）式の溶解平衡の状態となる。このとき，温度が一定ならば Ag^{+} と Cl^{-} の濃度は一定の値を示す。

$$\mathrm{Ag^{+}\,(aq) + Cl^{-}\,(aq) \rightarrow AgCl\,(s)} \tag{16-2}$$

$$\mathrm{AgCl\,(s) \rightleftharpoons Ag^{+}\,(aq) + Cl^{-}\,(aq)} \tag{16-3}$$

析出：一般には，液相から固相が発生することをいう。溶液の冷却などにより溶質の固体が生じる場合（再結晶），沈殿反応により固体が生成する場合，電解液から電極上に固体が沈着する場合（電析）などがある。

溶解度積 溶解平衡においても，前章で学んだ化学平衡の法則を適用することができ，次の（16-4）式が成り立つ。ここでも，分母の［AgCl］は純粋な固体の濃度（活量）に相当するので1としてよい。そこで，平衡定数 K_c を（16-5）式のように書きかえて，あらためて溶解度積（solubility product）K_{sp} と定義する。ただし，濃度はモル濃度である。

$$K_c = \frac{[Ag^+][Cl^-]}{[AgCl]} \quad (16\text{-}4)$$

$$K_{sp} = [Ag^+][Cl^-] \quad (16\text{-}5)$$

一般式 A_mB_n の難溶性塩を水に溶かしたときの溶解平衡を（16-6）式とすると，その K_{sp} は（16-7）式で示される。

$$A_mB_n\,(s) \rightleftarrows mA^{n+}\,(aq) + nB^{m-}\,(aq) \quad (16\text{-}6)$$

$$K_{sp} = [A^{n+}]^m[B^{m-}]^n \quad (16\text{-}7)$$

ここで，K_{sp} は A_mB_n と共存可能な A^{n+} と B^{m-} の濃度の最大値に関係していることがわかる。また，K_{sp} は温度が一定のときは一定の値を示し，電解質の溶解度を表すときに用いられる。

例題 16-1 溶解度積の求め方

次の溶解平衡から，フッ化カルシウム CaF_2 の溶解度積を表す式を示せ。

$$CaF_2\,(s) \rightleftarrows Ca^{2+}\,(aq) + 2\,F^-\,(aq)$$

1. **分　析**　溶解平衡の反応式が与えられている。
2. **計　画**
   ① 溶解度積の算出には，生成イオンのモル濃度および反応係数を用いる。
   ② 反応係数は，各イオンのモル濃度のべき数にする。
   ③ 固体の濃度（活量）は1とする。
3. **解　答**
   $K_{sp} = [Ca^{2+}][F^-]^2$
4. **チェック**　与えられた反応式から，難溶性塩が陽イオンと陰イオンに電離していることがわかる。K_{sp} を求める式には右辺にあるイオンのモル濃度が用いられていること，またそれらの積となっていることを確認する。さらに，F^- の反応係数が2であることから，F^- の項は［F^-］^{2} となることに注意する。

溶解度積と溶解度 溶解度積 K_{sp} は，温度を一定とした平衡状態の飽和溶液に含まれる各イオンの濃度を測定することによって求めることができる。すなわち，溶解度積は溶解度（solubility）から算出できる。例えば，前出の AgCl の溶解度は25℃で 1.3×10^{-5} mol L^{-1} であるから，その溶解度積は（16-8）式で求められる。ただし，慣例として溶解度積に単位を付けないこともある。組成比によって単位が変わるからである。

$$K_{sp} = [Ag^+][Cl^-]$$
$$= (1.3 \times 10^{-5}) \times (1.3 \times 10^{-5})$$
$$= 1.7 \times 10^{-10}\,(\mathrm{mol\ L^{-1}})^2 \tag{16-8}$$

ここで，(16-6) 式の溶解平衡となる塩 A_mB_n の溶解度を S mol L^{-1} としたとき，溶解度積はどのように表されるかを考えよう。まず，溶液中の各々のイオン濃度は (16-9) 式で表される。

$$[A^{n+}] = mS\ \mathrm{mol\ L^{-1}},\ [B^{m-}] = nS\ \mathrm{mol\ L^{-1}} \tag{16-9}$$

これを (16-7) 式に代入すると，(16-10) 式に示す K_{sp} と S の関係が得られる。

$$K_{sp} = (mS)^m \times (nS)^n = m^m n^n S^{m+n}\,(\mathrm{mol\ L^{-1}})^{(m+n)} \tag{16-10}$$

代表的な難溶性塩の溶解度積の値を表 16.1 に示す（単位の部分は省略する）。

表 16.1　難溶性塩の溶解度積（25℃）

塩	溶解度積	塩	溶解度積
$AgCl$	1.6×10^{-10}	CuS	6.3×10^{-36}
Ag_2SO_4	1.2×10^{-5}	$Fe(OH)_2$	1.8×10^{-15}
$Al(OH)_3$	2×10^{-32}	$Fe(OH)_3$	4×10^{-38}
$BaCrO_4$	2.0×10^{-10}	$Mg(OH)_2$	8.9×10^{-12}
$BaSO_4$	1.1×10^{-10}	$PbCl_2$	1.6×10^{-5}
$CaCO_3$	8.7×10^{-9}	$PbCrO_4$	2×10^{-14}
$Ca(OH)_2$	1.3×10^{-6}	PbS	7×10^{-29}
$Ca_3(PO_4)_2$	2×10^{-29}	$Zn(OH)_2$	4.5×10^{-17}
$CaSO_4$	2.4×10^{-5}	ZnS	2.5×10^{-22}

例題 16-2　溶解度積の計算

25℃における水酸化マグネシウム $Mg(OH)_2$ の飽和水溶液がある。この溶液の Mg^{2+} 濃度が 1.3×10^{-4} mol L^{-1} であるとき，同温度での $Mg(OH)_2$ の溶解度積 K_{sp} はいくらになるか。

1. **分　析**　水に溶解している化合物と飽和時の陽イオンのモル濃度が与えられている。
2. **計　画**
   ① $Mg(OH)_2$ の溶解平衡の反応式をつくる。
   ② ①より $Mg(OH)_2$ の溶解度積を表す式をつくる。
   ③ 与えられたイオンの濃度より，溶解平衡に関係する全てのイオンの濃度を求め，これらを②で求めた式に代入する。
3. **解　答**
   ① $Mg(OH)_2\,(s) \rightleftharpoons Mg^{2+}\,(aq) + 2OH^-\,(aq)$
   ② $K_{sp} = [Mg^{2+}][OH^-]^2$
   ③ 題意より，$[Mg^{2+}] = 1.3 \times 10^{-4}$ mol L^{-1}
   また①の反応式より，$[OH^-] = 2 \times 1.3 \times 10^{-4} = 2.6 \times 10^{-4}$ mol L^{-1}
   $\therefore K_{sp} = (1.3 \times 10^{-4}) \times (2.6 \times 10^{-4})^2$

$= 8.8 \times 10^{-12}$

4. **チェック**　与えられたのが $Mg(OH)_2$ 飽和水溶液における Mg^{2+} の濃度であり，同溶液に含まれる OH^- のモル濃度は Mg^{2+} 濃度の 2 倍になることに注意する。また，溶解度積が OH^- 濃度の 2 乗に比例することにも気をつけること。

16. 2　沈殿の生成

水に溶けやすい物質と溶け難い物質を見分けたり，溶液から溶質を析出させたりすることはできるのでしょうか？　また，異なる溶液を混ぜたときに，沈殿が生成するかどうかを判断するには，どうしたらよいのでしょうか？　これらの疑問を解決するために，溶解度積に関してもう少し深く考えてみましょう。きっと，よい方法が見つかります。

過飽和溶液からの溶質の析出

イオン結晶の溶解平衡は，溶け残った溶質の表面付近において，溶液へのイオンの溶出と溶液からの溶質の析出が同じ速度で起こっている状態であり，このときの溶液は飽和溶液（saturated solution）となっている。これに対して，溶解度以上の溶質が溶けている溶液は過飽和溶液（supersaturated solution）とよばれ，不安定で非平衡の状態にある。過飽和の状態は，高温の溶液が冷却される過程などで一時的に認められるが，溶液から溶質が析出することによって溶解平衡の状態に戻る。塩 A_mB_n が溶解平衡の状態にあるとき，溶液中の A^{n+} と B^{m-} のモル濃度から求めた $[A^{n+}]^m[B^{m-}]^n$ の値が溶解度積 K_{sp} になることを前項で学んだ。さまざまな溶液の $[A^{n+}]^m[B^{m-}]^n$ の値はイオン積（ion product）といわれ，過飽和溶液では K_{sp} を超えるが，やがて溶質が析出することにより溶液中のイオン濃度が低下して K_{sp} に等しくなる。すなわち，(16-11) 式に示す $[A^{n+}]^m[B^{m-}]^n$ と K_{sp} の大小関係により，溶質の析出が予測できる。

$$K_{sp} > [A^{n+}]^m[B^{m-}]^n \text{ のとき } \Rightarrow A_mB_n \text{ は析出しない}$$
$$K_{sp} = [A^{n+}]^m[B^{m-}]^n \text{ のとき } \Rightarrow A_mB_n \text{ の飽和溶液である} \qquad (16\text{-}11)$$
$$K_{sp} < [A^{n+}]^m[B^{m-}]^n \text{ のとき } \Rightarrow A_mB_n \text{ が析出する}$$

例題 16-3　溶解度積から析出量の計算

80℃に加熱した 1 L の純水に 25.0 g の塩化鉛(Ⅱ) $PbCl_2$ を溶かした後，その溶液を徐々に冷却した。溶液の温度が 25℃になった時，$PbCl_2$ は析出するか。ただし，25℃における $PbCl_2$ の溶解度積 K_{sp} は $1.6 \times 10^{-5}\,(mol\,L^{-1})^3$ とする。

1. **分　析**　1 L の水に溶解した化合物とその質量，さらに 25℃におけるその化合物 $PbCl_2$ の K_{sp} が与えられている。質量で与えられているが，モル濃度に変換しなければならない。
2. **計　画**

① $PbCl_2$ の溶解平衡の反応式をつくる。

② ①より $PbCl_2$ の溶解度積を表す反応式をつくる。

③ 80℃に加熱した溶液の $PbCl_2$ のモル濃度を求め，その値からイオン積を算出する。

④ ③で求めたイオン積と25℃の K_{sp} を比較して，(16-11) 式の関係から溶質の析出を判断する。

3. **解　答**

① $PbCl_2(s) \rightleftharpoons Pb^{2+}(aq) + 2Cl^-(aq)$

② $K_{sp} = [Pb^{2+}][Cl^-]^2$

③ $PbCl_2$ のモル質量が 278.1 g mol^{-1} であることから，80℃に加熱した溶液の $PbCl_2$ のモル濃度は $25.0/278.1 = 9.0 \times 10^{-2}$ mol L^{-1} となり，各イオンの濃度は，次のようになる。

$$[Pb^{2+}] = 9.0 \times 10^{-2}\ \mathrm{mol\ L^{-1}}$$

$$[Cl^-] = 2 \times 9.0 \times 10^{-2} = 1.8 \times 10^{-1}\ \mathrm{mol\ L^{-1}}$$

$$\therefore \quad [Pb^{2+}][Cl^-]^2 = (9.0 \times 10^{-2}) \times (1.8 \times 10^{-1})^2$$

$$= 2.9 \times 10^{-3}\ (\mathrm{mol\ L^{-1}})^3$$

したがって，$K_{sp} < [Pb^{2+}][Cl^-]^2$ であることから，溶液が25℃に冷却された時，$PbCl_2$ が析出すると判断される。

4. **チェック**　一般に，高温であるほど固体の溶解度が大きくなることは前章で学んだ。溶質の析出を予測する最も簡単な方法は，各温度での溶解度を比較することである。ただし，溶質が電解質の場合は，溶液のイオン積と溶質の K_{sp} から溶質が析出するか否かを判断できる。

沈殿反応

(16-11) 式の関係は，A^{n+} を含む溶液と B^{m-} を含む溶液を混合したときに沈殿 (precipitate) A_mB_n が生成するか否かの判断にも利用することができ，A^{n+} や B^{m-} の供給元の化合物に関係なく成立する。異なる溶液を混合して沈殿が生成するとき，その反応を沈殿反応という。たとえば，硝酸銀水溶液と塩化ナトリウム水溶液から塩化銀が生成する反応は，塩化銀の沈殿反応といい，(16-12) 式のように示される。反応式中の下向き矢印「↓」は，沈殿を表すものであるが表記しない場合もある。式中で (aq) が付けられた化合物は溶液中でイオンに解離しており，同式の反応系（左辺）には Ag^+，NO_3^-，Na^+ および Cl^- のイオンが含まれ，生成系（右辺）には Na^+ および NO_3^- のイオンが含まれることを意味している。

$$AgNO_3(aq) + NaCl(aq) \longrightarrow AgCl(s) \downarrow + NaNO_3(aq) \qquad (16\text{-}12)$$

反応系のイオンの組合せによって，生成系の沈殿物の種類が予想されるが，イオンの組合せは陽イオンと陰イオンの結合を考えればよく，沈殿反応が起こるかどうかは生成物の溶解度によって決まる。前項に示したように，溶液中のイオン濃度から溶解度積を求めることによって生成物の沈殿が予測できる。また，沈殿反応を起こす力は反応系と生成系の物質のもつエネルギーに関係し，エネルギーの低い方に化学反応は進行する。すなわち，溶液の中でイオンとして存在するよりは沈殿を生成する方がエネルギー的に有利であれば，その沈殿反応は起こる。化学反応の駆動力については，21章で化学熱力学として詳しく学ぶ。

水に対する塩の溶解性に関しては，次の一般則が知られている。

1) 易溶性の塩

a. アルカリ金属イオン (Li^+，Na^+，K^+) の塩

b. アンモニウムイオン (NH_4^+) の塩

c. 硝酸塩
d. 酢酸塩
e. ハロゲン化物（Cl^-，Br^-，I^-の塩。ただし，Ag^+，Hg_2^{2+}，Pb^{2+}の塩を除く）
f. 硫酸塩（Sr^{2+}，Ba^{2+}，Pb^{2+}の塩を除く）

2）難溶性の塩

g. Ag^+，Hg_2^{2+}，Pb^{2+}のハロゲン化物（Cl^-，Br^-，I^-）
h. Sr^{2+}，Ba^{2+}，Pb^{2+}の硫酸塩
i. 炭酸塩（a および b を除く）
j. リン酸塩（a および b を除く）
k. クロム酸塩（a および b を除く）
l. 水酸化物（a，b および Ca^{2+}，Sr^{2+}，Ba^{2+}の塩を除く）
m. 硫化物（a，b および Ca^{2+}，Sr^{2+}，Ba^{2+}の塩を除く）

先に示した（16-12）式の反応を用いて，沈殿反応についてさらに詳しく検討してみよう。反応条件として，10 mL の 0.01 mol L^{-1}・$AgNO_3$ 水溶液と 20 mL の 0.05 mol L^{-1}・NaCl 水溶液を 25℃で混合したとする。前者の水溶液には Ag^+ と NO_3^- が含まれ，後者の溶液には Na^+ と Cl^- が含まれている。そこで，お互いの溶液に含まれる陽イオンと陰イオンを組合せると，AgCl と $NaNO_3$ の生成が考えられる。次に，前述した塩の溶解性に関する一般則から，生成系の AgCl は難溶性であるので沈殿し，$NaNO_3$ は易溶性であるので溶解してイオンに電離することが予想される。また，沈殿物として予想される AgCl の溶解平衡とその溶解度積は（16-13）式，および（16-14）式として表される。

$$AgCl\,(s) \rightleftharpoons Ag^+\,(aq) + Cl^-\,(aq) \qquad (16\text{-}13)$$

$$K_{sp} = [Ag^+][Cl^-] \qquad (16\text{-}14)$$

与えられた反応条件から AgCl のイオン積［Ag^+］［Cl^-］を求める。ただし，両溶液を混合すると全量が 30 mL になることに注意する。

$$[Ag^+][Cl^-] = (0.01 \times 10/30) \times (0.05 \times 20/30)$$
$$= 1.1 \times 10^{-4}\,(mol\,L^{-1})^2$$

表 17.1 より，AgCl の 25℃における K_{sp} は $1.6 \times 10^{-10}\,(mol\,L^{-1})^2$ であるから，検討した溶液では $K_{sp} < [Ag^+][Cl^-]$ となる。したがって，与えられた反応条件では AgCl が沈殿する。

実効イオン反応式

（16-12）式で示した反応式は，反応物と生成物が分子のように書かれており，分子反応式（formula equation）とよばれる。ただし，実際に溶液中で起きている反応は（16-15）式のように表され，これをイオン反応式あるいは全イオン反応式（complete ionic equation）という。この反応式をみると，生成物の AgCl は，反応物の $AgNO_3$ および NaCl から生成する陽イオンと陰イオンを互いに交換したことがわかる。このような反応を複分解（double decomposition）あるいは二重置換（double replacement）という。

$$Ag^{+}(aq) + NO_3^{-}(aq) + Na^{+}(aq) + Cl^{-}(aq) \longrightarrow AgCl(s) + Na^{+}(aq) + NO_3^{-}(aq) \quad (16\text{-}15)$$

イオン反応式では，反応系に溶解している全てのイオンが示され，また生成系には未反応のイオンも示される。その結果，反応式の両辺に Na^{+} と NO_3^{-} のイオンが現れ，それらは反応によって変化しない傍観イオン（spectator ion）とよばれる。イオン反応式から傍観イオンを削除すると，（16-16）式に示す正味の反応式が得られ，これを実効イオン反応式（net ionic equation）という。

$$Ag^{+}(aq) + Cl^{-}(aq) \longrightarrow AgCl(s) \quad (16\text{-}16)$$

実効イオン反応式では，反応系のイオンがどんな化合物から供給されたかは不明になるが，これは与えられた反応が各イオンの供給元の化合物に関係しないことを示している。例えば，溶液中で Ag^{+} を生じるどんな物質も溶液中で Cl^{-} を生じるどんな物質とも反応し，AgCl が生成することを意味している。

例題 16-4　実効イオン反応式の求め方

塩化鉄（Ⅲ）$FeCl_3$ の水溶液と水酸化ナトリウム NaOH の水溶液から，水酸化鉄（Ⅲ）FeO(OH) の沈殿が生成する反応の分子反応式，イオン反応式および実効イオン反応式を示せ。また，この反応における傍観イオンは何か。

1. **分　析**　　反応系の溶液と生成系の沈殿物が与えられている。
2. **計　画**
   ① 反応物と生成物から，分子反応式をつくる。
   ② 反応物を陽イオンと陰イオンに電離させ，イオン反応式をつくる。
   ③ ②のイオン反応式から傍観イオンを除いて，実効イオン反応式をつくる。
3. **解　答**
   ① $FeCl_3(aq) + 3NaOH(aq) \rightarrow Fe(OH)_3(s) + 3NaCl(aq)$
   ② $Fe^{3+}(aq) + 3Cl^{-}(aq) + 3Na^{+}(aq) + 3OH^{-}(aq) \rightarrow Fe(OH)_3(s) + 3Na^{+}(aq) + 3Cl^{-}(aq)$
   ③ $Fe^{3+}(aq) + 3OH^{-}(aq) \rightarrow Fe(OH)_3(s)$
   傍観イオンは，Na^{+} と Cl^{-} である。
4. **チェック**　　分子反応式をつくるときは，題意に全ての生成物が示されていないので，二重置換により残りの生成物を想定する。このとき，反応式の係数にも注意する。イオン反応式では，反応物は全てイオンに電離させ，生成物は沈殿以外の物質をイオンに電離させて表記する。イオン反応式の両辺に存在するイオンが傍観イオンであるので，これらを除いて実効イオン反応式とする。

16.3　共通イオン効果

物質の溶解度は，純粋な溶媒，例えば水に溶解する溶質の量を示しています。それでは，異なる物質が溶けている水溶液には，物質は水における溶解度と同じ量だけ溶けることができるのでしょうか？　溶解平衡の項目では，電解質が特殊で重要な溶解挙動を示すと述べました。電解質の溶解度は，共通のイオンをもつ別の物質の溶解により変化します。これは，電解質が溶解によりイオンに電離するという性質が原因です。少々ややこしい話になりますが，溶解と沈殿の最終項となる「共通イオン効果」について学びましょう。

共通イオン効果（common-ion effect）とは，ある塩を溶かした溶液にその塩を構成するイオンと同じ（共通の）イオンを含む化合物を加えたとき，当初の塩の溶解度が減少する方向に平衡が移動する効果をいう。たとえば，塩化銀 AgCl が溶けている水溶液に塩化ナトリウム NaCl を加えたとき，AgCl の沈殿が生成する現象は，塩化物イオン Cl^- による共通イオン効果の現れである。このとき，溶解度は AgCl ＜＜ NaCl の関係にあるので AgCl が優先的に沈殿する。すなわち，(16-17) 式の溶解平衡は左辺に移動して新しい平衡状態になる。

$$\mathrm{AgCl\,(s)} \rightleftarrows \mathrm{Ag^+\,(aq)} + \boxed{\mathrm{Cl^-\,(aq)}} \qquad (16\text{-}17)$$

共通イオン

$$\mathrm{NaCl\,(s)} \longrightarrow \mathrm{Na^+\,(aq)} + \boxed{\mathrm{Cl^-\,(aq)}} \qquad (16\text{-}18)$$

以上の効果を溶解度積から考えてみよう。AgCl の溶解度積 K_{sp} は（16-19）式のように表され，温度が一定の時は一定の値となる。

$$K_{sp} = [\mathrm{Ag^+}][\mathrm{Cl^-}] \qquad (16\text{-}19)$$

なお，(16-19) 式中のイオンの供給源は限定されず，AgCl 以外の化合物から生成したものでもその関係は成り立つ。すなわち，AgCl の水溶液に NaCl を加えると，NaCl が溶解する分だけ溶液中の Cl^- 濃度は増加する。その結果，K_{sp} の値を一定に保つために（16-17）式の平衡が左に移動して新しい平衡に達し，AgCl が析出することになる。

例題 16-5　モル濃度変化の計算

塩化銀 AgCl の飽和溶液 1 L に，塩化ナトリウム NaCl を 5.85 g 加えたとき，Ag^+ のモル濃度はどのように変化するか。ただし，AgCl の K_{sp} は $1.6 \times 10^{-10}\ (\mathrm{mol\ L^{-1}})^2$ とする。

1. **分　析**　反応前の溶液の種類，濃度，体積および溶質の溶解度積とこれに加える化合物とその質量が与えられている。

2. **計　画**

① AgCl の K_{sp} 値から，Ag^+ のモル濃度を算出する。

② AgCl の溶解平衡と NaCl の電離を表す化学式をつくり，共通イオン効果に関わるイオンを特定する。

③ 加えた NaCl の質量から，溶液中の NaCl のモル濃度を求める。

④ NaClを加えた溶液のAg^+とCl^-のイオン積が，AgClのK_{sp}と等しくなるときのAg^+のモル濃度を算出する。

3. **解　答**

① AgClの$K_{sp} = [Ag^+][Cl^-] = 1.6 \times 10^{-10}\ (mol\ L^{-1})^2$より，NaClを加える前の$Ag^+$のモル濃度は，

$$\sqrt{1.6 \times 10^{-10}} = 1.3 \times 10^{-5}\ mol\ L^{-1}$$

② AgClの溶解平衡とNaClの電離を表す反応式をつくる。

$$AgCl\ (s) \rightleftarrows Ag^+\ (aq) + Cl^-\ (aq)$$

x mol　　x mol　⇒①より，$x = 1.3 \times 10^{-5}\ mol\ L^{-1}$

$$NaCl\ (aq) \longrightarrow Na^+\ (aq) + Cl^-\ (aq)$$

以上より，Cl^-が共通イオンであることがわかる。

③ 1 Lの水溶液に5.85 gのNaClを加えたので，NaClのモル濃度は次のようになる。

NaClのモル質量$= 23.0 + 35.5 = 58.5\ g\ mol^{-1}$

∴ NaClのモル濃度$= 5.85/58.5 = 0.1\ mol\ L^{-1}$

④ 溶液中のAg^+のモル濃度は，AgClから供給されるCl^-のモル濃度と等しく，この濃度をx $mol\ L^{-1}$とする。

$$[Ag^+][Cl^-] = x \times (x + 0.1) = 1.6 \times 10^{-10}\ (mol\ L^{-1})^2 \qquad (= K_{sp})$$

$$\therefore 0.1x = 1.6 \times 10^{-10} \qquad (\because x + 0.1 \fallingdotseq 0.1)$$

$$x = 1.6 \times 10^{-9}\ mol\ L^{-1}$$

NaClを加える前および後のAg^+のモル濃度は，各々$1.3 \times 10^{-5}\ mol\ L^{-1}$および$1.6 \times 10^{-9}\ mol\ L^{-1}$となり，NaClの添加により溶液中の$Ag^+$はかなり減少したことがわかる。

4. **チェック**　まず，共通イオンがCl^-であることを知るとともに，AgClが難溶性の塩であるのにたいして，添加するNaClが易溶性の塩であることを確認する。これにより，溶液中のCl^-はNaClから追加して供給されると予想できる。また，当初の溶液が飽和溶液であるから，追加されたCl^-により，AgClの溶解度は減少することがわかる。次に，溶解度積を表す式中のイオン濃度は，それぞれのイオンの供給元に依存しないことを思い出す。最後に，溶液中のAg^+とCl^-のイオン積とK_{sp}からAg^+のモル濃度が算出できる。

調査考察課題

1. イオン結晶の溶解平衡とは，どのような状態か説明せよ。
2. 溶解平衡を表す反応式から，溶解度積を求める手順を示せ。
3. 一般に，温度によって溶解度積はどのように変化するか考えよ。
4. 海水と真水では，塩化ナトリウムはどちらに多く溶けるか。またそれは何故か。
5. 共通イオン効果を利用して，塩化ナトリウム水溶液からNaClを析出させる方法を考えよ。
6. 25℃において，水酸化アルミニウム$Al(OH)_3$の水に対する溶解度がS g/Lであるとき，$Al(OH)_3$の溶解度積K_{sp}はどのような式で表せるか。

熱と温度

発熱反応では“周囲”に熱が放出され温度が上昇する。化学では注目している部分を“系”と呼び，それを取り囲んでいる周囲を“外界”と呼ぶことが多い。

何℃温度が上昇するかは放出された熱量や，熱を受け取る外界の熱容量（heat capacity）に依存する。熱容量とは，ある物質の温度を1℃上げるのに必要な熱量のことである。単位は $J\ K^{-1}$ である。一方，ある物質1gの温度を1℃上げるのに必要な熱量を比熱容量（specific heat capacity）という。単位は $J\ g^{-1}\ K^{-1}$ である。

単位からわかると思うが，熱量は比熱容量と温度変化と物質の量を掛け合わせれば得られる。したがって，もし温度変化が少なくても比熱容量が大きな物質であれば熱の変化が大きくなることに気づくであろう。また，熱の変化が小さいからといって温度変化が必ずしも小さいとは言えない。比熱容量が小さいために温度変化が大きくても熱の変化が小さくなることがある。さて，これで，熱と温度は違うという事に気づいたであろうか？(熱とは？ということは，1.3でも述べてあるからもう一度参照のこと)

memo

UNIT VII 酸・塩基と酸化還元

ボルタからファラデーへ贈られたボルタ電堆（実物）

ロンドンのアルベマール街21番地にあるロイヤルインスティテューション講堂のギャラリーに展示されている。
ファラデーは，この講堂で「ローソクの科学」などの講演をした。

UNIT VII 各章の構成と到達目標

17章　酸・塩基の反応

17.1　酸と塩基の定義

- 酸と塩基の性質を認識すること
- ブレンステッドとローリーの定義による酸と塩基が説明できること

17.2　pH

- 純水中のイオン濃度がわかる
- pHの意味が説明できる

17.3　酸・塩基の強弱

- 酸と塩基の解離定数が意味することを説明できること
- 酸・塩基の強弱を説明できること

17.4　中和滴定

- 酸塩基滴定がわかる
- 滴定における指示薬の選び方がわかる

17.5　塩の加水分解

- 塩の水溶液の酸性・塩基性が理解できる

17.6　緩衝溶液

- 緩衝溶液の意味がわかる
- 緩衝溶液の作用が説明できる

17.7　滴定曲線と酸解離指数や緩衝能との関係

- 滴定曲線を使って，酸解離指数や塩の水溶液の酸性・塩基性，緩衝能が説明できる

18章　酸化還元反応と電気化学

18.1　酸化還元反応

- 酸化・還元反応とは何か，その定義を説明できること
- 酸化還元反応中で酸化剤，還元剤を分類できる

18.2　電池の化学

- 電池で起きている反応を酸化還元の観点から説明できる
- 電池の起電力と標準電極電位の関係について説明できる

18.3　電気分解

- 電気分解の際に各電極で起きる反応が説明できる
- 電気分解の法則が説明できる

18.4　実用電池

- 代表的な実用電池の仕組みを説明できる

ボルタ，デイビーそしてファラデー

有名な蛙の足の実験から動物電気を発見したガルバーニに触発されたボルタが，筋肉はなくとも二種の金属を接触させれば電流が発生することを見出したのは1800年のことである。そのボルタ電堆を用いる溶融電解によって，ロイヤルインスティテューションの教授であったデイビーがアルカリ金属やアルカリ土類金属の元素を始めて単離した。彼は，1813～1815年，助手として雇ったばかりのファラデーを連れて，19ヶ月にわたるヨーロッパ大陸訪問旅行をしている。そのとき，パリに滞在中たった1週間で新元素であるヨウ素の単離発見に成功したという逸話を残している。さらに，ミラノではボルタに会い，この写真の電堆を贈られたと考えられる。

新元素の発見のほかに，安全灯の発明など実用的な社会貢献も多いデイビーであるが，最大の発見はファラデーを見出したことという人もいる。製本工の丁稚（でっち）に過ぎなかったファラデーが，ロイヤルインスティテューション講堂のギャラリーでデイビーの講演を聴講し，感激してきれいにまとめて製本したというノートも同じ所に展示されている。電気分解の法則などの電気化学，さらには電磁気学発展の原点はこのギャラリーにあったといえる。

17 章　酸・塩基の反応

17.1　酸と塩基の定義

物質の分類方法の 1 つに「酸」と「塩基」があります。この章では，化学の世界に限らず日常生活においても重要な物質の概念である酸と塩基について学んでいきます。1744 年にロウエルが酸を中和して塩をつくる物質を塩基と呼ぶようになる以前は，アルカリ（alkali）という語が使われていました。今日では塩基という語に統一されつつありますが，周期表の第 1 族元素の化合物や，塩基の水溶液にアルカリという語が残っています。酸（語源は「酸っぱいものを生み出すもの」というギリシア語）やアルカリ（語源は「植物を燃やした灰」というアラビア語）の語源からもわかるように，酸，塩基の概念は古代から漠然と存在していました。19 世紀頃から酸，塩基の本質が次第に明らかにされるようになり，科学的な意味づけもはっきりしてきました。その後，酸，塩基の定義は時代とともに以前の定義を包括，拡張する形で変遷しています。

酸と塩基の一般的な性質　19 世紀初頭までの経験的な考え方では，酸（acid）と塩基（base）は次のような性質をもつ物質として分類されていた。

酸：酢やグレープフルーツのように酸味がある（酢は酢酸，柑橘類はクエン酸，発酵食品は乳酸を含む)。
　青色リトマス試験紙を赤変させる。
　塩基と中和反応を起こす。
　多くの金属と反応して水素を発生する。

塩基：苦みがある。
　ものを燃やしたあとの灰の中に存在している。
　石けん水のように水溶液にぬるぬるした感じがある。
　赤色リトマス試験紙を青変させる。
　酸と中和反応を起こす。

また酸，塩基に共通する性質には次のようなものがある。

・純水はほとんど電気を通さないのに対し，酸も塩基も電解質（水に溶けてイオンに分かれる物質）であり，その水溶液は電気をよく通す（イオンが電気を運ぶイオン伝導)。
・酸と塩基を混ぜるとすぐに反応する。酸と塩基の量が互いに等しいときには，その混合溶液は酸や塩基に特有の性質をまったく示さなくなる。このように，酸と塩基とが反応して，互いにその性質を打ち消しあうことを**中和**（neutralization）という。

アレニウスによる酸・塩基の定義　酸と塩基の性質を理解するためには，分子レベルで考える必要がある。酸と塩基の性質は，それらの分子の構造と成分元素で決まる。科学の進歩に伴い，化学者たちは酸と塩基についていくつかの定義を提案した。最初に受け入れられた定義は，1884 年にスウェーデンの化学者アレニウスが提唱した。アレニウスは，化合物が水に溶けるときに生じるイオンに注目して，酸と塩基を次のように定義した。

> **酸とは，水中で電離して水素イオン（H^+）を生じる物質である。**
> **塩基とは，水中で電離して水酸化物イオン（OH^-）を生じる物質である。**

アレニウスの定義によれば，酸は水素を含み，水に溶けると水素イオンと陰イオンに電離する物質であり，酸を一般形 HA と書けば，HA は水溶液で水素イオン H^+ を放出する。

$$HA \longrightarrow H^+ + A^- \qquad (17\text{-}1)$$

一方，塩基は水酸基を含み，水に溶けると水酸化物イオンと陽イオンに電離する物質であり，塩基を一般形 BOH と書けば，BOH は水溶液中で水酸化物イオン OH^- を放出する。

$$BOH \longrightarrow B^+ + OH^- \qquad (17\text{-}2)$$

アレニウスの定義に従った酸（アレニウス酸），および塩基（アレニウス塩基）の例を表 17.1 に示す。水素イオンが酸の源であり，必ず H を含んでいること，塩基には OH が含まれ，水に溶けると水酸化物イオン（OH^-）と固有の陽イオンを生じることを確認しよう。なお，硫酸 H_2SO_4 やリン酸 H_3PO_4 のように，複数個の H^+ を解離できる酸を多塩基酸，水酸化バリウム $Ba(OH)_2$ のように複数個の OH^- を解離できる塩基を多酸塩基という。また，酸，塩基が放出できる H^+，OH^- の個数を価数という。塩酸は 1 価の酸，炭酸は 2 価の酸，$Ba(OH)_2$ は 2 価の塩基である。

表 17.1　代表的なアレニウス酸とアレニウス塩基

名　称	電離式	名　称	電離式
塩酸	$HCl \rightarrow H^+ + Cl^-$	水酸化ナトリウム	$NaOH \rightarrow Na^+ + OH^-$
硝酸	$HNO_3 \rightarrow H^+ + NO_3^-$	水酸化カリウム	$KOH \rightarrow K^+ + OH^-$
酢酸	$CH_3COOH \rightarrow CH_3COO^- + H^+$	水酸化マグネシウム	$Mg(OH)_2 \rightarrow Mg^{2+} + 2OH^-$
硫酸	$H_2SO_4 \rightarrow 2H^+ + SO_4^{2-}$	水酸化カルシウム	$Ca(OH)_2 \rightarrow Ca^{2+} + 2OH^-$
炭酸	$H_2CO_3 \rightarrow 2H^+ + CO_3^{2-}$	水酸化バリウム	$Ba(OH)_2 \rightarrow Ba^{2+} + 2OH^-$
リン酸	$H_3PO_4 \rightarrow 3H^+ + PO_4^{3-}$		

アレニウスの定義を用いると，いろいろな酸と塩基の性質を説明できる。まず，酸や塩基が水に溶けて電気を通すようになるのは，イオンになるからである。酸の溶液が酸っぱいのは水素イオンのせいであり，塩基の水溶液がヌルヌルするのは水酸化物イオンのためである。さらに，酸と塩基がお互いを中和することを簡単に説明できる。水素イオンと水酸化物イオンが結びつき，水の分子をつくるからである。

$$H^+ + OH^- \longrightarrow H_2O \qquad (17\text{-}3)$$

例えば，塩酸と水酸化ナトリウムの中和反応を考えてみよう。

$$\underset{\text{酸}}{HCl} + \underset{\text{塩基}}{NaOH} \longrightarrow \underset{\text{水}}{H_2O} + \underset{\text{塩}}{NaCl}$$

酸と塩基が反応すると水と塩（えん）が生成し，これらはともに酸あるいは塩基の性質を持たない。塩は塩基の陽イオンと酸の陰イオンからできていて，その固体はイオン結晶である。アレニウスの酸と塩基の中和では常に水と塩が生成する。塩化ナトリウム（食塩）NaClも塩の一種である。

また，酸と金属の反応もアレニウスの定義に基づいて理解できる。多くの金属が酸と反応して水素を生じる。例えば酸とマグネシウムの反応は次のようになる。

$$\underset{\text{金属}}{Mg} + \underset{\text{水素イオン}}{2H^+} \longrightarrow \underset{\text{金属イオン}}{Mg^{2+}} + \underset{\text{水素}}{H_2}$$

この反応は酸化還元反応の例である。これについては，18章でさらに詳しく学習する。

ブレンステッド・ローリーの定義　アレニウスの酸・塩基の定義は便利だが限界もある。アレニウスの酸・塩基の定義では，水溶液以外では酸・塩基を論じることができない。また，H^+は水素の原子核（陽子（プロトン））であるが，これが裸のまま水溶液中に単独に存在するのではなく，いくつかの水分子が配位結合してヒドロニウム（オキソニウム）イオンH_3O^+に代表される形で存在していることが後に明らかになった。このためブレンステッドとローリーは1923年に，アレニウスの定義を修正，拡張して，次のように酸・塩基を定義した。

> **酸とは，水素イオン（プロトン）H^+を放出する物質である。**
> **塩基とは，水素イオン（プロトン）H^+を受け取る物質である。**

一般形で酸をHA，塩基をBと書けば，次式のようにHAはH^+をBに与えている。

$$\left.\begin{array}{l} HA \rightleftarrows H^+ + A^- \\ B + H^+ \rightleftarrows HB^+ \end{array}\right\} \quad \underset{\text{酸}}{HA} + \underset{\text{塩基}}{B} \rightleftarrows \underset{\text{塩基}}{A^-} + \underset{\text{酸}}{HB^+} \qquad (17\text{-}4)$$

右向きの反応では，HAが酸，Bが塩基になっているが，左向きの反応ではHB^+がA^-にH^+を与えているのでA^-が塩基，HB^+が酸になる。プロトンH^+の授受が行われる一組の化学種を共役酸塩基対といい，今の場合HAとA^-，BとHB^+がそれぞれ共役酸塩基対である。A^-をHAの共役塩基（conjugate base），HB^+をBの共役酸（conjugate acid）という。

例）

$$\underset{\text{酸}}{CH_3COOH} + \underset{\text{塩基}}{H_2O} \rightleftarrows \underset{\text{塩基}}{CH_3COO^-} + \underset{\text{酸}}{H_3O^+} \quad (CH_3COOH\text{の共役塩基は}CH_3COO^-)$$

（共役：CH_3COOH と CH_3COO^-，H_2O と H_3O^+）

$$\underset{\text{塩基}}{NH_3} + \underset{\text{酸}}{H_2O} \rightleftarrows \underset{\text{酸}}{NH_4^+} + \underset{\text{塩基}}{OH^-} \quad (NH_3\text{の共役酸は}NH_4^+)$$

ブレンステッド・ローリーの定義では，プロトンH^+の受け取りやすさに応じて酸，塩基が相対的に決まる。上の例の中のH_2Oも相手によって塩基になったり酸になったりしている。このように相手によって役割が変化し，酸にも塩基にもなることがある点が，ブレンステッド・ローリーの定義では重要である。アレニウスの定義では塩基ではない化合物もブレンステッド・ローリーの定義では塩基となりうる。

17.2 pH

純水を手に入れたとします。その中の全ての水分子を調べることができるとしたら，そこには H_2O という水分子だけがあるのでしょうか？ 純水というくらいですから水分子しかないと思うかもしれません。しかし，超高純度の純水中にもわずかな量の重要なイオンが2つ存在するのです。それがヒドロニウムイオン H_3O^+ と水酸化物イオン OH^- です。水の分子は酸にもなるし塩基にもなるのです。ごくわずかですが，2つの水分子のうち，1つが酸として水素イオンを放出し，もう1つが塩基として受け止めているのです。pH という術語が日常的に使われるようになってきましたが，このごくわずかな濃度の水素イオンを簡単に表すためのスケールなのです。化学徒としてはしっかり学んでおきましょう。

純粋な水そのものは極めてわずかしか電離しないが，2個の水分子が，H^+ をやりとりして（つまり，1つが酸として働き，もう1つが塩基として働いて），次のように自己イオン化している。

$$H_2O + H_2O \rightleftharpoons OH^- + H_3O^+ \tag{17-5}$$

この水の電離反応で生成する水酸化物イオン OH^- とヒドロニウムイオン H_3O^+ は非常にわずかで，2つのイオンの濃度は25℃で $1.0 \times 10^{-7}\,\mathrm{mol\,L^{-1}}$ である。この電離平衡の平衡定数は

$$K = \frac{[OH^-][H_3O^+]}{[H_2O]^2} \tag{17-6}$$

であるが，水の濃度［H_2O］はほぼ一定とみなせるので，$K_w = K[H_2O]^2$ を新たに平衡定数として，

$$K_w = [OH^-][H_3O^+] \tag{17-7}$$

を**水の自己解離定数**，または単に**水のイオン積**という。K_w は温度で定まる定数とみなすことができる。25℃のとき $K_w = 1.0 \times 10^{-14}\,\mathrm{mol^2\,L^{-2}}$ になる。この値は純水だけでなく，水温が25℃であればどのような水溶液にでも適用できる。水が電離するということは，酸性，塩基性，中性，いずれの液性の水溶液でも H_3O^+ も OH^- も存在することになる。例えば，非常に塩基性の強い水溶液中には OH^- だけが存在するのではなく，極めて少量ではあるが H_3O^+ も存在し，その K_w は $1.0 \times 10^{-14}\,\mathrm{mol^2\,L^{-2}}$ となる。つまり，

酸性の水溶液では，$[H_3O^+] > [OH^-]$ であり，
塩基性の水溶液では，$[H_3O^+] < [OH^-]$ であり，
中性の水溶液では，$[H_3O^+] = [OH^-] = 1.0 \times 10^{-7}\,\mathrm{mol\,L^{-1}}$

である。

水素イオン濃度の指数（**水素イオン指数**，hydrogen ion exponent）pH は，

$$\mathrm{pH} = -\log[H_3O^+] \tag{17-8}$$

で定義され，水溶液の酸性・塩基性・中性を表す指標として広く使われている（pH はドイツ語読

対数法則については，「数学ノート」（p.94）参照

みでペーハーと発音する場合もある。また pH ＝－ log[H^+]と書くこともある)。純水では[OH^-] ＝ [H_3O^+] なので，25℃で pH ＝－ log K_w／2 ＝ 7.0 になる。

一般の水溶液では,

pH＜7　酸性
pH＝7　中性
pH＞7　塩基性

となる。

水酸化物イオン濃度指数 pOH も同様に

$$pOH = -\log[OH^-] \tag{17-9}$$

と定義でき，25℃では，pH ＋ pOH ＝ 14 の関係が成り立つ。

K_w は温度に依存するので，pH も温度によって変化する。例えば純水の pH は，10℃で 7.27, 25℃で 7.00，50℃で 6.63 になる。

表 17.2　身近な水溶液の pH

	pH		pH
自動車バッテリー液（硫酸）	0	コーヒー	5
レモン果汁（クエン酸）	2	ヒトの血液	7.4
胃液（塩酸）	2	海水	8.2
ソーダ水（炭酸）	4	石けん水	10

例題 17-1　pH の計算

25℃における濃度 0.01 mol L^{-1} の塩酸と水酸化ナトリウム水溶液の pH を計算せよ。塩酸 HCl，水酸化ナトリウム NaOH はともに水溶液中で 100%電離するとする。

1. 分　析　　H_3O^+の濃度から，pH を求める問題である。
2. 計　画　　H_3O^+の濃度を計算し，pH ＝－log [H_3O^+] から pH を計算する。
3. 解　答　　電離は,

$$HCl + H_2O \longrightarrow H_3O^+ + Cl^-$$
$$NaOH \longrightarrow Na^+ + OH^-$$

このとき水の電離による影響は無視できるので，[H_3O^+] ＝ 0.01 mol L^{-1}，[OH^-] ＝ 0.01 mol L^{-1} となり，濃度 0.01 mol L^{-1} の塩酸は，pH ＝－log 10^{-2} ＝ 2，濃度 0.01 mol L^{-1} の水酸化ナトリウム水溶液は，pH ＝ 14 － pOH ＝ 14 ＋ log 10^{-2} ＝ 12 となる。

4. チェック　　塩酸は pH ＜ 7 で酸性，水酸化ナトリウム水溶液は pH ＞ 7 で塩基性である。水酸化ナトリウムは，[H_3O^+] ＝ K_w / [OH^-] ＝ 1.0 × 10^{-14} / 0.01 ＝ 10^{-12} mol L^{-1} から，pH ＝－ log 10^{-12} ＝ 12 と計算しても同じ値が得られる。

17.3　酸・塩基の強弱

酢の成分である酢酸が手についたり服に付着しても大したことはないでしょう。しかし，同じ濃度の硫酸ではやけどをしたり，服に穴があいたり大変なことになることは知っていますね。なぜ硫酸は酢酸とはちがうのでしょうか？簡単に言えば，硫酸の方が酢酸より“強い”からです。その強さを具体的に数値で表す方法を学びましょう。

解離度（電離度）による酸・塩基の強弱

アレニウスの定義による酸，塩基の強さは，**解離度（電離度）**つまり水溶液中で酸，塩基が電離している割合で比較することができる。

解離度 α ＝電離している電解質の物質量／電解質の全物質量

α が大きく1に近ければほぼ100％電離して水素イオン濃度 $[H^+]$，水酸化物イオン濃度 $[OH^-]$ が増加し，強い酸，塩基になり，α が小さければ弱い酸，塩基になる（表17.3）。例えばHCl，HI，HNO_3，KOH，NaOHなどは α が1に近いので，強酸，強塩基であるが，酢酸，アンモニア分子は，1％程度が電離するにすぎず，ほとんどが分子のままで，イオン H^+，OH^- の濃度が非常に小さいので，弱酸，弱塩基となる。解離度の値は温度，濃度によって異なる。

表17.3　25℃における0.1 mol L^{-1} の酸・塩基の解離度

酸		塩基	
HCl	0.915	KOH	0.902
HF	0.0856	NaOH	0.891
HI	0.922	$Ba(OH)_2$	0.778
HNO_3	0.912	LiOH	0.864
CH_3COOH	0.0133	NH_4OH	0.0132

解離定数，解離指数による酸，塩基の強弱

ブレンステッド・ローリーの定義に従えば，酸の強さはプロトンの与えやすさ，塩基の強さはプロトンの受け取りやすさで決まる。したがって酸，塩基の強弱を平衡定数の大小で決めることができる。以下では一般化した酸をHA（酢酸 CH_3COOH など），塩基をB（アンモニア NH_3 など）として，これらの水溶液中での電離平衡，

$$HA + H_2O \rightleftharpoons A^- + H_3O^+ \tag{17-10}$$

$$B + H_2O \rightleftharpoons BH^+ + OH^- \tag{17-11}$$

を考えていく。(18-10) 式の平衡定数は，

$$K = \frac{[A^-][H_3O^+]}{[HA][H_2O]} \tag{17-12}$$

であるが，酸の濃度が薄ければ水の濃度 $[H_2O]$ はほぼ一定とみなせるので，$K_a = K[H_2O]$ を新たに平衡定数とする。

$$K_a = \frac{[A^-][H_3O^+]}{[HA]} \tag{17-13}$$

K_a を**酸解離定数**（acid dissociation constant）といい，酸 HA の解離の割合を示し，K_a が大きければ強い酸になる。K_a の対数に負符号をつけた，

$$pK_a = -\log K_a \tag{17-14}$$

は**酸解離指数**(acid dissociation exponent)と呼ばれ，酸の強弱の目安に使われている。pHを使うと，

$$pK_a = pH - \log\left(\frac{[A^-]}{[HA]}\right) \tag{17-15}$$

となる。通常 $pK_a < 0$ ($K_a > 1$) のとき強酸，$pK_a > 0$ ($K_a < 1$) のとき弱酸と呼んでいる。また，強酸の共役塩基は弱酸，弱酸の共役塩基は強酸になる（表 17.4)。

多塩基酸（polybasic acid）の場合は多段階の解離が起き，それぞれの解離平衡に対して，解離定数が K_1，K_2 などと定義される。例えばリン酸 H_3PO_4 では次のようになる。

$$H_3PO_4 + H_2O \rightleftarrows H_2PO_4^- + H_3O^+ \qquad K_1$$
$$H_2PO_4^- + H_2O \rightleftarrows HPO_4^{2-} + H_3O^+ \qquad K_2$$
$$HPO_4^{2-} + H_2O \rightleftarrows PO_4^{3-} + H_3O^+ \qquad K_3$$

塩基の場合も同様に定義できる。(17-11) 式に対し**塩基解離定数**は，

$$K_b = \frac{[BH^+][OH^-]}{[B]} \tag{17-16}$$

塩基解離指数は，

$$pK_b = -\log K_b \tag{17-17}$$

となる。K_b，pK_b で塩基の強さをはかることもできるが，通常は次のプロトン移動反応

$$BH^+ + H_2O \rightleftarrows B + H_3O^+ \tag{17-18}$$

における塩基 B の共役酸 HB^+を考え，HB^+の酸解離定数

$$K_a = \frac{[B][H_3O^+]}{[BH^+]} \tag{17-19}$$

の値の方を，塩基 B の強弱の基準にする。このとき

$$K_b = K_w / K_a \tag{17-20}$$

$$pK_b = pK_w - pK_a = 14 - pK_a \quad (25℃) \tag{17-21}$$

の関係があるので，共役酸の K_a が小さければ塩基の K_b が大きくなり（pK_a が大きければ pK_b が小さくなり)，塩基 B は強い塩基となる。

表 17.4 にいくつかの酸および塩基の共役酸の酸解離定数，酸解離指数を示す。

表 17.4 酸解離定数 K_a と酸解離指数 pK_a（25℃）

酸	化学式	K_a	pK_a
ヨウ化水素	HI	1×10^{10}	−10
塩酸	HCl	1×10^{7}	−7
フッ化水素	HF	2.1×10^{-3}	2.67
硫酸（K_{a1}）	H_2SO_4	1.0×10^{5}	−5
（K_{a2}）		1.0×10^{-2}	1.99
酢酸	CH_3COOH	1.7×10^{-5}	4.76
炭酸（K_{a1}）	H_2CO_3	7.8×10^{-7}	6.11
（K_{a2}）		1.3×10^{-10}	9.87
リン酸（K_{a1}）	H_3PO_4	1.5×10^{-2}	1.83
（K_{a2}）		3.7×10^{-7}	6.43
（K_{a3}）		3.5×10^{-12}	11.46
アンモニアの共役酸	NH_4^+	4.4×10^{-10}	9.36
メチルアミンの共役酸	$CH_3NH_3^+$	3.1×10^{-11}	10.51
アニリンの共役酸	$C_6H_5NH_3^+$	2.3×10^{-5}	4.63

強酸についての値以外は，「化学便覧（第５版）」

17.4 中和滴定（酸塩基滴定）

酢の物や寿司に使われる酢の中には酢酸が含まれています。酢の中の酢酸の濃度はどれくらいだろうか？ どうしたら求めることができるでしょうか？ 濃度のわかっている塩基の溶液をどれだけ用いれば中和するかを調べれば，簡単にわかるはずと思うかもしれません。しかし，コトはそう簡単ではありません。前節で学んだように，酸，塩基にはそれぞれ強弱があるからです。中和点イコール中性（pH ＝ 7）というわけにいかないからです。

酸と塩基が反応してその性質を相互に打ち消し合い塩（えん）を生ずる反応が**中和反応**（neutralization）である。ブレンステッドとローリーの定義ではプロトンの授受によって，

$$HA + B \rightleftarrows A^- + BH^+ \tag{17-22}$$

のように常に酸と塩基が反応しているから，広い意味で中和反応になっている。例えばアンモニア NH_3 と塩化水素 HCl の反応

$$NH_3 + HCl \longrightarrow NH_4^+ + Cl^-$$

も中和反応である。

以下ではアレニウスの定義を使ってもう少し狭い意味での中和反応を考えよう。この場合一般形で酸 HA と塩基 BOH が反応して，塩（えん） BA と水 H_2O が生成するのが，中和反応である。

$$HA + BOH \longrightarrow BA + H_2O \tag{17-23}$$

例えば塩酸と水酸化ナトリウムの中和反応は，

$$HCl + NaOH \longrightarrow NaCl + H_2O$$

で，塩としては塩化ナトリウム NaCl が生成する。HA，BOH，BA が水溶液中でイオンに電離していると考えれば，水素イオンと水酸化物イオンから水が生成する反応

$$H^+ + OH^- \longrightarrow H_2O$$

が中和反応のエッセンスといえる。

酸が出す H^+ と塩基が出す OH^- の物質量が等しいとき，ちょうど中和反応が完結するので，濃度 C_a/mol L^{-1}, 体積 V_a/L の x 塩基酸 H_xA と，濃度 C_b/mol L^{-1}, 体積 V_b/L の y 酸塩基 $B(OH)_y$ が，過不足なく中和するためには，

$$x\,C_a\,V_a = y\,C_b\,V_b \qquad (17\text{-}24)$$

が成り立つ。これを**中和公式**という。

中和公式を利用すると，濃度既知の酸（塩基）を一定量とり，これに濃度未知の塩基（酸）を少しずつ加えていってちょうど中和するときの体積から塩基（酸）の濃度を決定できる。このような操作を**中和滴定**，中和滴定の際の加えた塩基（酸）の体積と pH の関係を表す図を**中和滴定曲線**という。図 17-1 に典型的な中和滴定曲線を示す。

1）強酸－強塩基：中和点で pH が急激に大きく変化する。中和点の pH はほぼ 7 の値。

2）強酸－弱塩基：中和点で pH が急激に変化する。中和点の pH は 7 より小さく，酸性側にずれている。

1）強酸と強塩基の中和の滴定曲線

0.1 mol L^{-1} の塩酸 10 mL を 0.1 mol L^{-1} の水酸化ナトリウム水溶液で滴定するときの滴定曲線。

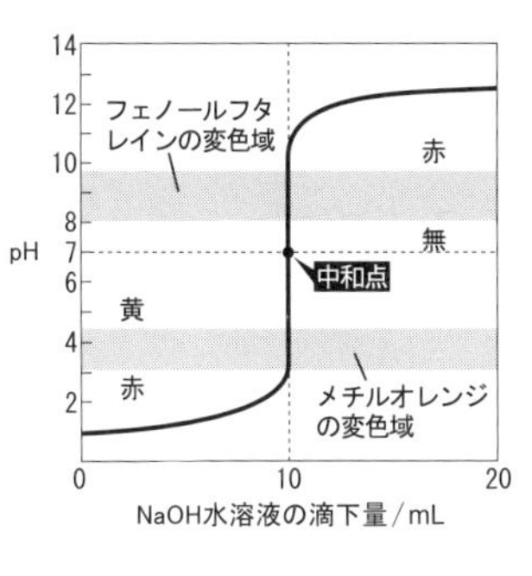

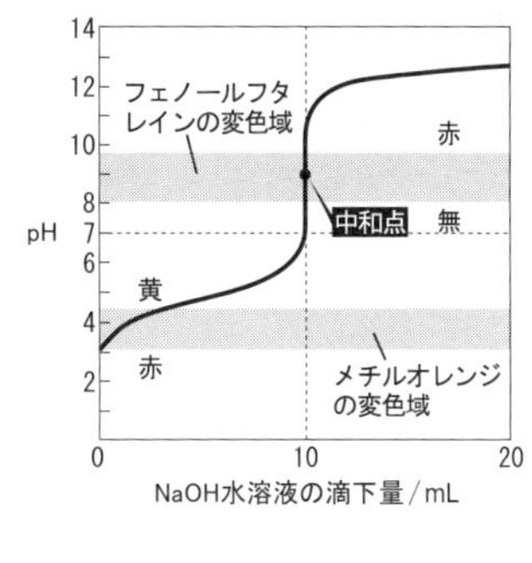

3）弱酸と強塩基の中和の滴定曲線

0.1 mol L^{-1} の酢酸水溶液 10 mL を 0.1 mol L^{-1} の水酸化ナトリウム水溶液で滴定するときの滴定曲線。

2）強酸と弱塩基の中和の滴定曲線

0.1 mol L^{-1} の塩酸 10 mL を 0.1 mol L^{-1} のアンモニア水溶液で滴定するときの滴定曲線。

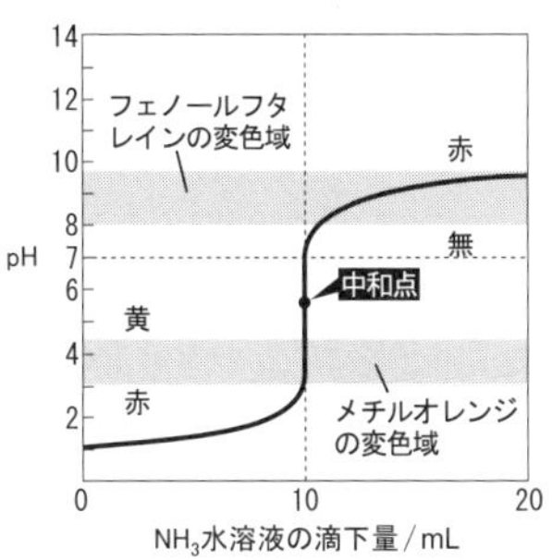

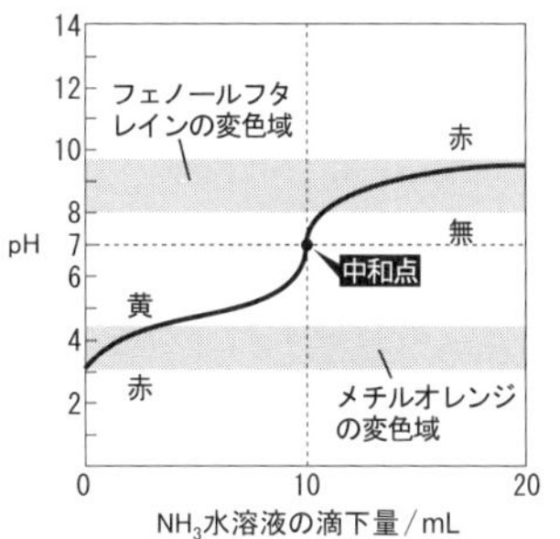

4）弱酸と弱塩基の中和の滴定曲線

0.1 mol L^{-1} の酢酸水溶液 10 mL を 0.1 mol L^{-1} のアンモニア水溶液で滴定するときの滴定曲線。

図 17.1　中和滴定曲線

中和点（当量点）が中性（pH 7）にならない場合もあることに注目しよう。

3）弱酸－強塩基：中和点でpHが急激に変化する。中和点のpHは7より大きく，塩基性側にずれている。

4）弱酸－弱塩基：中和点での急激なpHの変化が見られずに緩やかに変化している。

4）の場合を除き滴定曲線の中和点（当量点）ではpHが急激に変化しているので，**指示薬**（indicator）をあらかじめ加えておけばその変色によって中和点を知ることができる。表17.5は代表的な指示薬とその変色域を示している。中和点で変色を示すには，中和点におけるpHの大きな変化の中に，指示薬の変色域がおさまっている必要があるので，指示薬は適切に選ぶ必要がある。

表 17.5 主な指示薬とその変色域（▭）

指示薬	酸性← pH →塩基性
メチルオレンジ	←赤 3.1 4.4 黄→
メチルレッド	←赤 4.2 6.3 黄→
ブロモチモールブルー	←黄 6.0 7.6 青→
フェノールフタレイン	←無色 8.3 10.0 赤→
チモールフタレイン	←無色 9.3 10.5 青→

強酸＋弱塩基や弱酸＋強塩基などの中和によって生じた塩（えん）は中性ではないので，電離したイオンの一部が水と反応して酸と塩基に分解する。これを塩の**加水分解**（hydrolysis）という。加水分解を起こす塩の水溶液は，表17.6のように塩を構成する酸と塩基の強弱に応じて酸性や塩基性を示す。

表 17.6 塩の水溶液の性質

塩の構成	加水分解	水溶液の性質	塩の例
強酸＋強塩基	起こさない	中性	$NaCl$，KNO_3
強酸＋弱塩基	起こす	酸性	NH_4Cl，$CuSO_4$
弱酸＋強塩基	起こす	塩基性	CH_3COONa，Na_2CO_3
弱酸＋弱塩基	起こす	酸，塩基の強弱による	CH_3COONH_4，$(NH_4)_2CO_3$

17.5 塩の加水分解

中和反応 $HA + BOH \rightarrow BA + H_2O$ によって生じた塩BAが，水溶液中では B^+ と A^- に完全に電離しているとして（$BA \rightarrow B^+ + A^-$），塩の加水分解をそれぞれの場合に分けて考えてみよう。塩の濃度を $[BA] = C$ とし，水の解離平衡

$$H_2O \rightleftarrows H^+ + OH^- \tag{17-25}$$

を考慮しながら話を進めていくことにする。

(1) 強酸と強塩基の塩

酸HAも塩基BOHもほぼ100％電離するので，B^+ と A^- は加水分解せずにイオンとして存在し，塩の水溶液中では（17-25）式の平衡だけが成立していると見なせる。したがって塩の水溶液中では，$[H^+] = [OH^-]$，$pH = -\log K_w$（25 ℃では pH = 7）となって，水溶液は中性になる。

(2) 強酸と弱塩基の塩

塩 BA が電離して生じた A^-は，HA が強酸なので加水分解しない。一方，BOH が弱塩基なので（17-25）式で生じた OH^-と一部の B^+が結びついて BOH になる平衡が成立している。

$$OH^- + B^+ \rightleftarrows BOH \quad (17\text{-}26)$$

（17-25）と（17-26）式をまとめれば，BA の水溶液中では次のような平衡状態にあることになる。

$$B^+ + H_2O \rightleftarrows BOH + H^+ \quad (17\text{-}27)$$

これにより B^+が加水分解して H^+を生じ，BA の水溶液が酸性になることがわかる。これは（17-26）式の反応によって消費された OH^-を補うために，（17-25）式の平衡が右へ移動し，H^+が増加したとも考えることができる。この点を平衡定数を使って調べてみよう。（17-26）式を左右逆にして塩基 BOH の解離と考えれば，塩基解離定数は（17-28）式になる。

$$K_b = ([B^+][OH^-]) / [BOH] \quad (17\text{-}28)$$

また（17-27）式の加水分解による解離度を α とすると，最初の濃度は $[BA] = [B^+] = [A^-] = C$ だったのが，平衡に達することによって $[B^+] = C(1-\alpha)$，$[BOH] = [H^+] = C\alpha$ となる。このとき（17-27）式の平衡定数は，$[H_2O]$ 一定として α が十分に小さければ，

$$K_h = \frac{[BOH][H^+]}{[B^+]} = \frac{C\alpha^2}{1-\alpha} \fallingdotseq C\alpha^2 \quad (17\text{-}29)$$

となる。さらに（17-28）式から

$$K_h = ([BOH][H^+]) / [B^+] = ([H^+][OH^-]) / K_b = K_w/K_b \quad (17\text{-}30)$$

が得られ，（17-29），（17-30）式が等しいことから，次式が得られる。

$$\alpha = \sqrt{\frac{K_w}{CK_b}} \qquad [H^+] = C\alpha = \sqrt{\frac{K_wC}{K_b}} \qquad pH = \frac{1}{2}(pK_w + pC - pK_b)$$

また $K_b = K_w / K_a$（K_a は共役酸の酸解離定数）を使えば

$$pH = 1/2\ (pC + pK_a)$$

となる。NH_4Cl を例にとれば，25℃のとき表 17.4 より NH_3 の $pK_a = 9.36$（$pK_b = 14 - pK_a = 4.64$），$pK_w = 14$ なので，濃度 0.1 mol L^{-1} の NH_4Cl の水溶液は，pH = 5.18 と計算でき，酸性であることがわかる。

(3) 弱酸と強塩基の塩

塩 BA が電離して生じた B^+は，BOH が強塩基なので加水分解しない。一方，HA が弱酸なので（17-25）式で生じた H^+と一部の A^-が結びついて HA 分子になる平衡が成立している。

$$A^- + H^+ \rightleftarrows HA \quad (17\text{-}31)$$

（17-25），（17-31）式をまとめれば，BA の水溶液中では次のような平衡状態にあることになる。

$$A^- + H_2O \rightleftarrows HA + OH^- \quad (17\text{-}32)$$

これによりA^-が加水分解してOH^-を生じ，BAの水溶液が塩基性になることがわかる。

強酸-弱塩基の場合と同様にして，(17-31) 式に対する酸解離定数は，

$$K_a = ([H^+][A^-]) / [HA] \tag{17-33}$$

であり，また (17-32) 式の加水分解による解離度αが十分小さいとすると平衡定数は，

$$K_h = \frac{[HA][OH^-]}{[A^-]} = \frac{K_w}{K_a} = \frac{C\alpha^2}{1-\alpha} \fallingdotseq C\alpha^2 \tag{17-34}$$

となり

$$\alpha = \sqrt{\frac{K_w}{K_a C}}$$

$$[OH^-] = C\alpha = \sqrt{\frac{K_w C}{K_a}}$$

$$[H^+] = \frac{K_w}{[OH^-]} = \sqrt{\frac{K_w K_a}{C}}$$

$$\mathrm{pH} = \frac{1}{2}(\mathrm{p}K_w + \mathrm{p}K_a - \mathrm{p}C) \tag{17-35}$$

が得られる。CH_3COONaを例にとれば，25℃のとき表 (17-4) でCH_3COOHの$\mathrm{p}K_a = 4.76$，$\mathrm{p}K_w = 14$なので，濃度0.1 mol L^{-1}のCH_3COONaの水溶液は，pH = 8.88と計算でき，塩基性であることがわかる。

(4) 弱酸と弱塩基の塩

HAが弱酸，BOHが弱塩基なので，水溶液中では (17-25)，(17-26)，(17-31) 式の平衡がすべて成立している。これらをまとめればBAの水溶液中では次のような平衡状態にあることがわかる。

$$B^+ + A^- + H_2O \rightleftarrows BOH + HA \tag{17-36}$$

前と同様にこの加水分解による解離度をαとすると，(17-36) 式の解離定数は，次式のようになる。

$$K_h = \frac{[HA][BOH]}{[A^-][B^+]} = \frac{K_w}{K_a K_b} = \frac{\alpha^2}{(1-\alpha)^2} \tag{17-37}$$

一方 (17-33) 式から，

$$[H^+] = \frac{[HA]K_a}{[A^-]} = \frac{C\alpha K_a}{C(1-\alpha)} = \frac{\alpha K_a}{1-\alpha} \tag{17-38}$$

となり，

$$[H^+] = K_a\sqrt{\frac{K_w}{K_a K_b}} = \sqrt{\frac{K_a K_w}{K_b}}$$

$$\mathrm{pH} = \frac{1}{2}(\mathrm{p}K_w + \mathrm{p}K_a - \mathrm{p}K_b)$$

が得られる。したがって，弱酸と弱塩基の塩の場合，pHは濃度によらず，K_aとK_bの大小によっ

て決まることになる。

$pK_a = pK_b$ のとき，$pH = pK_w/2$ となり中性

$pK_a > pK_b$ のとき，$pH > pK_w/2$ となり塩基性

$pK_a < pK_b$ のとき，$pH < pK_w/2$ となり酸性

CH_3COONH_4 を例にとれば，25℃のとき表17.4より CH_3COOH の $pK_a = 4.76$，NH_3 の $pK_b = 14 - pK_a = 4.64$，$pK_w = 14$ なので，CH_3COONH_4 の水溶液は，$pH = 7.06$ と計算でき，中性に近いことがわかる。

17.6　緩衝溶液

化学反応の中には，ある特定のpHの値でしか反応しないものがあります。このpHの値を逸脱すると目的の物質がうまく生成してくれません。とりわけ生体内ではこの種の反応が多く，生命を維持するにはpHの値を一定に保つことが重要な条件になります。少量の酸や塩基が加わってもpHの値がほとんど変化しない溶液が緩衝溶液です。生物は生体内のpHを最適な値に保つために，この緩衝溶液を巧みに利用しています。また，海水も巨大な緩衝溶液と考えることができ，地球環境を守るために大きな役割を担っています。

生体の体液など多くの溶液は，非常に狭い範囲にpHがコントロールされなければならない。例えば，人間の血液はpHが7.35～7.45の範囲を維持する必要があり，これをはずれると病気になったり，死を招くこともある。

pHをコントロールする1つの方法は**緩衝溶液**（buffer solution）を使うことである。緩衝溶液は水素イオンを放出する物質と吸収する物質の混合溶液であり，それゆえ，pHを一定に保つことができる。代表的な緩衝溶液は弱酸とその共役塩基の混合溶液である。酢酸とその共役塩基である酢酸イオンの混合物は緩衝溶液の1つの例である。また，弱塩基とその共役酸の混合物も緩衝溶液となる。

緩衝作用を理解するために，酢酸・酢酸ナトリウム混合溶液を例に考える。
酢酸は次にように電離するが，弱酸なのでその平衡は左に偏っている。

$$\underline{CH_3COOH} + H_2O \rightleftharpoons H_3O^+ + CH_3COO^- \tag{17-39}$$

酢酸ナトリウムは塩なので，水に溶けるとすべてが電離する。

$$CH_3COONa \longrightarrow \underline{CH_3COO^-} + \underline{Na^+} \tag{17-40}$$

すなわち，この混合溶液中には水以外に下線を引いた物質やイオンが多量に存在する。このうち，CH_3COOH は H_3O^+ を放出する能力があり，CH_3COO^- は H_3O^+ を吸収する力がある。また，Na^+ は強塩基の共役酸なので OH^- を吸収する力はなく，イオンのままで存在する。

この混合溶液に，酸すなわち H_3O^+ を加える。すると，(17-39) 式の平衡が破れて左へ移動し，加えた H_3O^+ のほとんどが反応して新たな平衡に達する。加えた H_3O^+ はわずかしか残らないの

で pH はわずかしか変化しないことになる。

一方，この混合溶液に，塩基すなわち OH^- を加える。OH^- は CH_3COOH と次のように反応する。

$$CH_3COOH + OH^- \rightleftharpoons CH_3COO^- + H_2O \tag{17-41}$$

この平衡は右に偏っているので，加えた OH^- のほとんどが反応して新たな平衡に達する。加えた OH^- はわずかしか残らないので，pH はわずかしか変化しないことになる。

緩衝溶液には，加えられた H_3O^+ や OH^- を中和する限界がある。上の例では，H_3O^+ を加えていくと，ついには CH_3COO^- が反応しつくすことになる。同様に，OH^- を加え続ければ CH_3COOH がつきることになる。緩衝溶液が中和することができる酸や塩基の量を**緩衝能**という。緩衝能を超える酸や塩基を加えると，加えた酸や塩基が中和されずに残るので pH が変化する。濃い溶液ほど緩衝能は大きい。ほとんどの緩衝溶液は，酸とその共役塩基をほぼ同じだけ加えてあり，それゆえ酸と塩基に対してほぼ同じだけの緩衝能を持っている。

人体では，特に1つの緩衝システムが重要で，それは炭酸・炭酸水素イオン緩衝溶液である。血液中の炭酸・炭酸水素イオンの比率は 1 : 20 である。これは，塩基よりも酸に対してはるかに大きな緩衝能を持つことを意味する。これは実は理に適っていて，過剰の酸の方が体内では問題になることが多いからである。

17.7　滴定曲線と酸解離指数や緩衝能との関係

これまで，中和滴定，酸（塩基）解離定数，緩衝溶液について，それぞれ別々に説明してきたが，最後に強塩基による弱酸の中和滴定を例にとって，これらの相互の関係についてまとめてみよう。

ここでは例として，0.1 mol L^{-1} 酢酸 10 mL を 0.1 mol L^{-1} 水酸化ナトリウム水溶液で滴定する場合について考えてみる。図 17.2 にその滴定曲線を示す。

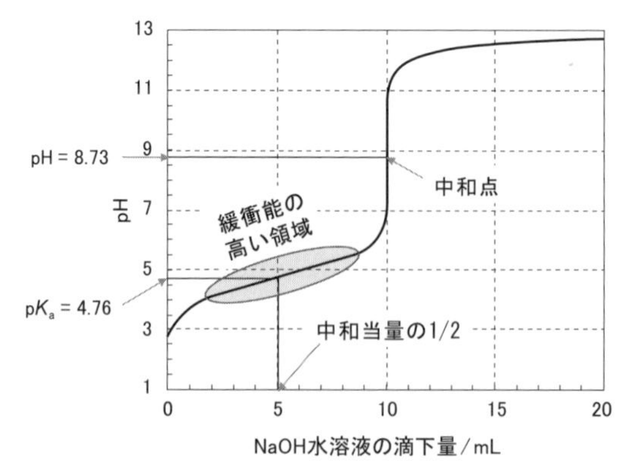

図 17.2　水酸化ナトリウム水溶液による酢酸の中和の滴定曲線
0.1 mol L^{-1} 酢酸 10 mL を 0.1 mol L^{-1} 水酸化ナトリウム水溶液で滴定するときの滴定曲線を示した。

まず，水酸化ナトリウム水溶液を滴下する前の酢酸の pH を求めてみよう。酢酸の濃度を C，解離度を α とすると，$[CH_3COOH] = C(1 - \alpha)$，$[CH_3COO^-] = [H^+] = C\alpha$ であり，酸解離定数K_aはCとαを使って，次のように表すことができる。

$$K_a = \frac{[CH_3COO^-][H^+]}{[CH_3COOH]} \tag{17-42}$$

$$= \frac{C\alpha\, C\alpha}{C(1-\alpha)} = \frac{C\alpha^2}{1-\alpha}$$

αが十分に小さければ$K_a \fallingdotseq C\alpha^2$である。一方，$[H^+] = C\alpha$であるから，

$$pH = -\log[H^+] = -\log C\alpha = -\log C\sqrt{\frac{K_a}{C}} = -\frac{1}{2}(\log C + \log K_a)$$

CとK_aの値（$C = 0.1\ \mathrm{mol\ L^{-1}}$, $K_a = 1.7 \times 10^{-5}\ \mathrm{mol\ L^{-1}}$）を代入すると，pH = 2.88となる。

さて，(17-42) 式の両辺の常用対数をとると

$$\log K_a = \log[H^+] + \log\frac{[CH_3COO^-]}{[CH_3COOH]}$$

となり，ここから次式を導くことができる。

$$pH = pK_a + \log\frac{[CH_3COO^-]}{[CH_3COOH]} \tag{17-43}$$

この式は**ヘンダーソン-ハッセルバルヒの式**（Henderson-Hasselbalch equation）と呼ばれ，緩衝液の組成を決めるときなどに使われる式である。

さて，水酸化ナトリウムの滴下量が0 mL付近の点を除けば，酢酸の電離によって生成したCH_3COO^-の量は水酸化ナトリウムによる中和反応で生成したCH_3COO^-の量よりはるかに少ないので，$[CH_3COO^-]$は酢酸に加えられた水酸化ナトリウムの濃度に等しいと見なすことができ，また，$[CH_3COOH]$は中和されずに残っている酢酸の濃度に等しいと見なすことができるので，これらの値を (17-43) 式に代入すると，各滴下量におけるpHの値を求めることができる。

中和当量（過不足なく中和するために必要な量）のちょうど半分の水酸化ナトリウムを加えたとき，$[CH_3COO^-] = [CH_3COOH]$となるので (17-42) 式からpH = pK_aとなることがわかる。この時点におけるpHの値を測定することによって，実験的に弱酸のpK_aを求めることができる。

一方，先に説明したとおり，CH_3COO^- (CH_3COONa) とCH_3COOHが共存している溶液は緩衝溶液としてはたらく。この溶液の緩衝能は，$[CH_3COO^-] = [CH_3COOH]$となる点の付近で最も高くなる。

さらに水酸化ナトリウムを滴下していくと，中和点に達する。中和点におけるpHは先に求めたように (17-35) 式で与えられる。このとき，酢酸ナトリウムの濃度は0.05 mol L^{-1}になるので

$$pH = (1/2) \times (pK_W + pK_a - pC) = (1/2) \times [14 + 4.76 - \{-\log(5 \times 10^{-2})\}] = 8.73$$

である。

調査考察課題

1. ブレンステッドとローリーの定義では，酸とは何か，塩基とは何か。
2. 酸の性質と塩基の性質をそれぞれ述べよ。
3. アレニウスの酸・塩基の定義を書け。
　ブレンステッドとローリーの定義ではアンモニアは塩基になるのに，アレニウスの定義では塩基になれないことを説明せよ。
4. 胃酸過多を中和するのに水酸化マグネシウムが用いられる。胃酸はほとんどが塩酸である。この中和の化学反応式を書け。
5. pH の定義を書け。
6. レモン果汁の pH が 2 であるとき，H_3O^+ と OH^- の濃度を計算せよ。
7. 緩衝溶液とは何か。説明せよ。
8. 緩衝作用について述べよ。
9. 等モルの酢酸・酢酸ナトリウム混合水溶液は，pH が 4.7 付近の緩衝溶液である。酢酸の酸解離定数 $K_a = 1.7 \times 10^{-5}$ の値を用いて，この緩衝溶液の pH を求めよ。
10. pH メータのしくみ・構造・原理について調べよ。
11. 表 17.6 を水の電離平衡，解離定数を使って説明せよ。

memo

18 章　酸化還元反応と電気化学

18.1　酸化還元反応

あなたは雷雲による稲光を見たことがあると思います。稲光は電流（すなわち電子の流れ）で，雲から雲へ，あるいは雲から地球へ電流が流れていると知っていましたか？　電子は本来，物質の中に，原子とともにあります。ある原子から電子が離れ，別の原子に電子が入ります。この電子の動きが酸化還元反応です。金属がさびるのも同じ変化です。電池で CD プレーヤーを動かしたり，写真をプリントしたりする化学変化があります。これらも，物質から物質へ電子を移動させることで起こる反応です。このように，酸化還元反応は私たちの生活のいたるところで起きていて非常に重要な反応です。

酸化還元の定義　物質が燃焼したり，金属が錆びたりする現象は古くから知られていた化学反応である。これらの反応は物質が酸素と結びつくことによって起こることを，18 世紀末にラボアジェが明らかにした。その後，酸化（oxidation）と還元（reduction）に対しては次の定義が使われてきた。

酸化される：酸素と結合すること
還元される：酸素を失うこと

例えば炭素の単体の黒鉛（グラファイト）が燃焼して二酸化炭素になる $C + O_2 \rightarrow CO_2$ の反応や，金属の銅を空気中で加熱して黒色の酸化銅（II）CuO になる $2Cu + O_2 \rightarrow 2CuO$ の反応では，C や Cu が酸化されている。また酸化銅（II）を水素ガスとともに加熱すると $CuO + H_2 \rightarrow Cu + H_2O$ の反応が起き，CuO は還元されてもとの金属銅に戻る。

その後，酸化，還元の定義は時代とともに拡張されてきた。例えば硫化水素の酸化反応 $2H_2S + O_2 \rightarrow 2H_2O + 2S$ では H_2S が水素を失っているので，このような反応も酸化還元反応に含めることにし，次のように拡張された。

酸化される：酸素と化合すること または 水素を失うこと
還元される：酸素を失うこと または 水素と化合すること

これによりメタノール CH_3OH やエタノール C_2H_5OH に酸素が作用して，ホルムアルデヒド HCHO やアセトアルデヒド CH_3CHO が生じる反応も，酸化反応の仲間に含めることができるようになった。

今日ではさらに広義に，電子の授受で酸化，還元が定義されている。

酸化される：電子を失うこと **還元される：電子を受けとること**

例えば酸化銅（II）CuO は Cu^{2+} と O^{2-} がイオン結合している物質なので，$2Cu + O_2 \rightarrow 2CuO$ の反応式は次のように分けて書くことができる。

$$2Cu \longrightarrow 2Cu^{2+} + 4e^-$$
$$O_2 + 4e^- \longrightarrow 2O^{2-}$$

これにより，Cu は電子 e^- を失って酸化され，O_2 はその電子を受け取って還元されていることがわかる。このように，電子の授受で酸化還元を定義すると，酸素の移動を含まない化学変化も，酸化還元に含めることができる。例えば，マグネシウムと塩素の反応がこれにあたる。

$$Mg + Cl_2 \longrightarrow MgCl_2$$

$MgCl_2$ ではマグネシウムイオン Mg^{2+} と塩化物イオン Cl^- がイオン結合している。つまり，Mg が反応する時 Cl_2 は電子を受け取って 2 個の Cl^- になる。したがって，Mg は酸化され，Cl_2 は還元されたといえる。

$$Mg \longrightarrow Mg^{2+} + 2e^-$$
$$Cl_2 + 2e^- \longrightarrow 2Cl^-$$

このように電子の授受を表した，

$$A \longrightarrow A^{n+} + ne^-$$
$$B + ne^- \longrightarrow B^{n-}$$

の形の反応式を**半反応式**（half reaction）という。電子 e^- が消去されるようにこれらの半反応式を組み合わせることによって，次式の酸化還元反応が完成できる。

$$A + B \longrightarrow A^{n+} + B^{n-} \quad \text{または} \quad A + B \longrightarrow AB$$

この反応では A が電子を失い酸化され，B が電子を受け取って還元されている。このように，酸化還元反応では酸化と還元が同時に起きている。A のように自分自身は酸化され相手を還元する物質を**還元剤**，B のように自分自身が還元され相手を酸化する物質を**酸化剤**という。表 18.1 に主な酸化剤，還元剤の半反応式を示す。相手から電子を奪いやすい物質は酸化剤，相手に電子を与えやすい物質は還元剤になるが，電子の授受は組み合わせによって相対的に決まるので，過酸化水素や二酸化硫黄のように相手次第で酸化剤にも還元剤にもなる物質がある事に注意しよう。例えば過酸化水素はふつう酸化剤として作用するが，より強い酸化剤である過マンガン酸イオンと反応するときは，次のように H_2O_2 が酸化され還元剤として働く。

$$MnO_4^- + 8H^+ + 5e^- \longrightarrow Mn^{2+} + 4H_2O \qquad (18\text{-}1)$$

$H_2O_2 \longrightarrow 2H^+ + O_2 + 2e^-$　(18-2)

2 × (18-1) 式 + 5 × (18-2) 式で e^-を消去して次の酸化還元反応が得られる。

$$\underset{\text{酸化剤}}{2MnO_4^-} + 6H^+ + \underset{\text{還元剤}}{5H_2O_2} \longrightarrow 2Mn^{2+} + 8H_2O + 5O_2$$

表 18.1　代表的な酸化剤，還元剤とその半反応式

酸化剤になるのは，電子を受け取りやすい，電気陰性度の大きな F，O，Cl などの元素を含む物質である。一方電子を放出しやすい金属元素を含む物質が還元剤になりやすい。

酸化剤	
塩素	$Cl_2 + 2e^- \longrightarrow 2Cl^-$
オゾン	$O_3 + 2H^+ + 2e^- \longrightarrow H_2O + O_2$
過酸化水素	$H_2O_2 + 2H^+ + 2e^- \longrightarrow 2H_2O$
二酸化硫黄	$SO_2 + 4H^+ + 4e^- \longrightarrow S + 2H_2O$
熱濃硫酸	$H_2SO_4 + 2H^+ + 2e^- \longrightarrow SO_2 + 2H_2O$
過マンガン酸イオン	$MnO_4^- + 8H^+ + 5e^- \longrightarrow Mn^{2+} + 4H_2O$
ニクロム酸イオン	$Cr_2O_7^{2-} + 14H^+ + 6e^- \longrightarrow 2Cr^{3+} + 7H_2O$
還元剤	
リチウム	$Li \longrightarrow Li^+ + e^-$
ナトリウム	$Na \longrightarrow Na^+ + e^-$
アルミニウム	$Al \longrightarrow Al^{3+} + 3e^-$
スズ（Ⅱ）	$Sn^{2+} \longrightarrow Sn^{4+} + 2e^-$
過酸化水素	$H_2O_2 \longrightarrow 2H^+ + O_2 + 2e^-$
二酸化硫黄	$SO_2 + 2H_2O \longrightarrow SO_4^{2-} + 4H^+ + 2e^-$
硫化水素	$H_2S \longrightarrow S + 2H^+ + 2e^-$

酸化数

ある化学反応が酸化還元反応か否か，またどの物質が酸化され，どの物質が還元されたかを，誰でも簡単にわかるように導入されたのが**酸化数**（oxidation number）である。酸化数の増減があれば酸化還元反応になる。酸化還元反応では必ず電子のやりとりがあり，これに応じて酸化数も増加する原子があれば必ず減少する原子もある。これはゲームの世界で誰かが勝つと誰かが負けるのに似ている。

酸化数は物質中の原子の酸化状態を表す数で，次の規則に従って決められる。

1. 単体を構成する原子の酸化数は 0（ゼロ）とする。

   （例） H_2 の H は 0，O_2 の O は 0

2. 1 つの原子でイオンになるときは，イオンの価数に等しい。

   （例） H^+ の H は + 1，Fe^{2+} の Fe は + 2，O^{2-} の O は − 2

3. 化合物中の典型元素の酸化数は原則として周期表の族できまる。

   1 族：+ 1，2 族：+ 2，16 族：− 2

   （例） H_2O の H は + 1，O は − 2，$CaCl_2$ の Ca は + 2，Cl は − 1

   特に H：+ 1，O：− 2 が酸化数決定の基準となるが，次の例外があることに注意。

   金属水素化物中の H は − 1

（例）　NaH の Na は＋ 1，H は－ 1，AlH_3 中の Al は＋ 3，H は－ 1

過酸化物中の O は－ 1

（例）　過酸化水素 H_2O_2 の H は＋ 1，O は－ 1

4. 電気的に中性な化合物では，構成原子の酸化数の合計はゼロになる。その際，酸化数は 1 つの原子あたりで計算される。

（例）　H_3PO_4 の H は＋ 1，O は－ 2，P は＋ 5，全体の合計は 0

5. 複数の原子からなるイオンの場合，酸化数の合計は，そのイオンの価数に等しい。

（例）　SO_4^{2-} の O は－ 2，S は＋ 6，全体の合計は－ 2

例題 18-1　酸化数の計算

二クロム酸カリウム $K_2Cr_2O_7$ の各原子について酸化数を決めよ。

1. 分　析　　化学式が与えられ，それぞれの原子について酸化数を決める問題である。
2. 計　画　　上の規則に従って，原子 1 個あたりの酸化数を計算する。
3. 解　答　　K ＝ ＋ 1　　（1 族元素 K は＋ 1）

　　O ＝ － 2　　（酸素 O は－ 2）

　　Cr ＝ x とする。化合物全体での酸化数の合計はゼロなので，

　　$2 \times (+1) + 2x + 7 \times (-2) = 0$

　　よって $x = +6$

4. チェック　　酸化数の合計が 0 になっていることを確認する。

酸化剤・還元剤

酸化還元反応を起こすためには，酸化剤と還元剤を組み合わせる必要がある。たとえば，H-ⅡA ロケットを打ち上げるときには，酸化剤として液体酸素，還元剤として液体水素が利用されている。最も効率よく酸化還元反応するからで，その反応の結果得られるエネルギーをロケットの推進力としている。

この場合，熱化学反応方程式は，

$$O_2 + 2\,H_2 \rightarrow 2\,H_2O \qquad \Delta H^\circ = -486\ \mathrm{kJ}$$

で，極めて単純である。酸化数の変化は，O : 0 →－ 2，H : 0 →＋ 1，でバランスしている。

酸化剤は他の物質から電子を受け取り，他の物質の酸化数を増加させる。一方，酸化剤自身の酸化数は減少し，還元される。還元剤は他の物質に電子を与え，還元すると共に，その酸化数は増加し，それ自身は酸化される。酸化剤は他の物質が酸化されるのを助け，それ自身は還元されて変化する。酸化される物がないのに酸化剤が変化することはない。反応の中で何が起きたかを考えないと，大変混乱しやすいので注意が必要である。

酸化還元反応，酸化剤・還元剤について表 18.2，18.3 にまとめておく。

表 18.2　酸化還元反応のまとめ

基　準	酸化反応	還元反応
酸　素	O と結合する	O を失う
水　素	H を失う	H と結合する
電　子	電子を失う	電子を得る
酸化数	酸化数が増す	酸化数が減少する

表 18.3　酸化剤と還元剤のまとめ

酸化剤	酸化生成物	還元剤	還元生成物
O_2	O^{2-}，H_2O，または CO_2	H_2	H^+，または H_2O
F_2，Cl_2，Br_2，I_2，	F^-，Cl^-，Br^-，I^-	金属	金属イオン
HNO_3	NO と NO_2	C	CO_2
$Cr_2O_7^{2-}$	Cr^{3+}	炭化水素	CO_2 と H_2O
MnO_4^-	Mn^{2+}		

例題 18-2　酸化剤・還元剤

酸化数の変化からどの原子が酸化され，還元されているかを説明せよ。

$$Cu \quad + \quad 2AgNO_3 \quad \longrightarrow \quad Cu(NO_3)_2 \quad + \quad 2Ag$$

1. **分　析**　各原子の酸化数の変化から，酸化剤・還元剤を決める問題である。
2. **計　画**　各原子の酸化数を求め，変化を調べる。
3. **解　答**　それぞれの原子について酸化数を決める。

$$\overset{0}{Cu} \quad + \quad 2Ag\overset{+1}{}\,N\overset{+5}{}\,O_3\overset{-2}{} \quad \longrightarrow \quad Cu\overset{+2}{}(N\overset{+5}{}O\overset{-2}{}_3)_2 \quad + \quad 2\overset{0}{Ag}$$

その結果

Cu　0　⟶　＋2　酸化数が増加したので酸化されたとわかる

Ag　＋1　⟶　0　酸化数が減少したので還元されたとわかる

4. **チェック**　酸化数に変化があった原子のみを考え，酸化・還元が同時に起きていることを確認する。

Cu については酸化数が 2 増加し，Ag 2 原子で酸化数が 2 減少しており，プラスマイナス 0 となっている。

18.2　電池の化学

ボルタは 1800 年頃，銅板と亜鉛板など異なる二種類の金属で食塩水に浸した布をはさみ，これを積み重ねて電流を取り出す装置（ボルタの電堆）を発明しました。この発明によって人類は連続した電荷の流れ―電流―を得ることが可能になったのです。このことは，UNIT Ⅶの扉でも解説しましたが，デービーの電気分解による新しい元素の発見や，電流による磁場の発見からファラデーの電磁誘導の法則の発見に結びつくなど，科学の進歩に大きく貢献したのです。

電　池

電池（cell）*は身の周りのいたるところで使われ，生活に不可欠なものになっている。電池とは，エネルギーを直流電力に直接変換する装置のことで，物理電池と化学電池に分けられる。物理電池は，光や熱のエネルギーを直流電力に変換する装置で，太陽電池はその1つである。化学電池は，酸化還元反応を利用して電位差を発生させ，直流電力を取り出す装置で，この章では，化学電池を取り扱う。

電池は通常，2つの**電極**（electrode）と電極に接する電解質†から構成されている（図 18.1）。2つの電極のうち，**電位**（electric potential）の高い方を**正極**（カソード，cathode），電位の低い方を**負極**（アノード，anode）と呼ぶ。この2つの電極を外部回路につなげば，2つの電極の電位差によって電流が流れる（これを**放電**（discharge）という）。電流は正電荷の流れと定義されているので，電流は電位の高い電極から電位の低い電極に向かって流れる。しかし，実際に電流を運んでいるのは電子である。電子は負の電荷をもつので，電位が低いほど位置エネルギーが大きい。したがって，より電位の低い電極から電位の高い電極へ電子が流れる。電流の流れる方向と電子の流れる方向は，逆になっている。電流の正体が電子の流れであることがまだ知られていない時代に，電荷の正負や電流の定義が決められたので，このように少しわかりにくい定義になってしまった。

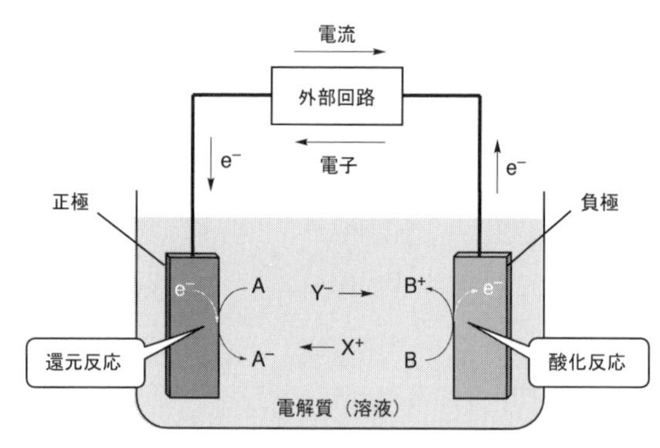

図 18.1　電池のしくみ

放電が進んで外部回路から正極に電子が流れ込んでいくと，その電子は正極自身または電解質中の物質に受け取られて，これらの物質が還元される。この還元される物質を正極活物質という。一方，負極では，外部回路に電子を供給しなければならないので，負極自身または電解質中の物質が電子を失って，酸化される。この酸化される物質を負極活物質という。両極におけるこのような酸化還元反応を，電極反応という。

電極反応が進むと，正極では，還元反応によって正電荷が減り，負電荷が増える。一方，負極では酸化反応によって負電荷が減り，正電荷が増える。その結果，電池内部に電荷の偏りが生じる。この偏りを解消するために，電解質内のイオン（図 18.1 の X^+ や Y^-）が移動する。

最初に電池を発明したのはボルタであると言われているが，ボルタの電池（電堆）は銅と亜鉛の金属板の間に，塩などの水溶液を染み込ませた布や紙を挟んだものであった。レモン電池（レ

*英語では，電池のことを cell あるいは electric cell という。Cell をケースに入れて液がこぼれないようにし，安全に持ち運べるようにしたものが battery である。
†電解質は固体の場合と液体の場合がある。液体の場合は，塩を水などの極性溶媒に溶かした溶液であることが多い。

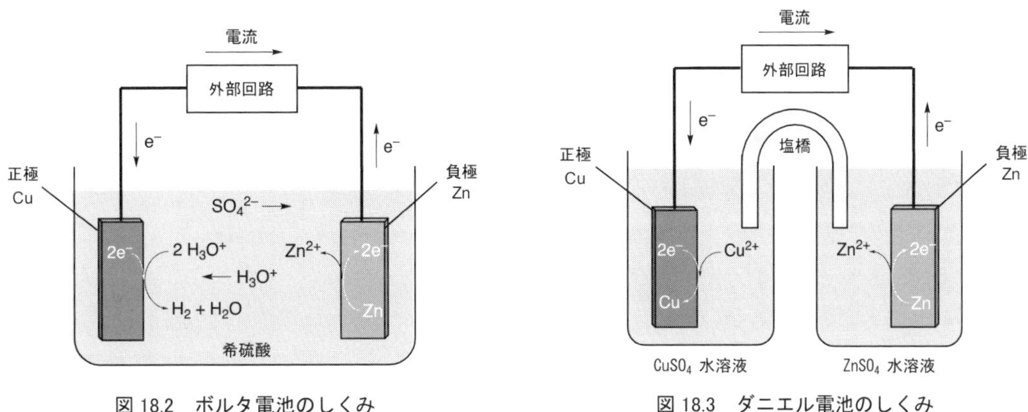

図 18.2　ボルタ電池のしくみ

図 18.3　ダニエル電池のしくみ

モンに亜鉛と銅の電極を刺したもの）は，このボルタの電池の一種である。図 18.2 にボルタの電池のしくみを示す。ここでは希硫酸を電解質として用いている。

この電池を外部回路につなぐと，銅電極が正極となり，銅電極から亜鉛電極に向かって電流が流れる。亜鉛電極では，亜鉛の酸化が起こり電極が溶けていくが，銅電極では銅自身は変化せず，希硫酸中の水素イオン（ヒドロニウムイオン）が還元されて水素が発生する。

正極での反応：$2\ H_3O^+(aq) + 2\ e^- \longrightarrow H_2(g) + H_2O(l)$

負極での反応：$Zn(s) \longrightarrow Zn^{2+}(aq) + 2\ e^-$

一方，銅電極を硫酸銅水溶液につけたダニエル電池（図 18.3）では，溶液中の銅イオンが還元されて銅電極上に銅が析出する。この場合，銅電極と亜鉛電極の電解質が異なるので，混ざらないように多孔性のセラミックスや高分子膜で 2 つの溶液を隔てるか，あるいは塩橋を用いて 2 つの溶液をつなぐ。塩橋は，寒天と硝酸カリウムや塩化カリウムを水に溶かした溶液をガラス管やプラスチック管の中で固めたもので，2 つの電解質溶液を混ざり合わないように接触させて，電気的に接続する役割を果たす。

正極での反応：$Cu^{2+}(aq) + 2\ e^- \longrightarrow Cu(s)$

負極での反応：$Zn(s) \longrightarrow Zn^{2+}(aq) + 2\ e^-$

電池の起電力

図 18.3 のダニエル電池のように，2 つの電極の電解液を塩橋で電気的に接続すると，電池になる。この電池を記号で表すと，$Zn|Zn^{2+}(aq)||Cu^{2+}(aq)|Cu$ となる。この記号で，縦線は相の境界（接触面）を，縦二重線は塩橋を表している。この表記を電池図あるいは電池式と呼び，通常，左側に負極がくるように書く。

電池を外部回路につないで外部回路に電流が流れないようにしたときの両極間の電位差を，**起電力**（electromotive force）あるいは電池電位（cell potential）という。とくに，すべての電極活物質の活量が 1 のときの電位を，**標準起電力**あるいは標準電池電位と呼ぶ。ダニエル電池の標準起電力は，1.10 V である。

起電力は，左右それぞれの電極の電位の差である。それでは，それぞれの電極の電位はどのようにして決まるのだろうか。

標準電極電位　次式のような電極反応を考える。

$$A\,(aq) + e^- \rightleftharpoons A^-\,(aq) \tag{18-1}$$

この反応が左右どちら向きに進むかは，A の酸化力（あるいは A^- の還元力）に依存するが，それだけでなく電極電位の影響を受ける。それは，この反応式の右辺の電子 e^- は電極内部の電子なので，その位置エネルギーは電極の電位に依存するからである。(18-1) 式の平衡が成立しているとき，A や A^- の濃度が一定であれば，電極電位も一定の値を示す。A や A^- は固体や気体であることもあるが，A と A^- の活量がそれぞれ 1（溶液のときは濃度が 1 mol L^{-1}，気体のときは分圧が 1 bar = 1×10^5 Pa）で，25℃で平衡が成立しているときの電極電位を**標準電極電位**（standard electrode potential）あるいは標準還元電位と呼び，$E°$ で表す。

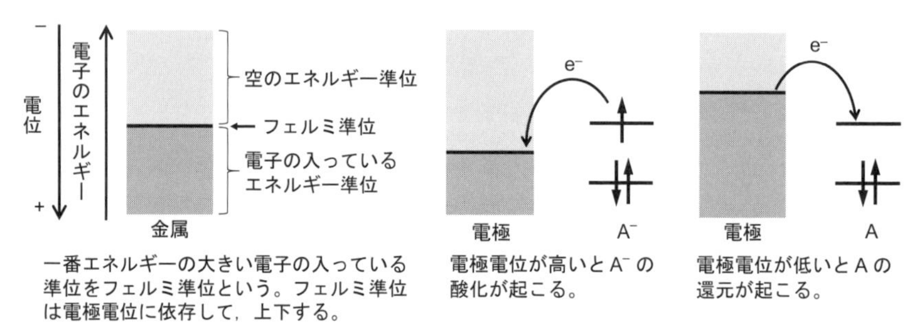

図 18.4　電極反応の進む向きと電極電位の関係

1 つだけの電極の電位を直接測ることはできないが，基準電極と塩橋でつなぎ，内部抵抗が十分に大きく電流がほとんど流れない電圧計で両電極の電位差を測れば，相対的な電極電位を求めることができる。基準電極としては，**標準水素電極**（standard hydrogen electrode, SHE，図 18.5）が用いられる。標準水素電極は，H^+ 濃度 1 mol L^{-1}（pH 0）の水溶液に，表面に白金微粒子（白金黒）を析出させた白金線を挿入し，電極表面に 1 bar の水素を吹きつけたもので，電極反応は

$$2\,H^+\,(aq) + 2\,e^- \rightleftharpoons H_2\,(g)$$

である。記号では Pt | H_2(g) | H^+(aq) と表される。

実用上は，実際に水素電極を作成し，それを標準状態に保つのは難しいので，代わりに銀線の表面を薄い塩化銀の膜で覆い，飽和 KCl 溶液に浸した銀–塩化銀電極 Ag(s) | AgCl(s) | Cl^-(aq)

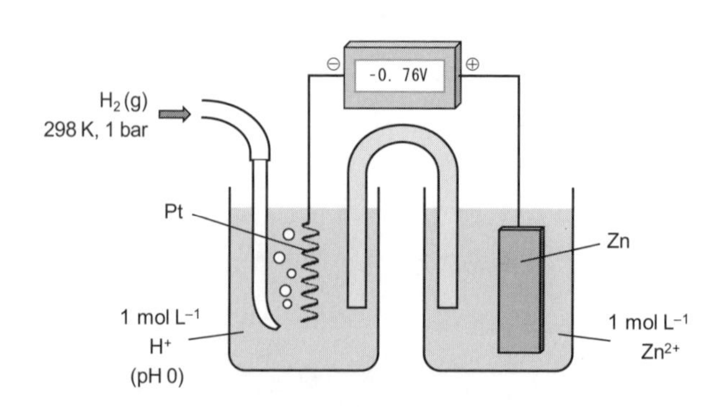

図 18.5　標準水素電極を用いる標準電極電位の測定

が基準電極として用いられることが多い。銀−塩化銀電極は，標準水素電極に対して + 0.199 V の電位を示すことがわかっている。

ある酸化体 Ox と還元体 Red の組（レドックス対）について標準電極電位を示すときは，電極反応は還元反応として書き，次のように表す。

$$\mathrm{Ox} + n\,\mathrm{e}^- \longrightarrow \mathrm{Red} \qquad E^\circ = a\ \mathrm{V}\ (\text{よりていねいには}\ E^\circ = a\ \mathrm{V\ vs.\ SHE})$$

このようにして書かれた反応式を還元半反応式という。表 18.4 には代表的なレドックス対について，還元半反応式と水素電極を基準（0 V）とする標準電極電位の値を示した。電極反応に金属単体が関わる場合は，その金属自身が電極となるが，それ以外の場合は白金電極や炭素電極などの不活性な固体電極が電極として用いられる。

高校の化学で金属のイオン化傾向（イオン化列）というのを習う。これは，標準電極電位を目安として金属のイオンへのなりやすさの序列を決めたものである。しかし，実際の電極電位は金属イオンの濃度や溶液中の共存イオンの濃度によって変化するので，イオンへのなりやすさが常にこの順序の通りになるというわけではない。あくまでも大雑把な目安と考えた方がよい。

さて，電池の標準起電力は，両極の標準電極電位の差として求めることができる。たとえばダニエル電池では

$$\text{正極の還元半反応}: \mathrm{Cu^{2+}(aq)} + 2\,\mathrm{e}^- \longrightarrow \mathrm{Cu(s)} \qquad E^\circ = 0.340\ \mathrm{V}$$

$$\text{負極の還元半反応}: \mathrm{Zn^{2+}(aq)} + 2\,\mathrm{e}^- \longrightarrow \mathrm{Zn(s)} \qquad E^\circ = -0.763\ \mathrm{V}$$

であるから，標準起電力は，正極の標準電極電位から負極の標準電極電位を引いて

$$E^\circ = 0.340\ \mathrm{V} - (-0.763\ \mathrm{V}) = 1.103\ \mathrm{V}$$

と求めることができる。

表 18.4　水溶液中における標準電極電位 E^0(25℃)

半反応式（還元型）	E^0 ／ V	半反応式（還元型）	E^0 ／ V
$F_2(g) + 2\,e^- \longrightarrow 2\,F^-$	2.87	$Hg_2Cl_2(s) + 2\,e^- \longrightarrow 2\,Hg(l) + 2\,Cl^-$	0.268
$O_3(g) + 2\,H^+ + 2\,e^- \longrightarrow O_2(g) + H_2O$	2.08	$AgCl(s) + e^- \longrightarrow Ag(s) + Cl^-$	0.222
$Au^+ + e^- \longrightarrow Au(s)$	1.83	$Sn^{4+} + 2\,e^- \longrightarrow Sn^{2+}$	0.154
$H_2O_2(aq) + 2\,H^+ + 2\,e^- \longrightarrow 2\,H_2O$	1.76	$2\,H^+ + 2\,e^- \longrightarrow H_2(g)$	0
$PbO_2(s) + 3\,H^+ + HSO_4^- + 2\,e^- \longrightarrow PbSO_4(s) + 2\,H_2O$	1.70	$Pb^{2+} + 2\,e^- \longrightarrow Pb(s)$	− 0.126
$MnO_4^- + 4\,H^+ + 3\,e^- \longrightarrow MnO_2 + 2\,H_2O$	1.70	$Sn^{2+} + 2\,e^- \longrightarrow Sn(s)$	− 0.138
$Cl_2(g) + 2\,e^- \longrightarrow 2\,Cl^-$	1.36	$Ni^{2+} + 2\,e^- \longrightarrow Ni(s)$	− 0.257
$Cr_2O_7^{2-} + 14\,H^+ + 6\,e^- \longrightarrow 2\,Cr^{3+} + 7\,H_2O$	1.36	$PbSO_4(s) + H^+ + 2\,e^- \longrightarrow Pb(s) + HSO_4^-$	− 0.351
$O_2(g) + 4\,H^+ + 4\,e^- \longrightarrow 2\,H_2O$	1.23	$Cd^{2+} + 2\,e^- \longrightarrow Cd(s)$	− 0.403
$MnO_2(s) + 4\,H^+ + 2\,e^- \longrightarrow Mn^{2+} + 2\,H_2O$	1.23	$Fe^{2+} + 2\,e^- \longrightarrow Fe(s)$	− 0.440
$Pt^{2+}(aq) + 2\,e^- \longrightarrow Pt(s)$	1.19	$Zn^{2+} + 2\,e^- \longrightarrow Zn(s)$	− 0.763
$Br_2(aq) + 2\,e^- \longrightarrow 2\,Br^-$	1.087	$Al^{3+} + 3\,e^- \longrightarrow Al(s)$	− 1.68
$Br_2(l) + 2\,e^- \longrightarrow 2\,Br^-$	1.065	$Mg^{2+} + 2\,e^- \longrightarrow Mg(s)$	− 2.36
$Ag^+ + 2\,e^- \longrightarrow Ag(s)$	0.799	$Na^+ + e^- \longrightarrow Na(s)$	− 2.71
$Hg_2^{2+} + 2\,e^- \longrightarrow 2\,Hg(l)$	0.796	$Ca^{2+} + 2\,e^- \longrightarrow Ca(s)$	− 2.84
$Fe^{3+} + 2\,e^- \longrightarrow Fe^{2+}$	0.771	$K^+ + e^- \longrightarrow K(s)$	− 2.93
$I_2(s) + 2\,e^- \longrightarrow 2\,I^-$	0.536	$Li^+ + e^- \longrightarrow Li(s)$	− 3.05
$Cu^{2+} + 2\,e^- \longrightarrow Cu(s)$	0.340		

例題 18-3 標準起電力の計算

白金電極を挿入した臭素水と亜鉛電極で構成される電池の標準起電力を計算せよ。

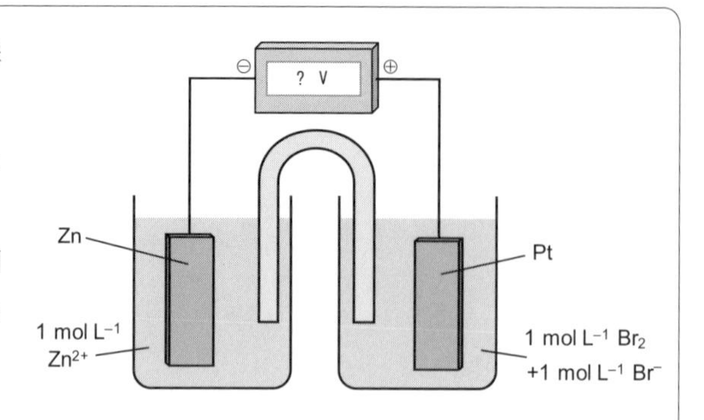

1. **分　析**　標準電極電位の値（表 18.4）を使って，標準起電力を求める問題である。

2. **計　画**　2 つの電極の標準電極電位を調べ，その差を取ればよい。標準電極電位の低い方が負極となり，高い方が正極となる。

3. **解　答**

$Br_2(aq) + 2\,e^- \rightarrow 2\,Br^-(aq)$　　$E° = 1.087\ V$

$Zn^{2+}(aq) + 2\,e^- \rightarrow Zn(s)$　　$E° = -0.763\ V$

したがって，臭素側が正極，亜鉛側が負極となるので，標準起電力は，正極の標準電極電位から負極の標準電極電位を引いて

$1.087\ V - (-0.763\ V) = 1.850\ V$

となる。

4. **チェック**　規則に従って，正極の標準電極電位から負極の標準電極電位を引くと，得られる標準起電力の値は，必ず正の値になる。

18. 3　電気分解

もう 1 つの化学電池　前章で化学電池について説明したが，実は，前章で取り扱ったのは化学電池の一部である。前章で取り扱った化学電池では，電池内部で自発的に反応が起こり，電位が発生し電流が流れた。このような電池は**ガルバニ電池**（galvanic cell）という。これに対して，自発的には反応の起こらない化学電池でも，外部から電圧をかけ，直流電流を供給することによって化学反応を起こすことができる場合がある。このような化学電池を**電解槽**（electrolytic cell）といい，電解槽における化学反応を**電気分解**（electrolysis）という。

電気分解の進み方　電解質溶液に 2 本の白金電極を入れ，電極間に電圧をかけるとどうなるだろう。図 18.6 (a) ～ (d) に，電圧をかけ始めてから電気分解に至るまでの様子を，時間経過を追って示した。

(a) 電圧をかけた直後には，溶液中に電位勾配が発生する。

(b) しかし，溶液中のイオンは，電位勾配に従って電位勾配を解消する方向に即座に移動し，溶液の大部分において，0.03 秒以内に電位勾配は消失する。電極表面には若干の電荷が集積し，一方，反対電荷のイオンが電極から数 nm の範囲の水溶液に集まって，電極－溶液界面に異符号の電荷が互いに対峙する層ができる。この層を電気二重層という。この数 nm の厚みに全ての電位勾配がかかることになる。

(c) さらに電位差を大きくすると，溶液中の酸化されやすい物質や還元されやすい物質が電極

反応を起こすようになり，電子の移動が起こる。これが**電解反応**である。

(d) 電極反応の結果，負極近傍では負電荷が増え，正極近傍では正電荷が増えるので，その偏りを解消するために，溶液中のイオンが移動する。その結果，回路に電流が流れる。

これが電気分解のしくみである。なお，電気分解では，相対的に正の電位になっている電極（外部電源の正極とつながっている電極）を**陽極**，相対的に負の電位になっている電極（外部電源の負極とつながっている電極）を**陰極**という。図 18.6 (c) を見るとわかるように，陰極(左側の電極)では還元反応が起こり，陽極（右側の電極）では酸化反応が起こる。ガルバニ電池の場合と同じように，還元反応の起こる電極をカソード，酸化反応の起こる電極をアノードと呼ぶので，陰極がカソード，陽極がアノードである。

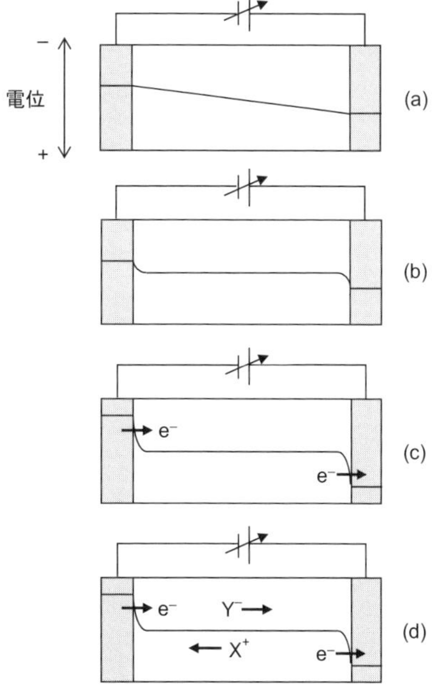

図 18.6　電気分解の進み方

電解反応とその応用　実際に電解質に電圧をかけると，どのような電極反応が起こるのだろうか。まず 1 つの典型的なケースとして，食塩水（塩化ナトリウム水溶液）の電解について見てみよう。

食塩水に 2 本の炭素電極を入れて電極間に電圧をかけると，陰極（カソード）では水素が発生する。カソードで還元される可能性のある物質には，ナトリウムイオンがあるが，その標準還元電位は − 2.71 V とかなり低い。それに対し，水は中性付近ではずっと容易に還元される（pH 7 では − 0.42 V)。したがって，カソードでは水が還元されて水素が発生する。

$$\text{陰極（カソード）での反応}: 2\,H_2O(l) + 2\,e^- \longrightarrow H_2(g) + 2\,OH^-(aq)$$

一方，陽極（アノード）では，ある程度濃度の高い食塩水を使っていれば，塩化物イオンが酸化されて塩素が発生する。

$$\text{陽極（アノード）での反応}: 2\,Cl^-(aq) \longrightarrow Cl_2(g) + 2\,e^-$$

食塩水の電解は，水素，塩素と同時に水酸化ナトリウムを製造する方法として工業化されている（電解ソーダ工業と呼ばれる)。電解ソーダ工業においては，図 18.7 のような電解槽が用いられる。カソード側の溶液とアノード側の溶液は陽イオン交換膜で隔てられており，カソードで生成した水酸化物イオンと，アノード側の溶液から陽イオン交換膜を通ってカソード側へ移動したナトリウムイオンがカソード側の溶液中に濃縮され，水酸化ナトリウムが生成する。

一方，食塩を高温で融解し液体にした状態で電解すると，カソードからはナトリウム単体が得られる。

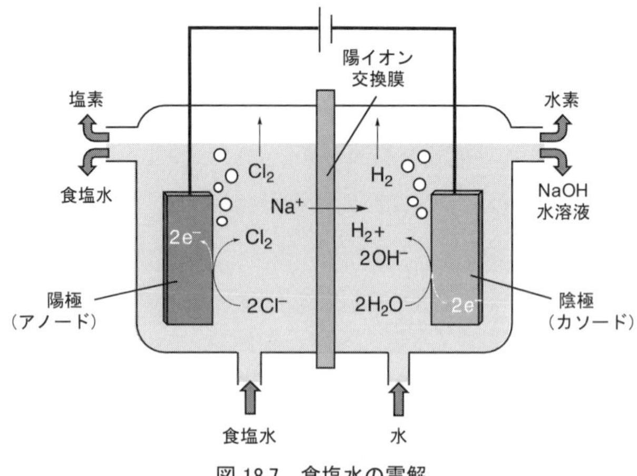

図 18.7　食塩水の電解

陰極（カソード）での反応：$2\,Na^+\,(l)\ +\ 2\,e^- \longrightarrow Na(l)$

陽極（アノード）での反応：$2\,Cl^-\,(l) \longrightarrow Cl_2(g)\ +\ 2\,e^-$

このような電気分解を溶融塩電解という。アルミニウムの精錬法であるホール・エルー法（Hall-Héroult process）も溶融塩電解の代表例である。

ファラデーの電気分解の法則　電気分解で生成する物質の物質量は流れた電気量に比例する。これを**ファラデーの電気分解の法則**という。この法則と次の量的な関係によって，電気分解において生成する物質の物質量と電気量の間の定量的な関係が定まる。

(1) 1 A（アンペア）の電流とは，1 秒間に 1 C（クーロン）の電荷が流れることに相当する電流である。

(2) 1 mol とはアボガドロ数個の粒子からなる物質の量であり，電子は 1 mol あたり，$6.02214076 \times 10^{23}\ mol^{-1}$（アボガドロ定数）$\times\ 1.602176634 \times 10^{-19}$ C（電気素量）$= 9.64853321 \times 10^4\ C\ mol^{-1}$（**ファラデー定数**）の電気量をもつ。

例題 18-4　電気分解の法則

白金を両電極として硫酸銅（II）溶液を 3.86A の電流で 2500 秒間電気分解した。このときの両電極では何が生成し，またその物質量はいくらか。

1. **分　析**　電気分解の法則を使う計算問題である。
2. **計　画**　電極で起きている反応式を正しく書き，電気量の計算から反応した電子，物質の物質量を計算する。
3. **解　答**　流した電気量は 3.86 (A) × 2500 (s) = 9650 C であり，これは電子 9650/96500 = 0.1 mol の反応に相当する。電極では次の反応が起きる。

   陽極　$2H_2O \longrightarrow O_2 + 4H^+ + 4e^-$

   陰極　$Cu^{2+} + 2e^- \longrightarrow Cu$

   反応した電子 e^- は 0.1 mol なので，陽極では 0.1/4 = 0.025 mol の O_2 が気体となって発生し，陰極では 0.1/2 = 0.05 mol の Cu が析出する。
4. **チェック**　反応式の係数，物質量を検算する。

18.4　実用電池

一次電池と二次電池

化学電池は，一次電池，二次電池と燃料電池に分類される。充電して繰り返し使える電池を二次電池といい，充電することができない使い切りの電池を一次電池という。外部から電極活物質を連続的に供給することによって継続的に電力を発生することができる電池を，燃料電池という。以下，現在実用に供せられている代表的な電池の仕組みについて解説する。その他の電池については，それぞれの特徴を表 18.5 にまとめた。

(1)　マンガン乾電池

正極活物質に酸化マンガン（IV）を，負極活物質に亜鉛を使う電池で，1868 年にフランスのルクランシェが発明したルクランシェ電池を原型としている。負極には電池容器を兼ねた亜鉛缶，正極には炭素棒（グラファイト）の周りにグラファイト粉末と酸化マンガン（IV）の混合物を固めたものを用い，塩化亜鉛（$ZnCl_2$）の水溶液，あるいは塩化亜鉛と塩化アンモニウム（NH_4Cl）の混合水溶液を電解質とする。電解質は，ルクランシェの電池では水溶液であったが，屋井先蔵の発明によってゲル化して液漏れしにくくしたものが用いられるようになった。負極と正極の間は，紙のセパレーターで仕切られている。電池式は

$$\mathrm{Zn} \mid \mathrm{ZnCl_2(aq)} \mid \mathrm{MnO_2} \mid \mathrm{C} \qquad \text{あるいは} \qquad \mathrm{Zn} \mid \mathrm{ZnCl_2(aq), NH_4Cl(aq)} \mid \mathrm{MnO_2} \mid \mathrm{C}$$

で，電極反応は

$$\text{正極での反応：}\mathrm{MnO_2(s) + H^+ + e^- \longrightarrow MnOOH(s)}$$
$$\text{負極での反応：}\mathrm{Zn(s) \longrightarrow Zn^{2+}(aq) + 2\,e^-}$$

である。

大きな電流が得にくいというマンガン乾電池の欠点を補うために，負極活物質の亜鉛を粉末にして表面積を増すとともに，電解質を水酸化カリウムとしたものがアルカリマンガン乾電池（通称，アルカリ乾電池）である。

$$\text{正極での反応：}\mathrm{MnO_2(s) + H_2O + e^- \longrightarrow MnOOH(s) + OH^-}$$
$$\text{負極での反応：}\mathrm{Zn(s) + 2\,OH^- \longrightarrow ZnO\,(s) + H_2O + 2\,e^-}$$

(2)　鉛蓄電池

現在用いられている電池のなかでは最古のもので，1859 年にフランスのブランテによって発明された。再充電が可能で，自動車用のバッテリーとして大量に使用されている。自動車のバッテリーは，エンジンの回転を動力源とする発電機によって充電され，エンジン始動用のモーターをはじめ，ヘッドライトなどのランプ類，ワイパー，カーオーディオ，カーナビなどに電力を供給する。電解質は硫酸である。

放電時の電極反応は

$$\text{正極（カソード）：}\mathrm{PbO_2(s) + 3\,H^+ + HSO_4^- + 2\,e^- \longrightarrow PbSO_4(s) + 2\,H_2O}$$
$$\text{負極（アノード）：}\mathrm{Pb(s) + HSO_4^- \longrightarrow PbSO_4(s) + H^+ + 2\,e^-}$$

充電時はこの逆反応で

表 18.5　いろいろな電池

一般的な名称	負極	正極	電解質溶液	電圧／V	主な用途
一次電池					
マンガン乾電池	Zn	MnO_2	NH_4Cl, $ZnCl_2$	1.5	玩具，家電などの単1～単5形，角形電池
アルカリ乾電池	Zn	MnO_2	KOH, NaOH など	1.5	玩具，家電，電子機器などの単1～単5形，角形，ボタン型電池
酸化銀電池	Zn	Ag_2O	KOH, NaOH など	1.55	時計，玩具，カメラ，電子機器などのボタン型電池
空気亜鉛電池	Zn	空気中の O_2	KOH など	1.4	補聴器，小型電子機器のボタン型電池
リチウム一次電池	Li	$(CF)_n$ あるいは MnO_2	リチウム塩（有機溶媒）	3.0	腕時計，玩具，カメラ，家電，電子機器などの各種電池（円筒型，角形，ボタン型）
二次電池					
鉛蓄電池	Pb	PbO_2	希硫酸	2.0	自動車，バックアップ電源
ニッカド電池	Cd	NiOOH	KOH	1.2	玩具，パソコン，家電，電子機器
ニッケル水素電池	水素吸蔵合金	NiOOH	KOH, NaOH	1.2	パソコン，携帯電話，ヘッドホンステレオ，電気自動車，ハイブリッドカー
リチウムイオン二次電池	C	$LiCoO_2$, $LiMn_2O_4$ など	リチウム塩（有機溶媒）	3.6 ～ 3.7	パソコン，家電，携帯電話，電気自動車

陰極（カソード）：$PbSO_4(s) + H^+ + 2\,e^- \longrightarrow Pb(s) + HSO_4^-$

陽極（アノード）：$PbSO_4(s) + 2\,H_2O \longrightarrow PbO_2(s) + 3\,H^+ + HSO_4^- + 2\,e^-$

である。

(3)　リチウムイオン二次電池

エネルギー密度の高い二次電池で，携帯電話やスマートフォン，ラップトップ PC などのモバイル電子機器に採用され，またハイブリッドカーや電気自動車のバッテリーとしても主流を占めるようになり，年々市場規模が拡大している。

(4)　燃料電池

電極活物質として負極には燃料を，正極には空気中の酸素を連続的に供給することによって，継続的に電力を発生することができる発電装置である。現在実用化されている燃料電池では，ほとんどの場合，燃料として水素が用いられている。市販されている燃料電池自動車（FCV）は，水素を充填した高圧タンクを搭載している。水素以外の燃料としては，メタノール，エタノール，ヒドラジン，ギ酸，アンモニア等の利用が試みられている。また，都市ガスなどの炭化水素ガスから，水蒸気改質によってその場で水素を生成して燃料とする燃料電池もある。電解質としては，リン酸水溶液を用いるものやイオン伝導性セラミックス（固体）を用いるものなどがあるが，燃料電池自動車では，水素イオン伝導性を有するフッ素系高分子膜（プロトン交換膜）が用いられている。このタイプの燃料電池は固体高分子形燃料電池と呼ばれる。図 18.8 に固体高分子形燃料電池のしくみを示す。

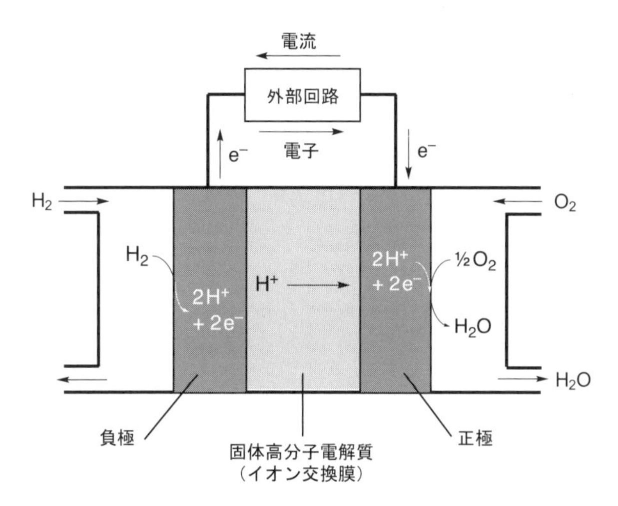

図 18.8　固体高分子形燃料電池のしくみ

調査考察課題

1. 乾電池の構造を調べ，ボルタ電池やダニエル電池との比較し（違いと，共通点など）を考察せよ。
2. リチウム一次電池，オキシライド乾電池について調査し，その反応について述べよ。
3. 鉛蓄電池について調査せよ。充電がすすむと溶液中の硫酸の濃度はどのように変化すると考えられるか。
4. 酸化銀電池（ボタン型電池）について調査し考察せよ。
5. アポロ計画や，宇宙計画などからはじまって，燃料電池が多く使われるようになっている。その理由について考察せよ。
6. 実用化されているリン酸型燃料電池について調べ，その構造について述べよ。
7. 金属メッキ，アルミニウム単体の生産など，電気分解の応用例を調査せよ。
8. 飲酒運転の検査のための血中アルコール濃度を決める方法として，呼気を採取して分析する方法が用いられている。日本では呼気のアルコール濃度が 0.15 mg L^{-1} 以上であれば，酒気帯び運転として厳罰に処せられる。この呼気のアルコール濃度分析には酸化還元反応が応用されている。アルコールを含んだ呼気を二クロム酸カリウムの黄色い溶液と硝酸銀と硫酸を含む溶液に通じると，アルコールは二クロム酸イオンにより，酸化されて酢酸にかわる。この時，二クロム酸イオン（赤褐色）はアルコールと酸化還元反応し，クロムイオン Cr^{3+}（緑色）に変わるので，この色の変化を利用して呼気中のアルコール濃度が検出される。
   この検査方法は 18.1 でのべた酸化還元反応の応用である。その化学反応式を調べよ。

電極の呼称

電極の名称は，英語では電子を放出する方をアノード（anode），電子を受け取る方をカソード（cathode）と呼ぶ。日本では，電位の高い方を陽極（電気分解の場合）または正極（ガルバニ電池の場合）と呼び，電位の低い方を陰極（電気分解の場合）または負極（電池の場合）と呼ぶ。電気分解の場合は，陽極はアノード，陰極はカソードになって英語本来の意味と一致するが，ガルバニ電池の場合は逆になるので注意を要する。なお，アノードに向かって移動する陰イオンは英語で anion，カソードに向かって移動する陽イオンは cation である。

電子の授受	英語	日本語	
		電気分解の場合	ガルバニ電池の場合
電子を放出する電極	アノード（anode）	陽極	負極
電子を受け取る電極	カソード（cathode）	陰極	正極

memo

UNIT VIII 化学反応論

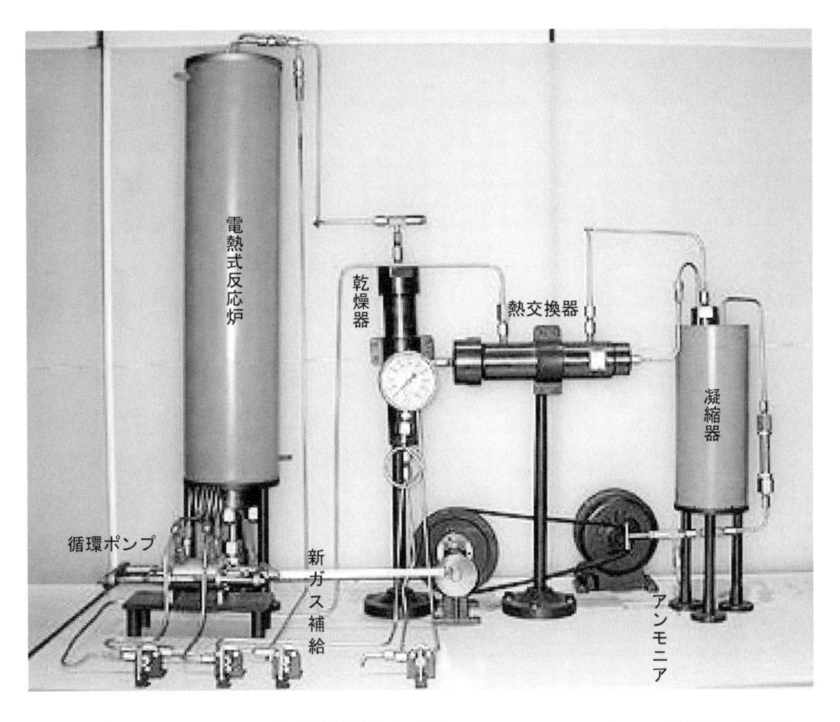

ハーバーのアンモニア合成実験装置（実物　ミュンヘンのドイツ博物館に展示）

写真左の反応炉に触媒をつめ，電熱で高温に加熱し，循環ポンプで高圧に加圧した反応ガス（H_2 と N_2）を通す。生成ガスを熱交換したあと，写真の右端にある凝縮器に導いて冷却し，液化しやすいアンモニアを気相反応系から外に取り出せるようになっているのがこの装置の特徴である。ルシャトリエの原理に基づく平衡移動については 15.3 で説明した。

UNIT VIII 各章の構成と到達目標

19章　反応の速度

19.1　化学反応速度論

・化学反応の速度とは何かを定義できること
・反応機構において，中間生成物が何かを見分けることができること
・反応速度式を書くことができること

19.2　反応の過程

・衝突理論に基づいて，化学反応の機構を理解すること
・化学反応において，エネルギーがどのような役割を果たしているか，説明できること
・活性化エネルギーとは何かを定義し，活性複合体とは何かについて説明できること

19.3　反応速度に影響を与える要因

・反応速度に影響を与える要因をリストアップし，その影響について衝突理論に基づいて説明できること

20章　化学反応と熱

20.1　熱の出入りを伴う化学反応

・発熱反応と吸熱反応を理解すること

20.2　エンタルピー変化の測定法

・熱とエンタルピーの違いを理解すること
・エンタルピーとは何か説明できるようになること
・熱の出入りと温度変化の関係を理解すること
・カロリメトリーで反応のエンタルピー変化が決められることを理解すること

20.3　エンタルピー変化の算出法

・ヘスの法則を理解すること
・標準生成エンタルピーとは何かを説明できること
・標準生成エンタルピーを使って反応熱を計算することができること

21章　化学熱力学

21.1　化学反応の自発性

・自発的な過程とは何かを説明できること
・エンタルピーを反応の自発性と関連づけることができること

21.2　エントロピー

・エントロピーを定義すること
・変化の過程が自発的であるための条件を述べることができること

21.3　自由エネルギー

・反応が自発的であるための条件を，自由エネルギーの概念を使って述べることができること
・化学反応のエネルギーを使ってすることができる仕事の量を示し，エネルギー変換効率とは何かを説明できること

21.4　熱力学支配と速度支配

・反応生成物の分布が，熱力学（化学平衡）によって支配される場合と反応速度によって支配される場合の違いを理解できること

アンモニア合成と触媒

ハーバーたちの研究目的は反応速度をいかに速くするかにあった。一般に反応温度を高くすれば速くなるが，装置の材質が耐えられなくなるし，この反応の場合は平衡が逆方向に傾いてしまう。このジレンマを解決するための触媒研究であった。触媒化学はここに始まり，反応工学あるいは化学工学といった体系を形成して今日の石油化学工業技術の礎となった。

工業的なアンモニア合成が始まったのは1913年ドイツであるが，現在では根粒バクテリアなどによる自然界の窒素固定（植物が吸収できる形態の窒素化合物にすること）に近い量のアンモニアが工業的に製造されている。用途の大半が窒素肥料であり，世界の人口維持に最も貢献している化学工業，化学反応といえる。

19 章　反応の速度

19.1　化学反応速度論

化学反応について調べるとき，何が一番重要だと思いますか？　ほとんどの人は「その反応によって何ができるか」だと言うでしょう。もちろんそれは非常に大切ですが，同時に，「その反応がいかに速く進むか？」「その反応の速さを左右する因子は何か？」を知ることも重要です。反応の速さについて研究することは，食物の腐敗や金属の錆，コンクリートの固化，ジェット燃料の燃焼など，我々の日常生活において重要で，かつ，速さが問題となるさまざまな反応を制御するために役立つのです。

反応速度

一般に，速度は，与えられた時間内に起こる量の変化で測ることができる。たとえば，車の速度が時速 60 km であるというのは，車が 1 時間に 60 km 進むことを表す。それでは，化学反応の速度については，どのような量の変化を測ればよいのだろうか。化学反応も瞬時に完結するわけではなく，反応の完結には一定の時間がかかる。**反応速度**（reaction rate）は，ある一定の時間に消費される反応物の量，あるいは，ある一定の時間に生産される生成物の量で測ることができる。通常，反応物の量や生成物の量は，モル濃度，すなわち，単位体積あたりの物質量で表す。

では，具体的に次の反応について考えてみよう。アセトアルデヒド熱分解反応である。

$$CH_3CHO(g) \longrightarrow CO(g) + CH_4(g) \qquad (g：気体)$$

反応物 CH_3CHO の量の変化に注目すると，反応速度は次のように表すことができる。

$$平均反応速度 = \frac{時刻 t_1 における CH_3CHO の濃度 - 時刻 t_2 における CH_3CHO の濃度}{t_2 - t_1}$$

ここで，計算式の符号に注目してほしい。反応速度については，その値が常に正になるように（負の値にならないように）計算することになっている。CH_3CHO の濃度は時間と共に減少していくので，$t_2 > t_1$ とすると，時刻 t_1 における CH_3CHO の濃度から時刻 t_2 における CH_3CHO の濃度を引かなければならない。

一方，生成物 CO の量の変化によって反応速度を表すと，次のようになる。

$$平均反応速度 = \frac{時刻 t_2 における CO の濃度 - 時刻 t_1 における CO の濃度}{t_2 - t_1}$$

より一般的には

$$平均反応速度 = \frac{反応物の濃度の減少}{その変化にかかった時間} = \frac{生成物の濃度の変化}{その変化にかかった時間}$$

と書くことができる。「変化」を表す記号として，通常，ギリシア文字のデルタ（Δ）*が使われるが，これを使うと次のように書くこともできる。なお，ここで［ ］はモル濃度を表す。

$$平均反応速度 = -\frac{\Delta[反応物]}{\Delta 時間} = \frac{\Delta[生成物]}{\Delta 時間}$$

反応速度は時々刻々変化している。したがって，上で述べた方法によって求めた反応速度は，あくまでも，ある時間の幅の中の反応速度の平均値にすぎない。この平均速度を真の速度に近づけるためには，測定時間の間隔をなるべく小さくしなければならない。測定間隔を限りなく小さくとっていくと，「時間で微分する」という操作になる。

$$反応速度 = -\frac{d[反応物]}{dt} = \frac{d[生成物]}{dt}$$

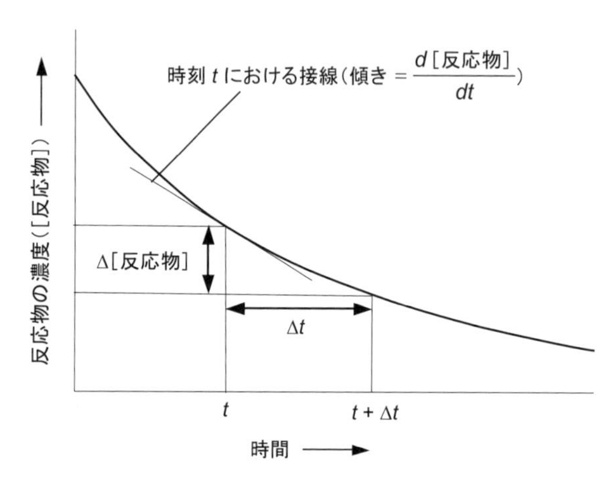

図 19.1 反応の進行に伴う反応物の濃度変化
反応速度はこの曲線の接線の傾きの絶対値として表わされ，時間とともに減少していくことがわかる。

反応速度式

反応速度に対する反応物の濃度の影響を記述した数式が，**反応速度式**（rate equation）である。この式を使うと，反応物の濃度が与えられたとき，反応速度を見積ることができる。また，この式を使って，反応物の濃度を変化させたとき，反応速度がどのようにかわるかを予測することができる。反応速度式は次のような形の方程式である。

$$反応速度 = \boldsymbol{k}\,[\mathrm{A}]^x\,[\mathrm{B}]^y$$

[A] と [B] は，それぞれ A，B のモル濃度（mol L^{-1}，あるいは M）である。x と y は濃度のべき乗の指数で，たとえば x は，反応物 A 以外のすべての反応物の濃度を一定にして，A の濃度だけを変化させたとき，反応速度がどう変わるかを調べることによって，決定することができる。比例定数 k は，**反応速度定数**（rate constant）と呼ばれる。

たとえば，一酸化窒素とオゾンとの反応は

$$NO(g) + O_3(g) \longrightarrow NO_2(g) + O_2(g)$$

のように表される。この反応の速度式は

＊ 符号に注意．通常，ΔA =（変化した後の A の値）－（変化する前の A の値）である。必ず，変化後の値から変化前の値を引くこと。

反応速度 $= k\,[NO]\,[O_3]$

となることがわかっている。さて，反応物の濃度が 1.00 mol L^{-1} の場合について考えてみよう。もし，[NO] と $[O_3]$ の一方が 2 倍，すなわち 2.00 mol L^{-1} になれば，反応速度はどうなるだろう。答えは 2 倍である。では，[NO] と $[O_3]$ の一方が 5 倍になったときはどうか。10 倍のときは？*

さて一方，一酸化窒素と臭素の反応は

$$2\,NO(g) + Br_2(g) \longrightarrow 2\,NOBr(g)$$

のように表される。この反応の速度式は一酸化窒素とオゾンとの反応の場合とは異なり

反応速度 $= k\,[NO]^2\,[Br_2]$

となることが知られている。ここでは，反応速度は NO 濃度の 2 乗になっているので，NO 濃度が 5 倍になると速度は 25 倍（5^2 倍）になる。しかし，一方，反応速度は Br_2 濃度については 1 次になっているので，Br_2 濃度が 5 倍になっても速度は 5 倍にしかならない。それでは，NO と Br_2 の濃度の両方が 2 倍になると，反応速度は何倍になるだろうか？**

例題 19-1　反応速度式の求め方

化合物 A と B を反応物とするある反応において，A と B の濃度をさまざまに変えて反応速度を測定したところ，下表のような結果が得られた。この結果から，どのような反応速度式を導くことができるか。

実験	濃度 /mol L^{-1}		反応速度 /Ms^{-1}
	[A]	[B]	
1	0.10	0.10	0.012
2	0.20	0.10	0.024
3	0.30	0.10	0.036
4	0.20	0.20	0.096
5	0.20	0.30	0.216

1. **分　析**　反応速度式は，一般に反応速度 $= k\,[A]^x\,[B]^y$ という形になるはずである。反応速度が A，B それぞれの濃度にどのように依存するかを解析し，指数 x と y の値を求めればよい。
2. **計　画**　実験結果の中から，まず B の濃度が同じで A の濃度のみ異なるデータを選び出し，[A] の項の指数 x の値を決める。次に A の濃度が同じで B の濃度のみ異なるデータの組を拾い出し，[B] の項の指数 y の値を決める。
3. **解　答**　実験 1，2，3 では B の濃度が同じである。A の濃度を 0.10 から 0.20 へ 2 倍にすると，反応速度は 2 倍になっている。A の濃度を 3 倍にすると反応速度は 3 倍になっている。したがって，反応速度は A の濃度に関して 1 次，すなわち $x = 1$ である。

*　各々　5 倍，10 倍
**　8 倍

Aの濃度が同じデータの組は，実験2, 4, 5である。Bの濃度を2倍にすると反応速度は0.096 / 0.024 = 4倍に，Bの濃度を3倍にすると反応速度は0.216 / 0.024 = 9倍になっているから，反応速度はBの濃度に関して2次，すなわち$y = 2$である。

したがって，反応速度式は

$$反応速度 = k\,[A]\,[B]^2$$

4. **チェック**　Aの濃度が2倍，Bの濃度が2倍になると，反応速度は$2 \times 2^2 = 8$倍になるはずである。実験1と4を比較すると，たしかに0.216 / 0.012 = 8倍になっている。

一方，各実験データから，k = (反応速度) ／ $[A]\,[B]^2$を求めると，いずれの場合も$k = 12$となり，互いに一致する。

反応機構と律速段階

ところが，反応速度式の次数（濃度のべき乗の指数）は，化学量論的反応式（反応全体の物質収支を表わす化学反応式）の係数とは必ずしも一致しない例が知られている。

たとえば，

$$2\,N_2O_5(g) \longrightarrow 4\,NO_2(g) + O_2(g)$$

という反応の速度式は

$$反応速度 = k\,[N_2O_5]$$

となるし，

$$NO_2(g) + CO(g) \longrightarrow NO(g) + CO_2(g)$$

という反応の速度式は，

$$反応速度 = k\,[NO_2]^2$$

となる。どちらも，反応物の濃度のべき乗の指数は，化学量論的反応式の係数とは一致しない。とくに後者の例においては，一方の反応物であるCOが反応速度式にまったく登場しない。

ヨウ化物イオンが過酸化水素によって酸化され，ヨウ素を生成する反応で詳しく説明しよう。

$$2\,I^-(aq) + H_2O_2(aq) + 2\,H^+(aq) \longrightarrow I_2(aq) + 2\,H_2O(l)$$　(aq：水溶液，l：液体)

この反応の速度式を個々の反応物の濃度を変化させて実験的に求めると

$$反応速度 = k\,[I^-]\,[H_2O_2]$$

となり，反応式のとおりであれば，反応速度$= k\,[I^-]^2\,[H_2O_2]\,[H^+]^2$であるはずだが，実際には$H^+$の濃度は反応速度に関係しないことがわかる。

なぜこうなるのだろうか？　それは，この反応が多段階の反応だからと説明される。

反応の第1段階は，

$$I^-(aq) + H_2O_2(aq) \longrightarrow HOI(aq) + OH^-(aq)$$

という反応である。次の段階は

$$HOI(aq) + I^-(aq) \longrightarrow OH^-(aq) + I_2(aq)$$

であり，最後の段階は

$$2\,OH^-(aq) + 2\,H^+(aq) \longrightarrow 2\,H_2O(l)$$

である。これらの各段階の反応を**素反応**（elementary step）とよび，素反応に分解して説明した反応全体の過程を，反応機構（reaction mechanism）と呼ぶ。素反応の反応式に表れる化合物の中で，HOI と OH^- は反応全体の正味の反応式には登場しない化合物で，**反応中間体**（intermediate product）と呼ばれる。反応中間体は，後続の素反応によって消費されてしまうのである。3 つの素反応の反応式を足し合わせると，反応中間体はすべて消えて，最初に掲げた正味の反応式と同じになる。

$$\begin{array}{r}
I^-(aq) + H_2O_2(aq) \longrightarrow \cancel{HOI(aq)} + \cancel{OH^-(aq)} \\
\cancel{HOI(aq)} + I^-(aq) \longrightarrow \cancel{OH^-(aq)} + I_2(aq) \\
2\,\cancel{OH^-(aq)} + 2\,H^+(aq) \longrightarrow 2\,H_2O(l) \\
\hline
2\,I^-(aq) + H_2O_2(aq) + 2\,H^+(aq) \longrightarrow I_2(aq) + 2\,H_2O(l)
\end{array}$$

このような多段階の反応においては，反応全体の速度は，素反応の中で最も遅い反応によって決まる。反応速度を決めている最も遅い素反応を，律速段階（rate-determining step）という。上の例では，律速段階は第 1 段階の素反応であり，したがって，反応速度式は第 1 段階の反応の速度式に等しくなる。以上のような理由で，反応全体の速度式が

$$反応速度 = \boldsymbol{k}\,[I^-]\,[H_2O_2]$$

となるのである。

このように化学反応は，いくつかの素反応の集合であり，どの素反応が律速段階であるかによって，反応速度式が決まる。化学量論的反応式がわかっているからといって，そこから直接，反応速度式を導くことはできない。律速段階がどこにあるかは実験によってのみ決められるものであり，通常は，化学量論的反応式を見ただけではわからないのである。

19.2　反応の過程

前節では，実際の化学反応の過程は，化学量論的反応式で表されるものとは異なり，いくつかの素反応と呼ばれる過程の連続であることを学びました。素反応が反応過程における最小の単位であるとすれば，素反応は，分子レベルで絵に描くように表現することができるのでしょうか？　ここからは，反応の過程を分子レベルで調べてみることにしましょう。

衝突理論 化学反応が起こるためには，分子レベルでは何が必要だろうか。反応には，まず，反応に関わる分子，原子やイオンなどの粒子が，少なくとも反応する相手の粒子と衝突する必要がある。ほとんどの化学反応は，2つの粒子（分子，原子，またはイオン）の衝突によって起こる。論理的に考えても，3つの粒子が同時に衝突するということは極めてまれなので，1つの素反応に3つの粒子が関与することはほとんどない。ましてや，4つの粒子が一気に反応するということはあり得ない。

2つの粒子が衝突する場合でも，衝突しさえすれば，必ず反応が起こるというわけではない。たとえば，常温常圧の水素 H_2 とヨウ素 I_2 の1：1混合物の中では，それぞれの分子は1秒間に 10^{10} 回，他の分子と衝突している。もし，すべての衝突が“有効な衝突”で，衝突の度に生成物ができるとすると，1秒もたたないうちにすべての分子が反応してしまうことになるが，実際にはそうはならない。有効な衝突は 10^{13} 回に1回にすぎない。

それでは，有効な衝突と有効でない衝突を分けるものは何だろうか。まず，図19.2に示すように，衝突の際の分子の配向が生成物の形成に適している場合（図の上）とそうでない場合（図の下）とがある。適していない場合には，再び元の反応物として分かれていくことになる。さらに，衝突に際して，反応物分子の結合を切るのに十分な大きさのエネルギーが与えられるかどうかも，反応の成否を分けるはずである。

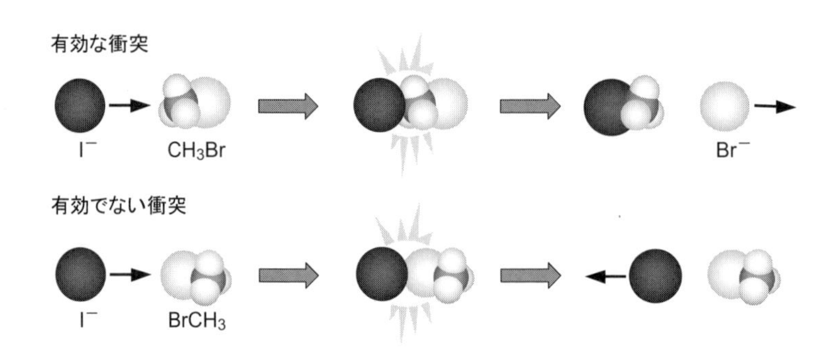

図19.2 有効な衝突と有効でない衝突

$I^- + CH_3Br \longrightarrow CH_3I + Br^-$ の反応は，メチル基（CH_3）が，強風に煽られて傘がお猪口になるように，反転する反応である。I^- がBr基の反対側から衝突したときしか反応が起こらない。Brの側から衝突しても，反応は起こらない。

化学反応のエネルギー 上で述べたように，分子の衝突によって反応が起こるためには，粒子どうしが適切な配向で衝突するとともに，反応物の結合を切るのに十分なエネルギーが供給される必要がある。このエネルギーはいったいどこから生じるのだろう。宇宙のすべての現象にはエネルギー保存則が成り立っており，化学反応においても，やはりエネルギー保存則が成り立つ。運動している粒子は運動エネルギーをもっている。運動エネルギーの大きさは，粒子の質量に比例し，粒子の速度の2乗に比例する。分子が衝突すると，分子のもっている運動エネルギーの一部が，分子のポテンシャルエネルギーに変換され，分子は変形する。

反応物から出発し，結合の組み替えを経て生成物に至る経路に沿って，分子のポテンシャルエネルギーの変化をプロットすると，図19.3のようになる。図の左端が反応物で，右端の生成物に達するためには，ポテンシャルエネルギーの山を乗り越えなければならない。この山の上は，反応物分子内の結合が引き延ばされて切れかけているが，生成物分子に至る結合の形成は，まだ十分に進んでいない状態で，**遷移状態**（transition state）と呼ばれる。遷移状態は，ポテンシャルエネルギーの高い不安定な状態である。この山を乗り越えるためには，反応物分子の運動エネルギーをポテンシャルエネルギーに変換しなければならない。すなわち，十分に大きな運動エネルギーをもった分子が衝突しなければならない。

このような，反応の進行に伴うポテンシャルエネルギー変化の図式は，1888年，スウェーデンの化学者，アレニウスによって最初に提案された。ポテンシャルエネルギーの山の頂点におけるエネルギーと反応物のエネルギーの差は**活性化エネルギー**（activation energy）とよばれ，E_a という記号で表される。

ポテンシャルエネルギーの山の頂点においては，反応物は短寿命の複合体を形成しており，その複合体は，反応物と生成物の両方の性質を併せ持っていると考えられる。この複合体を**活性複合体**（activated complex）とよぶ。活性複合体という言葉を使うと，活性化エネルギーは，活性複合体と反応物のエネルギー差と定義することもできる。

活性複合体は，ごく短寿命の分子の複合体で，単独の化学物質として検出できるようなものではない。一方，前節の説明において，反応中間体の存在する場合のあることを述べた。反応中間体の存在する場合のポテンシャルエネルギー変化の一例を図19.4に示した。ポテンシャルエネルギーの山の頂点を越えたところに，くぼみがある。ここが反応中間体で，ある程度の寿命があって一定の時間存在し，検出可能である。この場合，反応中間体からもう一度小さな活性化エネルギーの山を越え，もう1つの遷移状態を経て生成物に達する。

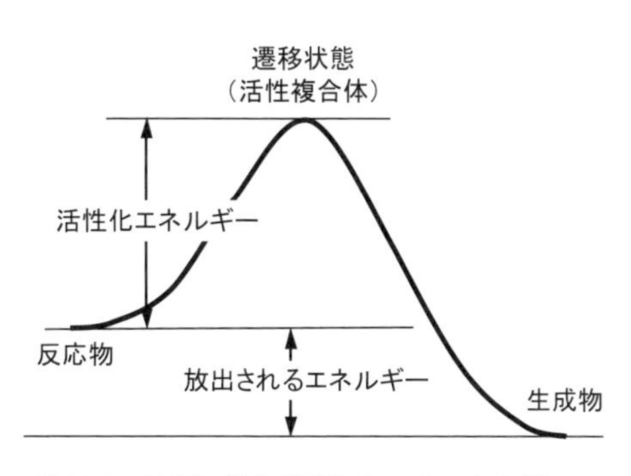

図19.3　反応に伴うポテンシャルエネルギーの変化（発熱反応の場合）

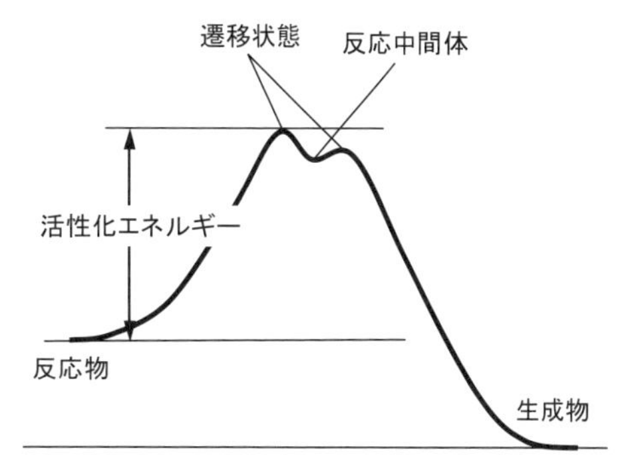

図19.4　反応中間体の存在する場合のポテンシャルエネルギー変化

19.3　反応速度に影響を与える要因

前節では，反応物が衝突する際の配向，運動エネルギー，そして，活性化エネルギーの大きさが反応速度に影響を与えることを学びました。そして，反応によってそれぞれ進む速さが違うのは，これらの条件が異なるからだということを理解しました。同じ反応であれば，その速度はいつも同じかというと，そうではありません。条件によって，速度は大きく変化します。この節では，どのような要因が反応速度に大きな影響を与えるかについて，調べてみましょう。

温　度

12.3 で述べたように，気体分子の速度はマクスウェル・ボルツマン分布にしたがう。分子の平均速度は温度が高いほど，大きくなる。分子の速度が大きくなれば，運動エネルギーが大きくなり，衝突に際して活性化エネルギーの山を越えることのできる分子の割合が増加する。図 19.5 は，マクスウェル・ボルツマン分布にもとづく分子の運動エネルギーの分布である。この図において，灰色に塗りつぶした部分が，活性化エネルギーより大きな運動エネルギーを持つ分子の数を示している。全分子数に占めるこの大きなエネルギーを持つ分子数の割合が，温度が高いほど大きく，したがって，温度が高いほど反応速度が大きいことがわかるであろう。

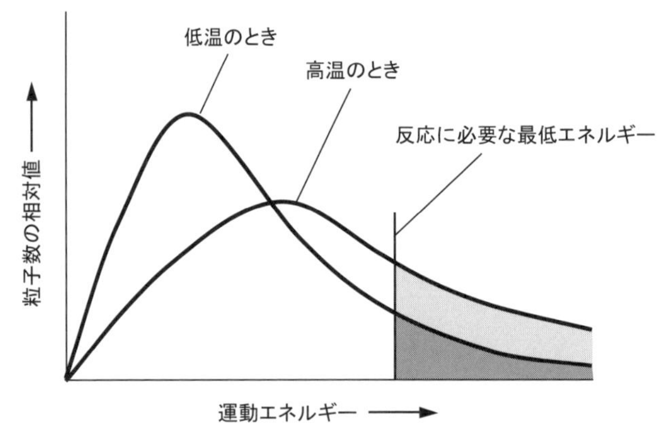

図 19.5　分子の運動エネルギーの分布

触　媒

砂糖，たとえば角砂糖は，空気にさらしておいても何年もそのまま安定に存在し続けるだろう。しかし一方，砂糖が我々の体内に取り込まれ，酵素（enzyme）に触れると，数秒のうちに消費されてしまう。この違いについて，どのような説明が可能だろう。この違いは，酵素の触媒作用による。触媒（catalyst）とは，それ自身は反応によって消費されたり変化することなく，反応速度を増加させる物質である。

化学量論的反応式には，触媒は登場しない。触媒は反応物でも生成物でもないからである。触媒は，反応の始まる前から系に存在し，ある素反応で消費されるが，別の素反応で再生されて元に戻る物質である。この触媒の消費と再生のタイミングは，反応中間体のそれとちょうど逆になっている。

触媒を添加することによって，添加前とは異なる反応経路が出現する。その新しい反応経路の

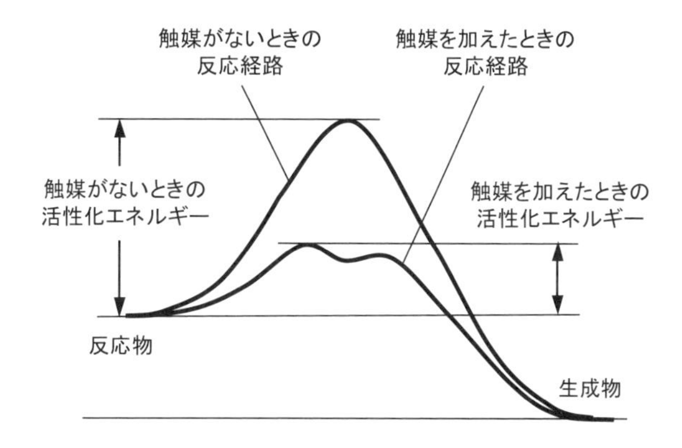

図 19.6　触媒添加によるポテンシャルエネルギーの変化

活性化エネルギーが本来の活性化エネルギーより小さければ，反応速度が増加することになる。この様子を図式化したものが図 19.6 である。

最もよく知られている触媒は，自動車の排ガス処理に使われている触媒である。自動車のエンジンからは，一酸化炭素と窒素酸化物という有毒物質が排出される。排気ガスを車外に導くマフラーの中に，ロジウムと白金でつくられた触媒が入っていて，一酸化炭素を酸素と反応させて二酸化炭素にする反応と，窒素酸化物を分解して窒素と酸素にする反応を加速し，排気ガス中の有害物質の濃度を許容レベル以下に下げている。

反応速度の温度変化

上に述べたように，温度が高いほど反応速度が大きくなる。アレニウスは，温度（絶対温度）と反応速度定数 k の間に次式のような関係があることを示した*。

$$k = A \exp\left(-\frac{E_a}{RT}\right)$$ （R は気体定数，A は頻度因子と呼ばれる比例定数）

この式はアレニウスの式（Arrhenius equation）とよばれるが，両辺の対数（自然対数）をとると，次のような式に変形できる。

$$\ln k = \ln A - \frac{E_a}{RT}$$

$$\ln k_1 - \ln k_2 = -\frac{E_a}{R}\left(\frac{1}{T_1} - \frac{1}{T_2}\right)$$

この式は，いくつかの温度で反応速度を求める実験を行い，そこから計算される反応速度定数 k の自然対数を絶対温度の逆数に対してプロットすると，直線に乗り，その直線の傾きから活性化エネルギー E_a の値が得られることを示している。このようなプロットはアレニウスプロット（Arrhenius plot）と呼ばれ，反応の活性化エネルギーを求める際に利用される。図 19.7 に，アレニウスプロットを用いて活性化エネルギーを求めた実例を示す。

＊この式は $k = Ae^{(-E_a/RT)}$（e は自然対数の底）の別の表現である。

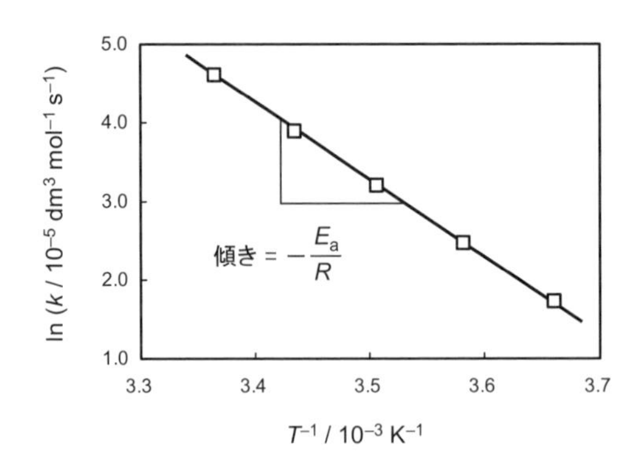

図 19.7 アレニウスプロットの一例

$CH_3I + C_2H_5ONa \longrightarrow CH_3OC_2H_5 + NaI$ の反応の速度定数と温度の関係をプロットしたものである。直線の傾き＝$-E_a/R$ から，E_a を求めることができる。

調査考察課題

1. 過酸化水素に触媒を加えて分解した。
触媒を加えてから5分ごとに一定体積の溶液をとり，過マンガン酸カリウム溶液で滴定したところ，次のような結果が得られた。

時間 /min	0	5	10	15	20	25	30
［過酸化水素］/ mol L^{-1}	0.0349	0.0273	0.0212	0.0166	0.0128	0.0100	0.0079

横軸に時間，縦軸に濃度をプロットし，濃度が時間とともにどのように減少しているか記述せよ。また，5分ごとの平均速度を求めて表に書き加え，平均速度がどのように減少していくか記述せよ。時間とともに反応速度が減少していくのはなぜか，考察せよ。
2. 課題1の過酸化水素の分解の場合，反応速度式はどのようになるか。また，反応速度定数を求めるためには，どのようにすればよいか考察せよ。
3. 反応によって速度が違うのはなぜか。
4. 活性化エネルギーが大きいと単位時間に反応する分子数が少なくなるのはなぜか。
5. 図 19.7 の反応の活性化エネルギーを見積もってみよ。
6. そもそも，なぜ活性化エネルギーが存在するのだろうか。もし，活性化エネルギーがなければどうなるか。
7. 反応中間体は単離できないはずであるが，なぜそれが存在することがわかるのだろうか。

20章　化学反応と熱

20.1　熱の出入りを伴う化学反応

私たちの日常生活や産業においては，さまざまな場面で化学反応が利用されていますが，そこでは，化学反応のどのような特長を利用しているか，考えてみたことはありますか。原料と違う新しい物質を生み出すこと，これはもちろん，化学反応の最も重要な特徴です。しかし，これと並んで同じ程度に重要なのは，化学反応によってエネルギー，とくに熱エネルギーが生み出されることです。私たちは，これを利用して湯を沸かし，自動車を走らせ，タービンを回して発電しています。大部分の化学反応には，熱の出入りが伴います。この節では，化学反応に伴う熱の出入りについて学習します。

発熱反応と吸熱反応

多くの家庭では，給湯のための燃料として都市ガスを使用している。都市ガスの主成分はメタンで，メタンを燃焼させると，次式のように二酸化炭素と水が生成する。

$$CH_4 + 2\,O_2 \longrightarrow CO_2 + 2\,H_2O \qquad (20\text{-}1)$$

この反応は発熱反応（exothermic reaction）で，25℃，1 bar（1×10^5 Pa）で 1 mol のメタンを完全燃焼させると，890 kJ の熱が放出される。

一方，金属触媒の存在下，高温でメタンを水蒸気と反応させると，水素が生成される。

$$CH_4 + H_2O \longrightarrow CO + 3\,H_2 \qquad (20\text{-}2)$$

この反応は水蒸気改質と呼ばれ，工業的な水素の大量生産や燃料電池に供給する水素の製造などに利用されている。この反応は吸熱反応（endothermic reaction）で，25℃，1 bar で 1 mol のメタンと 1 mol の水が反応する際に，206 kJ の熱が吸収される。

熱の出入りが伴うのは，化学反応ばかりではない。物質の状態変化に伴っても，熱が出入りする。氷を溶かして液体の水にするには，水分子間に働く引力を振り切るためのエネルギーが必要で，熱が吸収される。0℃，1 bar で 1 mol の氷を完全に液体にすると，6.01 kJ の熱が吸収される。液体の水を蒸発させて水蒸気にするためには，やはり水分子間に働く引力を振り切るためのエネルギーが必要で，100℃，1 bar で 1 mol の水を完全に水蒸気にすると，40.7 kJ の熱が吸収される。

このように，化学反応や物質の状態変化に伴って，熱が出入りする。熱が放出される場合（発熱）もあれば，吸収される場合（吸熱）もある。

エンタルピーとは何か

化学反応や物質の状態変化に伴う熱の出入りについて考えるために，新たに**エンタルピー**（H : enthalpy）という物理量を取り入れる。エンタルピーは，物質のもつエネルギーの総量を表す物理量の一つで，圧力一定の条件下では，エンタルピーの変化量（ΔH）は変化に伴って出入りする熱量に等しい。

国際規約によれば，化学反応に伴うエンタルピー変化（反応エンタルピー）は$\Delta_r H$で表し，融解に伴うエンタルピー変化（融解エンタルピー）は$\Delta_{fus}H$，蒸発に伴うエンタルピー変化（蒸発エンタルピー）は$\Delta_{vap}H$で表すことになっているが，本書ではこれらを全てまとめてΔHで表すことにする。

$$\Delta H = H_{\text{変化した後}} - H_{\text{変化する前}} \tag{20-3}$$

化学反応の場合

$$\Delta H = H_{\text{生成物}} - H_{\text{反応物}} \tag{20-4}$$

エンタルピーが減少するとき，エンタルピーの減少量に相当する熱量が放出される。エンタルピーが増加するとき，エンタルピーの増加量に相当する熱量が吸収される。したがって，発熱反応では$\Delta H < 0$，吸熱反応では$\Delta H > 0$である。

表 20.1　ΔHの符号と熱の出入りの関係

ΔHの符号	過程	熱の出入り
＋	吸熱	吸収
−	発熱	放出

標準エンタルピー変化（ΔH°）　化学反応や物質の状態変化に伴うエンタルピー変化は，温度や圧力によって異なる。1 barにおけるエンタルピー変化を標準エンタルピー変化といい，ΔH°で表す*。温度については，特に指定のない限り25℃（298.15 K）での値である。

前項で取り上げたメタンの反応を例にとると

$$CH_4(g) + 2\,O_2(g) \longrightarrow CO_2(g) + 2\,H_2O(l) \qquad \Delta H^\circ = -890\ kJ \tag{20-5}$$

$$CH_4(g) + H_2O(g) \longrightarrow CO(g) + 3\,H_2(g) \qquad \Delta H^\circ = +206\ kJ \tag{20-6}$$

となる。反応式においては，それぞれの物質の状態（s，l，g，あるいはaqなど）を示す必要がある。上記の例では，燃焼反応で生成する水は液体（l），水蒸気改質の反応物の水は気体（水蒸気，g）である。

また，これらの反応はいずれも高温で進行するが，25℃からスタートし，反応終了後に温度を25℃に戻したときの過程全体の発熱量，あるいは吸熱量がΔH°として示されている。

＊熱力学（熱の移動やそれに伴う仕事を議論する物理学の分野）では，圧力の標準として1 bar（1×10^5 Pa）を用いる。12章で扱った気体の標準状態（0℃，1 atm）とは異なる。

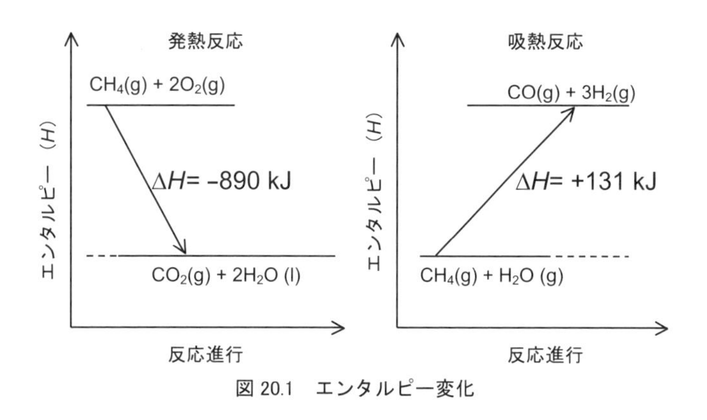

図 20.1　エンタルピー変化

20. 2　エンタルピー変化の測定法

エンタルピー変化 ΔH の大きさは，どのようにしたら測定できるのでしょうか。発熱反応が起これば，周囲の温度は上昇し，吸熱反応が起これば，周囲の温度は下降します。この温度変化が化学反応における熱の出入りの証拠であり，これを手掛かりにして，エンタルピー変化を測定することができます。

カロリメトリー（熱量測定）　熱の出入りを測定することをカロリーメトリー (calorimetry) といい，図 20.2 のような断熱容器を用いて温度変化を測定する。次の例題は，カロリーメトリーによってエンタルピー変化を求めた例である。

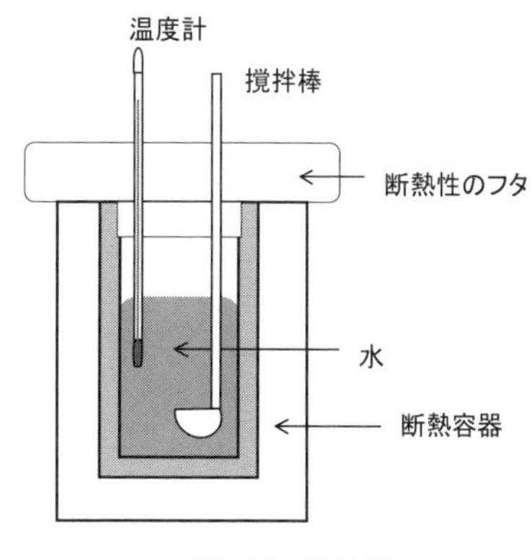

図 20.2　熱量計

例題 20-1　エンタルピー変化を求める

図 20.2 に示したような，発泡スチロールでできた断熱性の容器に攪拌棒と温度計をセットした装置を，カロリメーター（熱量計）という。さて，このカロリメーターに，19.8 ℃の水 100 g が入れてある。そこに 0.100 mol の KCl を溶解すると，水温が 15.7 ℃に低下した。この溶解過程の ΔH° を求めよ。

1. **分　析**　温度変化と熱容量を掛け合わせると，熱量が得られる。実験で得られた熱量をもとに，KCl 1 モルあたりの溶解熱を求めればよい。
2. **計　画**　実験によって得られた温度変化と熱容量を掛け合わせて，熱量を求める。熱の移動方向に注意して，発熱か吸熱かを見分けることが大切である。

3. **解　答**　KClを“系”, 水を“外界”と呼ぶことにし, 系と外界の間の熱のやり取りを考える。系が吸収する熱と外界が吸収する熱は，大きさが同じで符号が異なるはずであるから，

$$q_{系} = -q_{外界}$$

外界，すなわち水が吸収した熱は，温度変化を使って次式のように表すことができる。セルシウス温度と絶対温度の1度の幅は同じであるから，セルシウス温度の差をそのまま絶対温度の差として取り扱ってよい。

$$q_{外界} = (\text{水の質量}) \times (\text{水の比熱容量}) \times (\text{温度変化})$$
$$= 100\ \mathrm{g} \times 4.18\ \mathrm{J\ g^{-1}\ K^{-1}} \times (25.7 - 19.8)\ \mathrm{K}$$
$$= 1710\ \mathrm{J} = 1.72\ \mathrm{kJ}$$

したがって，系が吸収した熱は

$$q_{系} = -q_{外界} = 1.72\ \mathrm{J}$$

これをKCl 1モルあたりに直すと，

$$\Delta H^\circ = 1.72\ \mathrm{J} / 0.100\ \mathrm{mol} = 17.2\ \mathrm{kJ\ mol^{-1}}$$

これがKClの溶解熱であり，KClの溶解は

$$\mathrm{KCl(s)} \longrightarrow \mathrm{K^+(aq)} + \mathrm{Cl^-(aq)} \qquad \Delta H^\circ = 17.2\ \mathrm{kJ\ mol^{-1}}$$

と表すことができる。

4. **チェック**　溶解過程で温度は降下しているから，吸熱反応である。吸熱反応だからΔH°の符号は正で間違いない。

20. 3　エンタルピー変化の算出法

19世紀のスイスの科学者ヘスは，実際にその反応を行わせてエンタルピー変化ΔH°を測定することができないような反応についても，エンタルピー変化を求めることができる方法を見いだしました。彼の方法は，目的の反応をすでにΔH°がわかっている化学反応の組み合わせとして表し，既知の反応のΔH°の足し算や引き算によってΔH°を計算するというものです。標準生成熱という熱力学データを用いるさらに便利な方法についても学んでおきます。

ヘスの法則

ヘスの法則（Hess's Law）とは，ある反応のΔH°はその反応が分割できれば，分割した個々の反応のΔH°の和で表すことができるというものである。つまり，反応の際に出入りする熱は，その反応の始めと終わりだけによって決まり，途中の道すじによらないということである。このことを例題によって学ぼう。

例題 20-2　ヘスの法則の計算

いま，次式で与えられる窒素と酸素が反応して二酸化窒素ができる反応のエンタルピー変化を求めよ。

＊q系の符号は，ΔHと同じになるようにする。すなわち，吸熱のときに正。

$$N_2(g) + 2\,O_2(g) \longrightarrow 2\,NO_2(g)$$

ただし，この反応は次式で表される2つの反応過程で進む。

$$N_2(g) + O_2(g) \longrightarrow 2\,NO(g) \qquad \Delta H^\circ(1) = +181\ \mathrm{kJ}$$
$$2\,NO(g) + O_2(g) \longrightarrow 2\,NO_2(g) \qquad \Delta H^\circ(2) = -113\ \mathrm{kJ}$$

1. **分　析**　ヘスの法則を使う問題である。
2. **計　画**　2つの反応過程が示されているので，これの足し引きによってはじめの反応式が得られないか考えてみる。反応過程の足し引きと同様に$\Delta H^\circ(1)$と$\Delta H^\circ(2)$の足し引きを行えば，ΔH°を求めることができるはずである。
3. **解　答**　2つの反応過程を足すとはじめの式になる。
この時，式を足すのと同様にΔHも足す。

$$N_2(g) + 2O_2(g) + 2\,NO(g) \rightarrow 2\,NO(g) + 2\,NO_2(g)$$
$$\Delta H^\circ = \Delta H^\circ(1) + \Delta H^\circ(2) = (+181 - 113)\ \mathrm{kJ}$$
$$N_2(g) + 2\,O_2(g) \longrightarrow 2\,NO_2(g) \qquad \Delta H^\circ = 68\ \mathrm{kJ}$$

4. **チェック**　以上の計算結果（特に符号）を確かめるために，図に表わしてみると下のようになる。

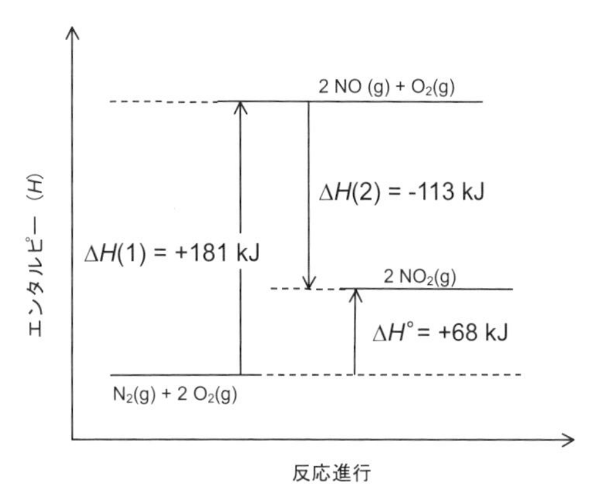

標準モル生成エンタルピー　標準エンタルピー変化の特別な場合として，ある化合物1 molをその化合物の構成元素の単体を原料として合成する反応の標準エンタルピー変化を標準モル生成エンタルピー（standard molar enthalpy of formation）とよび，$\Delta_f H^\circ$と表す*。$\Delta_f H^\circ$は，標準生成熱ともよばれる。たとえば，水（液体）の標準モル生成エンタルピーは

$$H_2(g) + \frac{1}{2}O_2(g) \longrightarrow H_2O(l)$$

*この定義からわかるように，単体の標準モル生成エンタルピー（標準生成熱）は，常に0（ゼロ）である。また，単体の状態としては，25℃において最も安定な状態を採用することになっている。

という反応に伴うエンタルピー変化である。

標準モル生成エンタルピーは，基本的な熱力学量として，さまざまな物質について精密に測定され，データベース化されている（付表3に代表的な物質についての値を示した）。

ヘスの法則を応用すると，任意の化学反応の標準エンタルピー変化 ΔH° は，標準モル生成エンタルピーを用いて

$$\Delta H^\circ = (\text{生成物の}\ \Delta_f H^\circ\ \text{の総和}) - (\text{反応物の}\ \Delta_f H^\circ\ \text{の総和})$$

という式によって求めることができることがわかる。このような計算は，物性値の予測などにしばしば用いられる。

調査考察課題

1. ヘスの法則は，エネルギー保存則の変形にすぎないともいえる。また，熱力学におけるエネルギー保存則として，熱力学第一法則とよばれる法則がある。それぞれの法則の表現と相互の関連について，調査考察せよ。
2. ΔH° ＝（生成物の $\Delta_f H^\circ$ の総和）－（反応物の $\Delta_f H^\circ$ の総和）という式が成り立つことは，ヘスの法則によって証明できる。$C_2H_4(g) + H_2(g) \longrightarrow C_2H_6(g)$ という反応を例にとり，各物質の標準モル生成エンタルピーとそれに対応する反応式を書き下すことによって，このことを確かめよ。
3. いろいろな物質の比熱容量を表に示す。このうち，水（液体）の比熱容量は氷より大きく，また金属よりも大きい。その理由を考察せよ。

様々な物質の比熱容量

物質	比熱容量／$J\,g^{-1}K^{-1}$
$H_2O(l)$	4.184
$H_2O(s)$	2.03
$Al(s)$	0.89
$C(s)$	0.71
$Fe(s)$	0.45
$Hg(l)$	0.14

4. 18世紀末，熱の本体は不可量流体（目に見えず重さを量ることもできない流体）という特殊な物質である熱素（caloric）であると唱える熱素説は，アメリカのB. トンプソン（ランフォード伯）によって否定された。トンプソンは，大砲の中ぐり実験（砲身に穴をあけること）によって，機械的に仕事を続ければいくらでも熱が発生することを示したのである。熱素説はどのような論理によって否定されたのか。
5. トンプソンの実験から，熱と仕事の間には一定の定量的な関係があると考えられるようになった。このような考えに基づき，熱の仕事当量を実験によって正確に求めたのがイギリスのJ. ジュールであった。このような歴史的背景から，熱量の単位は彼の名に基づいて名付けられた。ジュールの行った実験はどのような実験か，調査せよ。

21 章　化学熱力学

21.1　化学反応の自発性

一定のルールさえ守れば，それらしい化学反応式は，いくつも書き下すことができます。その中には，実際に起こり得る反応もあれば，絶対に起こりえないような反応もあるはずです。その反応が本当に進むのかどうか，どのようにすれば判定できるのでしょうか？　外部からエネルギーを投入したりしなくても，自然に進む反応を，自発的な反応と呼びます。この章では，反応の自発性を決定する要因について学びます。

あなたはゼンマイ仕掛けのおもちゃで遊んだことがありますか？　ゼンマイのほどける過程は，典型的な自発的過程です。巻き上げたゼンマイはひとりでにほどけますが，ほどけたゼンマイを巻き上げるには，エネルギーを使わなければなりません。ゼンマイが自然にほどけていくのは，ゼンマイの伸びきった状態がポテンシャルエネルギー最低の状態だからです。

化学反応においても，エネルギーの低い方向へ向かう反応は，自発的であろうと考えられます。それでは，化学反応の進む向きを決めるポテンシャルエネルギーとは，どのようなエネルギーでしょうか？　前の章では，エンタルピーというエネルギーについて学びましたね。エンタルピーは，この問題を解く 1 つの鍵になりそうですが，どうでしょうか？

自発的な過程

これまでに多くの化学反応について学んできたが，このあたりで，これまでに学んだことを復習してみよう。復習には，日頃なじみ深い反応，鉄さびの形成を使おう。鉄さび形成の化学量論的反応式を反応のエンタルピー変化とともに示すと，次のようになる。

$$4\,Fe(s) + 3\,O_2(g) \longrightarrow 2\,Fe_2O_3(s) \qquad \Delta H^\circ = -1644\ kJ$$

さて，鉄は大気にさらされると，すべてがさびに変わってしまうのだろうか。これは，化学平衡の問題（15 章参照）である。一般に反応は完結するまで進む場合もあれば，反応物と生成物が混合状態となったままで止まることもあり，反応がどこまで進むかは，平衡定数 K_{eq} で表すことができる。平衡定数については，すでに 15 章で学んだ。$K_{eq} \gg 1$ のときは，平衡は生成物側に片寄っており，平衡状態における生成物の比率が大きいが，$K_{eq} \ll 1$ のときは反応物の方が安定で，反応は進まない。見方を考えると，$K_{eq} \ll 1$ の場合は逆反応が進みやすいということができる。鉄さびの形成の場合には $K_{eq} \gg 1$ なので，新品の鉄くぎを戸外においておけば確実にさびるし，いったんさびてしまったものは，いつまで待っても自然にもとに戻ることはない。このような反応を**自発的な反応**（spontaneous reaction）という。

鉄さびの形成は，自発的な化学反応であるが，化学反応以外にも，自然界にはさまざまな自発的な変化がある。室温で氷が溶けるのは自発的な物理過程であるし，川の水が，山中の水源から海に向かって流れていくのも，自発的な物理過程である。自発的な過程とは，外部からの干渉なしに起こる過程である。

反応が自発的に起こるということは，反応の進行が速いということを意味するのではない。平衡定数が大きく（$K_{eq} >> 1$）自発的に起こる反応だからといって，その反応が速いとは限らない。自発的であるはずの反応でも，実際には，限りなく遅いということもあり得る。たとえば，グルコース（ブドウ糖）の燃焼（酸化）は，室温でも自発的に起こりうる反応である。実際，生体内では，室温付近で効率よく反応が進行し，我々はこの反応によって生きるためのエネルギーを得ている。にもかかわらず，室内で大気下にグルコースを放置しても，全く反応は進行しない。これは活性化エネルギーの問題であることを19章で学んだ。鉄さびの形成にしても，自発的ではあるが，それほど速い反応ではない。反応が自発的に進む方向と反応の進む程度（K_{eq}）は，この章で扱う「熱力学」の課題であるが，熱力学は反応の速さについては何の情報も与えない。

さて，それでは，自発的な反応の逆反応はどのようにすれば可能だろうか。自発的な反応は，外部からエネルギーを投入することによって，逆方向に進ませることができる。氷が溶けてできる水も，冷凍機を使って冷やせば，再び凍らせることができるし，山から流れ落ちる水も，動力を使って運び上げれば，再び山上へ戻すことができる。

エンタルピーと反応の自発性

自発的に進む反応や状態変化の多くは，発熱過程である。メタン（都市ガスの主成分），プロパン（プロパンガスの主成分），ブタン（卓上コンロのカセットボンベの主成分）などの燃料ガスの燃焼は大きな発熱を伴うし，ナトリウムと塩素から塩化ナトリウムが生成する反応のΔH°も負である。しかし，自発的に起こる反応や状態変化のすべてが発熱過程であるわけではない。たとえば，氷を室温にさらせば自発的に溶けて水になるが，氷が溶けて水になる状態変化のΔH°は

$$H_2O(s) \longrightarrow H_2O(l) \qquad \Delta H^\circ = +6.01\ kJ$$

と正の値をとる吸熱過程である。エンタルピー変化ΔHだけでは反応の自発性を説明できないことがわかる。

21.2 エントロピー

先に述べたように，すべての自発的な反応が発熱反応であるわけではありません。吸熱反応なのに自発的に進む反応もあります。たとえば，氷が溶けて水になるのは，吸熱反応ですが，自発的に進みます。硝酸アンモニウムが水に溶けて硝酸イオンとアンモニウムイオンになるのも，吸熱反応ですが，自発的に進みます。これらの反応は吸熱反応なのに，外部からエネルギーを投入しなくても自発的に進むのはなぜなのでしょうか？　これらの吸熱反応を自発的に進行させている駆動力は，何なのでしょうか。これを理解するためには，エントロピーという新しい概念を導入する必要があります。

エントロピーと秩序

氷が溶けるとき，氷の結晶中で秩序正しく並んでいる水分子は，液体になると乱雑になる。硝酸アンモニウムの場合も，結晶中で秩序正しく並んでいたイオンが，水中に分散して乱雑になる。これらの例は，自発的に進む吸熱反応では，生成物の方が反応物より秩序が乱れ，乱雑さが増しているということを示している。乱雑さ（秩序の

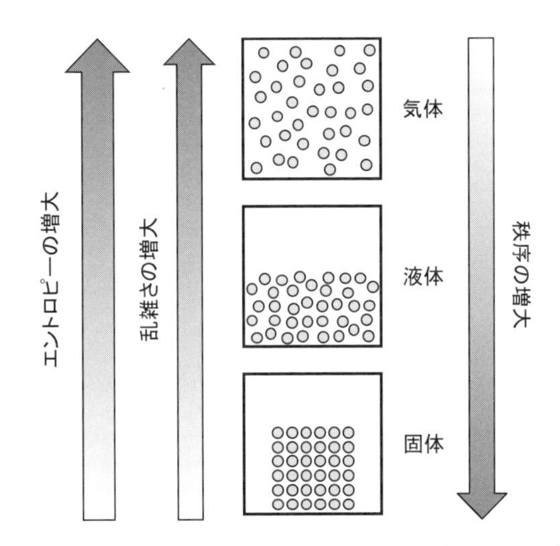

図 21.1　物質の 3 つの状態における粒子の配列とエントロピー

物質の 3 つの状態を比較して見ると，乱雑さ（秩序の乱れ）は気体で一番大きく，固体で一番小さい。液体は中間である。したがって，エントロピーは，気体が一番大きく，つぎが液体，そして固体が一番小さい。

乱れ）は，自発的な反応を進める重要な推進力である。そこで，熱力学において，さまざまな物質の乱雑さを比較する手段として，**エントロピー**（entropy）という概念が生み出された。エントロピーは，反応に関わる物質の乱雑さ，あるいは秩序の乱れを定量的に測る尺度である。エントロピーには，S という記号が使われる。乱雑さ（秩序の乱れ）が大きいほどエントロピーは大きい。

エントロピー変化

反応には，通常，エントロピーの変化が伴う。エンタルピー変化と同様に，生成物のエントロピーから反応物のエントロピーを引いたものを，反応に伴うエントロピー変化（entropy change）と定義する。

$$\Delta S = (\text{生成物の } S \text{ の総和}) - (\text{反応物の } S \text{ の総和})$$

反応熱として直接測定することができるエンタルピー変化（20.2 参照）と違って，エントロピー変化は，直接測ることができない。しかし，多くの物質についてエントロピーの値を求めることができるので*，上の式によって，エントロピー変化を計算することができる。

生成物の方が反応物よりエントロピーが大きいとき，ΔS の符号は正である。逆に生成物が反応物よりエントロピーが小さいとき，ΔS の符号は負になる。たとえば，氷が溶けて水になるときは，水の方がエントロピーが大きいので，ΔS は正。また，硝酸アンモニウムが水に溶けるときも，水中に分散したイオンの方がエントロピーが大きいので，ΔS は正。ΔS が正となる反応や状態変化の例を挙げると，次のようになる。

1. 液体や固体から気体が発生する反応。
2. 液体や固体から溶液ができるとき。

＊　標準モルエントロピーの値（S^0 標準状態における 1 モルあたりのエントロピー）は，データ集や便覧などの表にまとめられている。付表 3 に代表的な物質の値を示した。

3. 反応物より生成物の気体分子の数が多いとき。

4. 物質の温度が上がるとき。

自発的な過程とエントロピー変化

それではいよいよ，エントロピー変化と自発的な変化の向きとの関係について考えよう。非常に重要な熱力学の法則（熱力学第二法則）があって，それによると，自発的な過程においては，常に宇宙全体のエントロピーが増加する。宇宙全体というのは，反応系とそれを取り巻く外界を合わせた全体ということで，宇宙全体のエントロピー変化は反応系のエントロピー変化と外界のエントロピー変化に分けて考えることができる。すなわち，

$$\Delta S_{\text{宇宙}} = \Delta S_{\text{反応}} + \Delta S_{\text{外界}}$$

反応のエントロピー変化 $\Delta S_{\text{反応}}$ の符号を推測する方法については，すでに学んだ。では，外界のエントロピー $S_{\text{外界}}$ は，反応の進行に伴ってどのように変化するのだろうか。発熱反応（$\Delta H_{\text{反応}} < 0$）の場合，反応熱によって外界の温度が上がり，エントロピーは増加する（$\Delta S_{\text{外界}} > 0$）*。吸熱反応（$\Delta H_{\text{反応}} > 0$）の場合，外界の温度は下がり，エントロピーは減少する（$\Delta S_{\text{外界}} < 0$）。すなわち，$\Delta S_{\text{外界}}$ の符号は反応のエンタルピー変化 $\Delta H_{\text{反応}}$ の反対になる。この符号については，表 21.1 にまとめた。

表 21.1　エントロピー変化と反応の自発性

	反応のタイプ	$\Delta S_{\text{反応}}$	$\Delta H_{\text{反応}}$	$\Delta S_{\text{外界}}$	$\Delta S_{\text{反応}} + \Delta S_{\text{外界}}$	反応の自発性
1	発熱，エントロピー増	＋	−	＋	＋	○
2	吸熱，エントロピー増	＋	＋	−	＋ or −	○ or ×
3	発熱，エントロピー減	−	−	＋	＋ or −	○ or ×
4	吸熱，エントロピー減	−	＋	−	−	×

反応が発熱の場合，反応系のエントロピーが増加すれば（上の表で 1 の場合），$\Delta S_{\text{宇宙}}$ は必ず正の値をとり，反応は自発的に進行するが，反応系のエントロピーが減少する場合（表中の 3）は，負の値をもつ $\Delta S_{\text{反応}}$ が $\Delta S_{\text{外界}}$ を相殺するので，$\Delta S_{\text{外界}}$ の絶対値が $\Delta S_{\text{反応}}$ の絶対値より大きいときに限って $\Delta S_{\text{宇宙}}$ は正になり，反応は自発的に進む。一方，反応が吸熱の場合を見てみると，反応系のエントロピーが減少するとき（表中の 4）は，$\Delta S_{\text{宇宙}}$ は必ず負になるので，反応は進行しない。反応が吸熱でも反応系のエントロピーが増加する場合（表中の 2）には，$\Delta S_{\text{反応}}$ の絶対値が $\Delta S_{\text{外界}}$ の絶対値より大きければ $\Delta S_{\text{宇宙}}$ は正になるので，反応が自発的に進行する。すなわち，たとえ吸熱反応でも，熱を奪われることによる外界のエントロピー減少を反応系のエントロピー増加で穴埋めすることができれば，反応は自発的に進むのである。

たとえば，硝酸アンモニウムの結晶が水に溶ける反応

$$NH_4NO_3(s) \longrightarrow NH_4^+(aq) + NO_3^-(aq)$$

は吸熱反応（ΔH 反応 $= 28.1\ kJ > 0$）で，298 K では

$$\Delta S_{\text{外界}} = -\Delta H_{\text{反応}} / T = -28.1 \times 10^3\ J / 298\ K = -94.3\ J\ K^{-1} < 0$$

* $\Delta S_{\text{外界}} = -\Delta H_{\text{反応}} / T$

であるが，$\Delta S_{反応} = 108.7\ \mathrm{J\,K^{-1}} > 0$ なので，$\Delta S_{宇宙} = \Delta S_{外界} + \Delta S_{反応} = 14.4\ \mathrm{J\,K^{-1}} > 0$ となって，反応は自発的に進行する。すなわち，硝酸アンモニウムはエントロピーの増加を駆動力として，水に溶けるのである。

21.3　自由エネルギー

前節で，反応系と外界のエントロピー変化の和を計算すれば，その値の正負によって，反応の自発性が判断できることを学びました。しかし，皆さん！　この方法は複雑すぎると思いませんでしたか？　$\Delta H_{反応}$ の符号を正しく評価することでさえおぼつかないのに，$\Delta S_{外界}$ の符号を間違えないように決めなければならないのですから。でも，安心してください。アメリカの科学者ギブズが，この判断をもっと簡単にする方法を開発してくれているのです。

自由エネルギーと自発性

ギブズによって，**自由エネルギー**（free energy）というあたらしい物理量が定義された。反応に伴う自由エネルギー変化 ΔG は

$$\Delta G = \Delta H - T\Delta S$$

と表わされる*。

前節までに学んだように，自発的な反応の進行には，次の2つの要因がある。

① エンタルピー H が減少して（$\Delta H < 0$），安定化する方向に進む。

② エントロピー S が増大して（$\Delta S > 0$），乱雑さが増大する方向に進む。

この2つの要因を，温度の関数として統合したのが ΔG である。①と②のバランスによって，自発的な変化の方向が決まり，ΔG がその指標になる。つまり，

$\Delta G < 0$：反応が自発的に進行する

$\Delta G > 0$：反応は進行しない

これを4通りに分けて表21.2にまとめた。

表22.2において，1と4の場合は，温度によらず ΔG の符号は一定で，反応の自発性は温度に依存しないが，2と3の場合は，温度によって ΔG の符号が異なる。たとえば2の場合，高温では $T\Delta S$ の項が大きくなるので $\Delta G < 0$ となって，反応は自発的に進行するが，低温では $\Delta G > 0$ なので反応は進行しない。3の場合はこの逆になる。

表 21.2　自由エネルギー変化と反応の自発性

	反応のタイプ	$\Delta S_{反応}$	$\Delta H_{反応}$	ΔG	反応の自発性
1	発熱，エントロピー増	＋	－	－	温度によらず ○
2	吸熱，エントロピー増	＋	＋	－ or ＋	高温では ○
3	発熱，エントロピー減	－	－	－ or ＋	低温では ○
4	吸熱，エントロピー減	－	＋	＋	温度によらず ×

温度によって進む向きが変わる反応

可逆な反応 $\mathrm{A} \rightleftarrows \mathrm{B}$ の場合，ある温度で反応 $\mathrm{A} \rightarrow \mathrm{B}$ の ΔG が正のとき，反応 $\mathrm{A} \rightarrow \mathrm{B}$ は自発的には進行しないが，

＊ΔG が圧力一定の条件下で使われるのに対し，体積一定の条件下で使われるヘルツホルムの自由エネルギーもある。

反応 B → A は $\Delta G < 0$ なので，自発的に進行する。すなわち，可逆な反応 A ⇄ B の場合，ΔG の符号が反転すると，反応の向きが反転することになる。

実際に温度によって反応の進む向きが変わる例として，次のものが知られている。

1. $2\,Ag_2O(s) \rightleftharpoons 4\,Ag(s) + O_2(g)$

741 ℃以下では銀は酸化されやすく，酸化銀が安定であるが，741 ℃以上の高温では，酸化銀は自発的に分解して銀になる。

2. $Si(s) + 3\,HCl(g) \rightleftharpoons SiHCl_3(g) + H_2(g)$

比較的低温で固体のケイ素を塩化水素と反応させると，気体のトリクロロシラン $SiHCl_3$ が生成する。一方，高温（1000 ℃）でトリクロロシランと水素を反応させると，ケイ素が得られる。この反応は，ケイ素（半導体原料のシリコン）の精製に利用されている。

3. $H_2(g) + 2\,AgBr(s) \rightleftharpoons 2\,HBr(aq) + 2\,Ag(s)$

この反応は Pt | H_2(g) | HBr(aq) | AgBr(s) | Ag(s) と表される電池で起きる反応である。低温では反応は右方向に進行し，銀 - 臭化銀電極側が正極となるが，高温では反応の向きが逆転し，水素電極側が正極となる。すなわち，電池の電位が逆転する。

自由エネルギー変化と平衡定数

これまでに，自由エネルギー変化の符号が反応の自発性を決定するということを説明してきた。たとえば，ΔG が絶対値の大きな負の値をとれば，反応は自発的に進行し，反応物は全て生成物へと変化する。これを化学平衡の概念で説明すると，化学平衡が生成物側へ大きく傾き，$K_{eq} \gg 1$ であることを意味する。逆に，ΔG が大きな正の値をとれば，反応は全く進行せず，反応系は反応物のままである。これを化学平衡の概念で説明すると，化学平衡は反応物側へ大きく傾いていて，$K_{eq} \ll 1$ であることを意味する。

以上は両極端の場合であるが，一般に標準ギブズ自由エネルギー変化 ΔG° と平衡定数 K_{eq} の間には相関があって

$$\Delta G^\circ = -RT \ln K_{eq}$$

あるいは

$$K_{eq} = \exp\left(-\frac{\Delta G^\circ}{RT}\right)$$

と表せることがわかっている*。ただし，R は気体定数，T は絶対温度である。

自由エネルギーと仕事

“自発的な反応”は，文字通り，自分自身で勝手に進む反応である。それでは，自発的でない反応を進行させるにはどうしたらよいだろうか？　それには，反応系にエネルギーを投入する必要がある。すなわち，仕事をする必要がある。だとすれば，逆に，自発的な反応が進むときには，放出されるエネルギーを使って仕事をすることができないだろうか？　そのとおりである。仕事をさせることができる。

たとえば，電池にモーターをつなぐと電池内部で化学反応が進行し，エネルギーが放出される

* ただし，この式において，K_{eq} は無次元数でなければならず，厳密には 15 章で学んだ K_c と同じではない。

が，そのエネルギーはモーターで車を走らせる仕事に使うことができる。このとき，どれだけの仕事をすることができるかは，反応のしかたや装置の条件によって決まるが，取り出すことのできる仕事の最大量は決まっていて，反応のΔGの絶対値（ΔGは負の値をもつ）を超えることはできない。すなわち，$-\Delta G$は自発的な反応がすることのできる最大の仕事量である。Gに“自由”エネルギーという名前がついているのは，仕事をするために自由に取り出すことができるエネルギーであるという意味である。残りの取り出せないエネルギーは，熱力学第二法則による制約条件（宇宙全体のエントロピーの増加）を満たすために，外界に捨てられてしまう。

表 21.3　代表的なエネルギー変換装置の変換効率

変換に関わる装置など	変換の形式	変換効率／%
発電機	運動　→　電気	99
電動モーター		
大　型	電気　→　運動	92
小　型	電気　→　運動	62
ボイラー	化学　→　熱	88
家庭暖房		
ガ　ス	化学　→　熱	85
石　油	化学　→　熱	65
蒸気タービン	熱　→　運動	45
内燃機関		
ガソリンエンジン	化学　→　運動	25
ディーゼルエンジン	化学　→　運動	37
電　灯		
蛍光灯	電気　→　光	20 ～ 30
白熱灯	電気　→　光	12
LED	電気　→　光	30 ～ 90
燃料電池	化学　→　電気	60
太陽電池	光　→　電気	10 ～ 20
自転車上の人	化学　→　運動	50
徒歩の人	化学　→　運動	12

エネルギー変換効率

化学反応のエネルギーは，さまざまな装置によって熱や電気や運動のエネルギーに変換され，産業活動や日常生活に利用されている。表21.3には，さまざまな変換装置の変換効率を示した。表21.3を見ると，エンジンやタービンの効率があまり高くないのが目立つ。エンジンやタービンのように，燃料の化学エネルギーを燃焼という過程を通して機械的エネルギーに変換する装置を熱機関と呼ぶが，熱機関における変換効率の理論的な最大値は，熱機関と外界の温度差によって決まる。その値は温度によってちがうが，通常40～50%で，実際の装置ではさらに効率が下がる。

21.4　熱力学支配と速度支配

これまでにもたびたび述べたように，反応が自発的に進行するということが，即，反応速度が大きいということを意味するのではありません。ΔGが負の大きな値をとる（$K_{eq} \gg 1$）ことが，即，反応が速く進むことを意味するわけではありません。この平衡定数（あるいはΔG）と反応速度の違いに注意する必要があります。とくに，化学反応によって，2つの化合物が並行して生成するとき，2つの化合物の生成比が平衡定数によって決まる場合と，反応速度によって決まる場合があって，生成比の決まる機構が大きく異なります。有機化学反応には，反応条件によってこの2つの機構が入れ替わることが知られている反応がいくつかあります。その代表例を紹介します。

反応物Aから生成物BとCが並行して生成するとき，BとCの収率の比（生成比）が何によって決まるかについて，2つの場合が考えられる。

$$A \rightarrow B, \quad A \rightarrow C$$

1. 反応物と生成物の間に化学平衡が成り立っている場合（熱力学支配，

あるいは平衡支配という）

反応物と生成物の間に化学平衡が成り立っている場合，AとBの間に平衡が成り立つと同時にAとCの間にも平衡が成り立ち，結果として，BとCの間にも平衡が成り立つことになる。したがって，BとCの生成比は，B-C間の平衡の平衡定数によって決まる。B-C間の平衡の平衡定数は，BとCの安定性の差（ΔG）によって決まるので，熱力学的により安定な生成物がより多く生成することになる。

2.　反応速度の比によって生成物比が決まる場合（速度支配という）

生成物から反応物への逆反応が遅いと，化学平衡は成立せず，AからB，およびAからCの生成はいずれも一方通行になるので，生成比はこの2つの反応の速度比になる。反応速度と生成物の安定性の間には，必ずしも相関関係はないので，不安定な生成物の方がより多く生成することもあり得る。

有機化学反応における具体例

1-フェニルプロピンにアルミナ（酸化アルミニウム）を触媒としてHClを付加させると，アルケンの2つの異性体が生成する（図21.2）。この生成物の立体異性は，いわゆるシス-トランス異性と同様のもので，立体配置は（*E*）と（*Z*）で表される。図21.2は，反応物と生成物の量の時間変化を示している。長時間の反応後には，（*Z*）-アルケンが主生成物となる。これは，（*Z*）-アルケンの方が（*E*）-アルケンより8.8 kJ mol^{-1}だけ安定だからである（熱力学支配）。しかし，反応の初期，反応物のアルキンがなくなる頃までは，（*E*）-アルケンが主生成物になっている。これは，図21.3に示すように，付加の機構により，（*E*）-アルケンの方が生成しやすい（生成速度が大きい）からである（速度支配）。

このほか，反応温度を高めると，速度支配から熱力学支配へ切り替わり，生成物が変わる例もいくつか知られている。

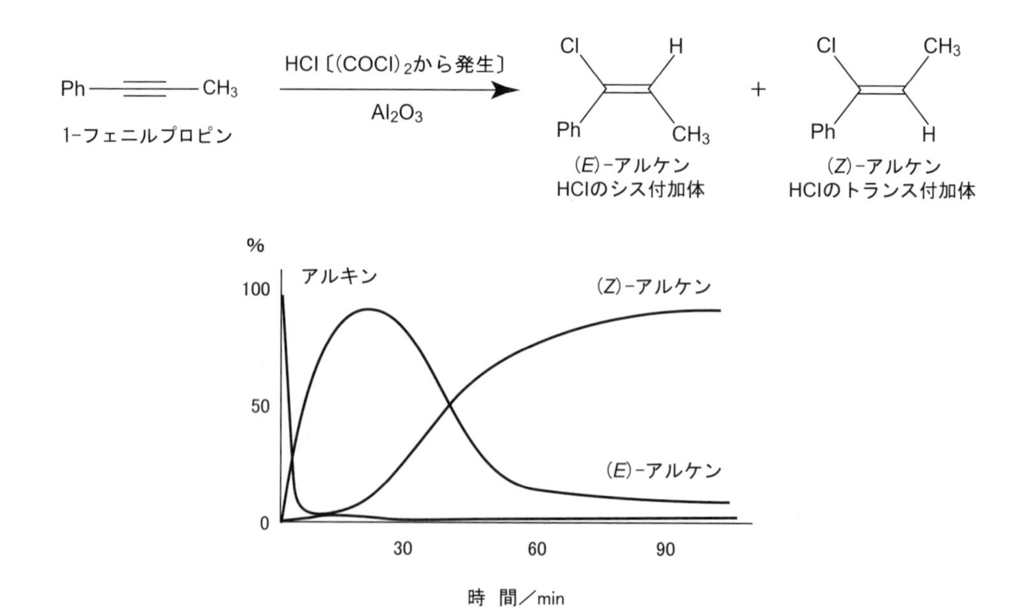

図21.2　1-フェニルプロピンへの塩化水素付加：反応物と生成物の量の時間変化

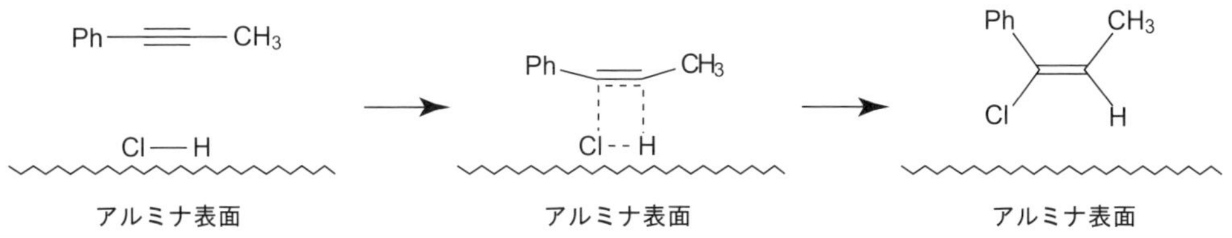

Ph—≡—CH_3 / Cl—H / アルミナ表面 → Ph—=—CH_3 / Cl--H / アルミナ表面 → Ph, CH_3, Cl, H / アルミナ表面

図 21.3 1-フェニルプロピンへの塩化水素付加：反応機構と反応初期の立体選択性の由来

調査考察課題

1. 前章でエンタルピーについて学んだことを箇条書きにして整理せよ。
2. エンタルピー変化の正負だけでは反応の自発性を予測できないことを，例をあげて説明せよ。
3. 表21.2に述べた1～4の場合について，エントロピー変化が正である化学反応の例をあげよ。
4. 水と氷の間の状態変化（$H_2O(l) \rightarrow H_2O(s)$）について，$\Delta H^\circ$と$\Delta S^\circ$を求めよ。この値を用いて−10℃における$\Delta G$の値を計算し，この温度における自発的な反応の向きはどちらか判定せよ（l → s か，それとも s → l か）。+10℃においてはどうか。これらのことから，水の凝固点がなぜ0℃であるのかについて考察せよ。
5. NaCl は水によく溶けるが AgCl はきわめて水に溶けにくい。この違いは何に由来するか，付表3の熱力学データの値を使って，説明せよ。また，NaCl が水に溶けるときの駆動力は何か。熱力学的な観点から考察せよ。
6. 表21.3において，エネルギー変換の形式によって効率の高いものと低いものがあるのはなぜか。とくに，効率の低いものについては，使われなかったエネルギーはどうなっているか考察せよ。
7. エネルギーは常に保存され，決して無から生じたり，消えてしまうことはない。もしそうならば，なぜ我々は，エネルギーを「節約」しなければならないのだろうか。なぜ，新しい代替エネルギー資源を開発しなければならないのだろうか。

天然原子炉

天然原子炉（natural nuclear reactor）とは，自然界におけるウラン核反応のことである。

1972年，フランスのウラン濃縮施設でUF_6の質量分析を行っていた研究者が，中部アフリカにあるガボン共和国のオクロ鉱床のピッチブレンド中の^{235}Uの同位体比が0.440 ± 0.0005%であることを見出した。自然界における同位体比は世界中ほぼ同一で，通常の天然ウラン中では0.7202%であることが知られており，ここの^{235}Uの同位体比は明らかに低い。また，ウランの核反応生成物であるネオジムの同位体組成比も次のように天然よりも^{235}U核分裂生成物に近かった。

オクロのピッチブレンド中のネオジムの同位体組成比（%）

	^{142}Nd	^{143}Nd	^{144}Nd	^{145}Nd	^{146}Nd	^{148}Nd	^{150}Nd
オクロ	1.38	22.1	32.0	17.5	15.6	8.01	3.40
天然	27.11	12.17	23.85	8.30	17.22	5.73	5.62
^{235}U核分裂	0	28.8	26.5	18.9	14.4	8.26	3.12

これらのことから，フランス原子力省は20億年前にこの地域で自然のウラン核分裂連鎖反応が起こっていたと発表した。その頃の地球上の^{235}Uの組成比は現在よりはるかに高く（3%），たまたま浸みだした地下水が中性子の減速材となり連鎖反応が起こり，熱によって水が蒸発すれば休止するという間欠を繰り返していたため，同位体組成比が自然に崩壊した天然の値より低下したと考えられている。

このようなことは，1956年，アメリカ国籍の日本出身地球化学者 黒田和夫（1917-2001）によって「天然原子炉理論」としてすでに予測されていた。

memo

UNIT IX 核反応と放射線化学

キュリー夫妻銅像（パリ，キュリー博物館庭園）

パリのピエール・マリー・キュリー街，キュリー夫人のラジウム研究所にキュリー博物館が開設された（1934 年）。

UNIT IX 各章の構成

キュリー夫人小伝

圧電現象やキュリーの法則の研究で知られていた物理学者ピエール・キュリーは，妻マリーが博士論文テーマとして選んだウラン鉱の発するベックレル線に関する研究に興味を持ち，二人で実験を続けた。その結果，ウラン鉱には純粋の酸化ウランよりはるかに強い放射能（彼らが始めて命名した）を示す２種の化合物が含まれていることを見いだした（1898）。それらの元素をポロニウム，ラジウムと名付けた。ソルボンヌ構内にあった倉庫を借り，オーストリア産のピッチブレンド（閃ウラン鉱）から酸化ウラン（ボヘミアンガラス原料）を分離精製した残渣およそ１トンから分別結晶などの化学的分離操作により純粋なラジウム塩 0.1 g が単離できた（1902）。それは，暗い倉庫の中で青白い燐光を発していた。

ポーランド出身でパリ大学に留学していたマリーは，1903 年，それまでの結果を「放射性物質に関する研究」という論文にまとめて博士号を受け，さらにアンリ・ベックレル，夫ピエールと共に第３回ノーベル物理学賞を受賞した（女性第１号）。翌々年ストックホルムで行われた受賞講演で，「ラジウムは，犯罪人の手にかかれば非常に危険なものになりかねません。人間は，自然の秘密を知って果たして得をするだろうか，その秘密を利用できるほど成熟しているだろうか，それとも有害なのではないだろうかと疑って見なければなりません。ノーベルの発見（ダイナマイト）自体がそのよい例でしょう。」とピエールはのべている。交通（馬車）事故死（1906）したピエールの後を受けて，マリーはパリ大学理学部講師（後に教授）となり研究を続けた。純粋な金属ラジウムの単離に成功，著書『放射能概論』を出版し，ラジウムによる放射線治療を推進した。1911 年，マリーにノーベル化学賞が授与された（2 度受賞第１号）。パリ大学は，ピエール・キュリー街にマリーのためにラジウム研究所を設立してこれに報いた。1914 年のことである。同年，第１次世界大戦が勃発，マリーは「放射線治療車」を開発して，野戦病院での負傷兵の救護に奔走した。

1934 年 7 月，マリーは 64 歳でこの世を去った。主治医は死因を悪性貧血症と診断したが，長年の放射線被曝による再生不良性貧血と推定される。死後，ラジウム研究所１階にキュリー博物館が併設された。長女イレーヌが夫フレデリック・ジョリオ-キュリーと共に「人工放射性元素の研究」でノーベル化学賞を受賞したのはその翌年であった。

22章 核 反 応

22.1 核融合と太陽のエネルギー

化学結合の実体は，原子核の外側の電子（核外電子）であるといえます。化学反応はこの化学結合の組み換えですから，反応が起こっても原子核は変わらないままです。ところが，原子核反応は原子核内で起こり，原子核の構造を変えます。事実α粒子が原子核から飛び出すと，原子核内の陽子数が減ります。このことは，原子番号が変わり，元素が変わることを意味します。元素が変換することは，大仰に言わせてもらえば，錬金術師たちの夢がかなったことになるのかもしれません⁉ 近年話題のニホニウムも亜鉛とビスマスの核融合によって合成されました。

水素の宇宙全体での存在度が圧倒的に大きいことは6.2で学びました。その他の元素は水素の原子核（実は陽子）が核融合してできたと考えられます。太陽のエネルギー源も水素（原子核）なのです。

元素合成

137億年前，ビッグバン（big bang）によって誕生した直後の宇宙は，光（光子）と素粒子に満ち溢れていたが，断熱膨張により温度が急激に下がり5兆Kになる10^{-5}秒後には陽子と中性子が生成したと考えられている。さらに膨張が続き，1分経過後，温度が10億Kに下がると，陽子が合体して陽電子とニュートリノが発生し重水素の原子核を生成する。これにさらに中性子が捕捉されて三重水素となり，これに陽子1個が反応してヘリウム-3，さらに中性子1個が反応してヘリウム-4となる。

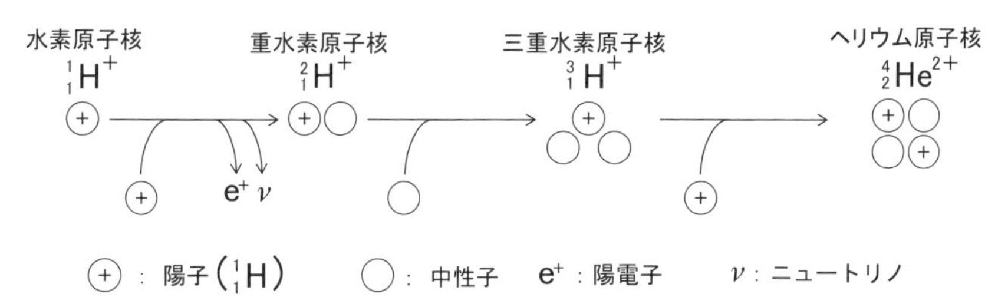

これらの粒子が集まってできた恒星中では再び高温となり，ヘリウム-4どうしが合体して，不安定なベリリウム-8が生成した瞬間，さらにヘリウム-4が衝突すると炭素-12となる。このようなプロセスを繰り返して宇宙は次々と元素が合成（核合成ともいう）されてきた。

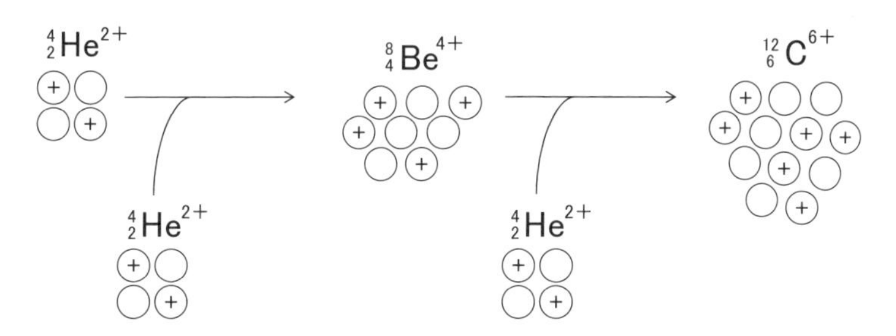

人工元素　${}_{43}$Tc，${}_{61}$Pm，${}_{85}$At と 93 番以降の元素は天然には存在しない人工元素である。それらの作り方は，核融合反応による。例えば，日本で初めて発生が確認された 113 番元素は，${}_{83}$Bi の薄膜に線形加速器によって高速に加速された ${}_{30}$Zn の粒子を衝突させたときわずかに観測されたものである。寿命はわずか 2 ミリ秒であるが，2012 年までに 3 個合成されたことが理化学研究所によって確認され，2015 年 IUPAC より命名権を与えられ，ニホニウム（${}_{113}$Nh）と命名された。

$$ {}^{70}_{30}\mathrm{Zn} + {}^{209}_{83}\mathrm{Bi} \longrightarrow {}^{278}_{113}\mathrm{Nh} + {}^{1}_{0}\mathrm{n} $$

核融合　小さな原子核が合体して核融合（nuclear fusion）するとき，質量が減少するので，エネルギーが放出される。例えば，水素が核融合してヘリウムとなるときに，大きなエネルギーが放出される。太陽は，73％が水素，残りの大部分がヘリウムからできているが，次のような核融合反応が起こっていると考えられている。

$$ {}^{1}_{1}\mathrm{H} + {}^{1}_{1}\mathrm{H} \longrightarrow {}^{2}_{1}\mathrm{H} + {}^{0}_{+1}\mathrm{e} $$
$$ {}^{1}_{1}\mathrm{H} + {}^{2}_{1}\mathrm{H} \longrightarrow {}^{3}_{2}\mathrm{He} $$
$$ {}^{3}_{2}\mathrm{He} + {}^{3}_{2}\mathrm{He} \longrightarrow {}^{4}_{2}\mathrm{He} + 2{}^{1}_{1}\mathrm{H} $$
$$ {}^{3}_{2}\mathrm{He} + {}^{1}_{1}\mathrm{H} \longrightarrow {}^{4}_{2}\mathrm{He} + {}^{0}_{+1}\mathrm{e} $$

太陽の半径は，約 7×10^5 km で地球の約 110 倍あるが，中心部で起こる核融合反応で発生するエネルギーは γ 線となり，図 22.1 に示したように内部中間部から対流層を通過する間に，X 線から紫外線，可視光線へと変換し，外層の厚さ 500 km の光球を 6000 K に保っている。地上で観測される太陽光のスペクトルは，6000 K の黒体からの放射スペクトルに近い。

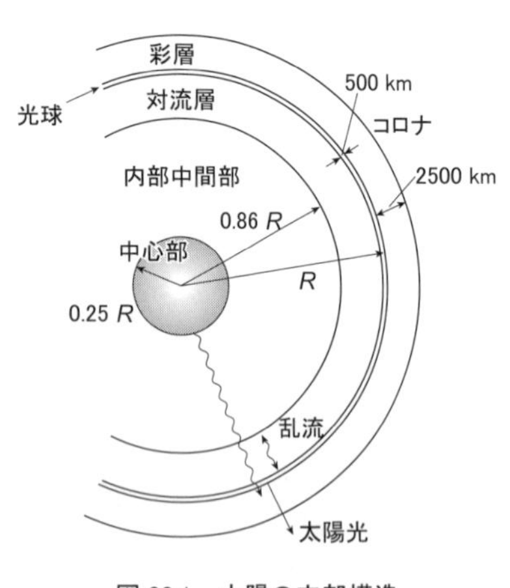

図 22.1　太陽の内部構造
$R = 6.96 \times 10^5$ km

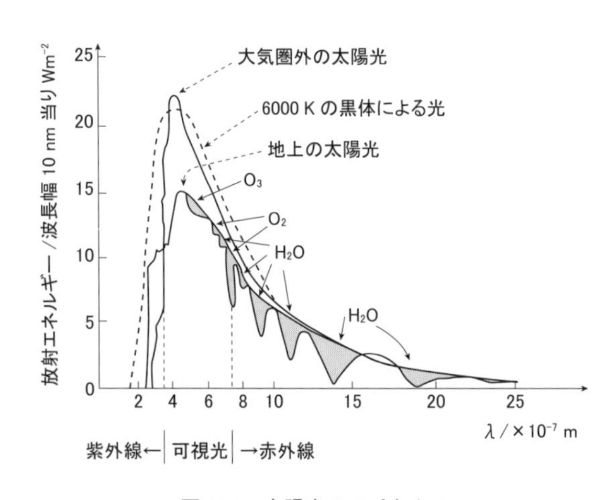

図 22.2　太陽光のスペクトル
このスペクトルから太陽表面温度が推定された。
斜線の部分は大気成分による吸収。

22.2 核分裂と原子力

放射性元素に中性子を当てると核分裂を人工的に起こすことができ，大量のエネルギーが発生することが明らかになりました。すると直ぐに，そのエネルギーを利用しようとする動きが始まります。今でいう原子力の平和利用と核兵器です。悲しいことに後者の方が先に開発使用されました。

核結合エネルギー

原子核内の核子（nucleon, 陽子と中性子）間に働く引力を核力といい，10^{-15} m 以内で作用する極めて強い力である。核力の作用で生じるポテンシャルエネルギーの低下が核結合エネルギーである。正電荷を持った α 粒子（$^{2}_{4}He^{2+}$）が原子核の中心に接近すると，10^{-10} m 付近でクーロン斥力が作用し始める。その斥力に打ち勝つ運動エネルギーをもつ α 粒子はさらに接近でき，10^{-15} m に到達すると核力が作用するようになり，エネルギーを放出して融合する。電荷のない中性子の場合は，クーロン斥力を受けないので融合しやすく原子核を安定化する。

各原子の核種ごとの核子あたりの結合エネルギーは図 22.3 のようになる。最も安定な核種は $^{26}_{56}Fe$ で，これより質量数が低い核種は核融合エネルギーを放出し，より高い核種は核分裂エネルギーを放出して Fe に近づく傾向を示す。これが，それぞれ核融合，核分裂による核（原子力）エネルギー発生の原理である。

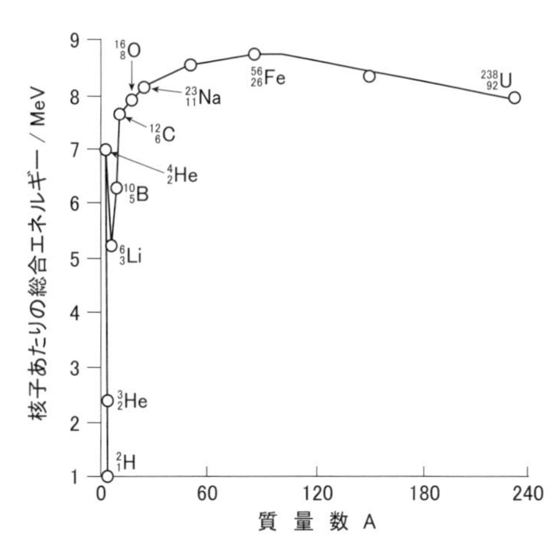

図 22.3 核子あたりの結合エネルギー
^{238}U より質量数が大きい人工の超ウラン元素はこの曲線の延長線にあり，自然に壊変しやすい。

放射性核種と壊変形式

放射性核種（親核種）が放射線を放出して他の核種（娘核種と呼ばれる）になる現象を壊変（または崩壊，decay）という。放射性元素には天然および人工の核種があるが，天然放射性元素の崩壊形式はつぎの ① または ② である。

① α 壊変；α 粒子すなわちすなわち高エネルギーの $^{2}_{4}He$ が放出され，原子番号が 2，質量数が 4 小さい娘核種を生じる。

② β 壊変：β-粒子（正体は電子）と反ニュートリノ（antineutrino）が放出される。原子番号が 1 大きく，質量数が変わらない娘核種が生成する。

核 分 裂

1930 年代，ウラン-235 に中性子を当てると大量のエネルギーを放出し，核分裂（nuclear fission）することが見出された。ウラン-235 の核分裂生成物は，35 種類の元素，200 以上の同位体であり，多くは放射性同位体である。例えば，次のように 2 ～ 3 個の中性子を発生させて壊変し，核分裂前後で減少する各種の質量の総和に相当するエネルギーが放出される。

$$^{235}_{92}U + ^{1}_{0}n \nearrow ^{137}_{52}Te + ^{97}_{40}Zr + 2^{1}_{0}n + \text{エネルギー}$$

$$^{235}_{92}U + ^{1}_{0}n \searrow ^{142}_{56}Ba + ^{91}_{36}Kr + 3^{1}_{0}n + \text{エネルギー}$$

このとき放出された中性子 $^{1}_{0}n$ は，別のウラン-235 に次々とあたり，連鎖反応（chain reaction）が起こり，エネルギーが瞬時に増大する。この時，中性子が増える速度が外に飛びたす速度より大きくなると核爆発を起こすが，一定速度で連鎖反応を維持できれば原子力発電所のエネルギーとして利用できる。

例題 22-1　核反応式の書き方

$^{185}_{79}Au$ の α 壊変の核反応式を書け。

1. **分　析**　質量数と原子番号は反応式の前後でバランスしなければならない。
2. **計　画**　α 線はヘリウム原子核であるから $^{4}_{2}He$ である。したがって，式

$$^{185}_{79}Au \longrightarrow {}^{M}_{Z}X + {}^{4}_{2}He$$

の M（質量数），Z（原子番号）を求め，原子番号から元素を特定する。$Z = 79 - 2 = 77$ となるから，周期表より X はイリジウムである

3. **解　答**　$^{185}_{79}Au \longrightarrow {}^{181}_{77}Ir + {}^{4}_{2}He$
4. **チェック**　→の前後で質量数は 185 = 181 + 4，原子番号は 79 = 77 + 2 で合っている。原子番号 77 の元素はイリジウムで元素記号は Ir で間違いない。

22.3　放射性元素のエネルギー利用と問題点

現代の社会は、「原子力の平和利用」という夢を追いかけてきましたが，同時にいろいろな問題が噴出して，今日では，マスコミなどでは盛んな議論がなされています。科学的な事実をしっかり学んで自分自身の意見をもてるようになって下さい。

核燃料の製造　瀝青ウラン鉱などの鉱石中にウランは UO_2 として含まれている。これを二酸化マンガンで酸化し硫酸で処理して硫酸二ウラン酸塩として抽出し，イオン交換法などで精製，水酸化ナトリウムあるいはアンモニアで処理して重ウラン酸塩の混合物（イエローケーキ）として鉱山から出荷される。

$$2UO_2(SO_4) + 6NaOH \longrightarrow Na_2U_2O_7 + 2Na_2SO_4 + 3H_2O$$
$$2UO_2(SO_4) + 6NH_4OH \longrightarrow (NH_4)_2U_2O_7 + 2(NH_4)_2SO_4 + 3H_2O$$

天然のウランには，中性子を吸収して核分裂を起こしやすいウラン-235 の同位体比が 0.7% しかなく，これを濃縮するため HF などを用いて気化しやすい UF_6（沸点 54.6℃）に転換する（転換工程）。

$$(NH_4)_2U_2O_7 \xrightarrow{\text{加熱}} UO_3 \xrightarrow{\text{HF}} UF_6$$

これを隔膜法あるいは超遠心分離法によって同位体分離してウラン-235 含有比を 3 ～ 4％に上げる（濃縮工程）。濃縮されたウラン-235 は次のような処理で酸化ウランに再転換されている（再

転換工程)。

$$UF_6 + H_2O \longrightarrow UO_2F_2$$

$$2UO_2F_2 + 6NH_4OH \longrightarrow (NH_4)_2U_2O_7 + 4NH_4F + 3H_2O$$

これを水素還元して UO_2 を得る。これを原子力発電所などに運んで核燃料とする。

劣化ウランの活用
劣化ウラン弾

天然ウランの濃縮工程においてウラン-235の比率を高めようとすると，当然余剰のウラン-238が副生する。これは俗に劣化ウラン（deleted uranium）と呼ばれている。タングステンに匹敵する硬度・密度（19.0 g mL^{-1}）の素材である。そのため早くからこれを主成分とする合金が貫通性の高い銃防弾材料として開発されてきた。しかし，僅かながら残る放射能が当初から問題視されてきた。実際に，1991年の湾岸戦争，2003年のイラク進攻などにおいて使用されたが，敵味方双方に放射線による障害を受けた者があらわれ問題となっている。

原子力発電

核分裂性のあるウラン-235に減速された中性子nが当たると22.2に示したように2～3個の中性子を生じて核分裂が連鎖的に起り大量のエネルギーが発生する。

中性子の減速に軽水を用いる原子炉を軽水炉型原子炉といい，その略図を図22.4に示す。ウラン燃料をペレットにして燃料被覆管につめ軽水を詰めた圧力容器の中にセットする。軽水は中性子の減速材として作用すると同時に熱媒体として蒸気発生器に導かれその水を加熱して蒸気としてタービンを回転させて発電する役目をする。さらに,核反応の暴走を抑えるための制御棒(中性子を吸収するBやCd入りの鉄棒）が取り付けられている。

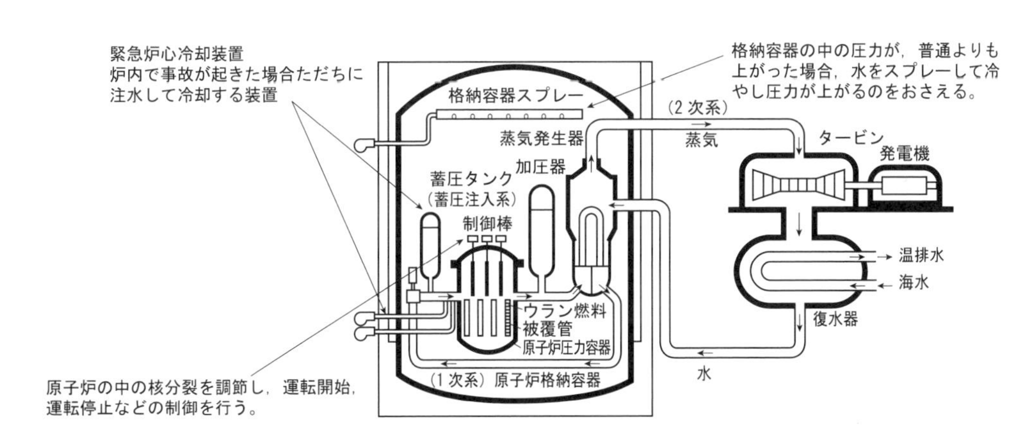

図22.4　原子力発電システム（軽水炉型）

制御安全のための装置が多いことに注目。右側の2次系は通常の火力発電所と本質的に変わりない。

高速増殖炉

高速増殖炉（fast breeder reactor）という名称は，高速中性子炉を用いて炉中で消費される核燃料以上のエネルギーを取り出すことを企図して付けられた。軽水炉型原子炉で用いられている 水の代わりに液体ナトリウム（融点98℃）を媒体として用いると核分裂で生じた中性子nが減速されず高速のままでウラン-238に当たるようになる。すると，次のような経路でプルトニウム-239に転換することができる。

$$\text{n(高速)} \longrightarrow {}^{238}U \longrightarrow {}^{239}U \xrightarrow{\beta} {}^{239}Np \xrightarrow{\beta} {}^{239}Pu$$

超ウラン元素の1つであるプルトニウム-239は核分裂性であるので核燃料として利用できる。このプロセスによれば，先にのべた天然ウランから濃縮ウランを作る工程で多量に副生するウラン-238（核分裂性のない劣化ウラン）を核燃料として活用できることになる。

現状では，約100年ほどで枯渇すると言われているウラン燃料資源が劣化ウランの活用によって，可採年数が百倍になるとの皮算用から各国が実用化に取り組んできた。わが国も1970年代から取り組んできたが原型炉「もんじゅ」が1995年ナトリウム漏出火災事故を起こし，2018年廃止が決まった。アメリカはじめ多くの国々も計画中止に至っている。

核分裂臨界量　先に述べたように，連鎖反応を起こすことが核分裂反応の特徴である。核分裂で発生した中性子によってこの連鎖反応が持続される状態を臨界（critical state）と呼んでいる。臨界に達する条件は，集積する核分裂物質の量だけではなく形状にも依存する。同じ量でも球状のものは起こりやすく，板状のものは起こりにくい。発生した中性子の外部への放散しやすさに依存するわけである。臨界管理は安全上非常に重要である。

核兵器　第2次世界大戦末期（1945年），アメリカで核分裂による2種の原子爆弾（原爆，atomic bomb）が史上はじめて開発生産された。1つは核分裂物質としてウラン-235を用いるもので広島に投下された（8月6日）。他はプルトニウム-239を用いるもので長崎に投下された（8月9日）。いずれも，臨界量より少ない核分裂物質の塊を爆弾内に分離して配置し，通常の爆薬の爆発力で一気に合体させて臨界量以上にして核分裂が起るようにしたものである。一瞬のうちに発生する膨大なエネルギーによる爆風による被害だけでなく，核分裂反応によって生成する各種の放射性物質（死の灰，radioactive fallout）による障害がその後も長く続くことが悲惨さを増大する。

戦後になっても冷戦状態下での軍拡競争は新しい核兵器を生み出した。核融合反応による水素爆弾（水爆，hydrogen bomb）である。1952年11月，アメリカが初の水爆実験を開始すると，すぐその翌年ソヴィエト連邦（現ロシア連邦）が重水素化リチウム（LiD）による実験を成功させた。頑丈な容器の中で核分裂爆弾（原爆）を爆発させて生じた高温高圧によって核融合を起こさせる。融合核種としては軽水素Hよりも融合しやすい重水素Dが用いられる。

水爆は核融合だからといっても「きれい」なわけではない。起爆材として核分裂による原爆を使うからである。1954年3月，南太平洋のビキニ環礁でアメリカが行った水爆実験で日本のマグロ漁船第5福竜丸が水爆による死の灰で被曝（乗組員全員急性放射能症，1名死亡）した事件は日本人3回目の被曝として記憶される。その後，地球表面上の水爆実験は禁止されたが地下での実験は続いている。

核廃棄物の処理　原子力発電所から排出される使用済み核燃料は再処理工場（reprocessing plant）に送られ，ウランとプルトニウムを回収する。回収ウランは転換工場に送られ濃縮後再利用される。プルトニウムはMOX（混合酸化物，$PuO_2 + UO_2$）燃料として既存の原子炉で再利用されていたが，高速増殖炉が完成すればそちらで使用する計画であった。

再処理工程は次のようである。細かく切断した燃料棒を硝酸で処理し，溶解部分からプルトニウムをリン酸トリブチル（30%）のドデカン溶液で抽出する。次いで，油相を硫酸ヒドロキシルアミン水溶液で還元処理すればプルトニウムが水相に抽出される。

通常の化学物質ならば容易な工程であるが，放射性物質なので厳密な安全管理が求められる。

日本原燃（株）が青森県六ケ所村に再処理工場を建設中で未完成ということで，わが国の核燃料廃棄物はイギリス，フランスに再処理を委託している。精製されるプルトニウムも両国に預けたままになっている。核兵器不拡散条約（1970年）によって，原子爆弾（長崎型）に転用できるプルトニウムをわが国は多く保持できないからである。

このような再処理工程での廃棄物が「高レベル放射性廃棄物」と定義され，その他の原子炉制御棒や廃液などは「低レベル放射性廃棄物」と区分されている。両者の放射能レベルの区分は明示されていない。後者は青森県六ケ所村にある日本原燃（株）低レベル放射性廃棄物埋設センターにおいて放射能レベルによって深さを変えて埋設されている。これに対して，「高レベル放射性廃棄物」はガラス固化体にしてステンレス容器に入れ，30～50年間冷却保存した後に地下300 m以上の深さに埋設する計画になっているが，超長期間にわたる地層の安定性の問題，地方自治体との合意なども未解決であり，埋設個所は未確定である。

調査考察課題

1. UNIT I扉ページに描かれているような錬金術師たちの実験モチベーションは鉛を金に変えることであった。現代の核化学の技術を用いれば果たして可能であろうか不可能であろうか。理論的に考察してみよ。
2. 宇宙全体ではHが最も多く存在すると先に述べた（6.2参照）が，その他の元素はみなHが融合してできたものと考えられる。太陽の中心部ではどうしてHどうしが融合するのか考えてみよ。
3. 原子核が融合したり分裂するとなぜ質量が減少するのだろうか。それぞれ本質的に考察してみよ。また，質量が減少するとエネルギーが発生するのはなぜだろうか。
4. エネルギー（E）と質量/mとの関係を表すアインシュタインの式$E = mc^2$において，cは光の速度（$3 \times 108\ \mathrm{m\ s^{-1}}$）である。核反応に伴う質量の減少が1 gというごく微量であっても9×10^{16}倍に相当するエネルギーとなる。1 gの^{235}Uが^{141}Baと^{92}Krとなるときどのくらいのエネルギーが発生するか試算してみよ。
5. $4\,^{1}\mathrm{H} \rightarrow 2\,^{2}\mathrm{He}$の核融合反応では，^{1}H 1グラムあたり何グラムの質量が消滅するか。また，消滅した質量が全てエネルギーになったとすると何kJになるか。
6. 興味があれば，それぞれの核爆弾の構造あるいは核燃料の製造法について調査してみよ。
7. 1999年9月に起きた東海村JCO臨界事故（死者2名，負傷者1名，被曝者667名）は，高速増殖炉実験炉の核燃料を製造中に起こった。硝酸ウラニル溶液をマニュアルと異なる形状の容器に入れたためであった。通常の化学製品の製造では思いもつかない注意が放射性物質の取り扱いには必要である。この事故の詳しい経緯を調べ参考とせよ。
8. かつて夢の原子炉ともいわれた高速増殖炉がなかなか完成しない最大の問題点は何だろうか。
9. 核廃棄物の放射性レベルを人為的に低下させる技術は将来可能となるであろうか。

23 章　放射線化学

23.1　放射線の種類と測定法

通常の化学反応は，原子核の外側の電子のやり取りで進んでいると言えます。反応の前後で元素組成は変わりませんが，生じるエネルギー差によって発熱あるいは吸熱となります。それに対して，核反応は原子核内部で変換が起こり原子核が変わり別の元素になり，大量のエネルギーとともに放射線が放出されます。ここではその種類と測定法の基礎を学びます。

放射線の種類と性質

図 23.1 のように，鉛で遮蔽した箱の中に放射線源を置き，電場をかけた電極の間を通り抜けた放射線を調べると，陰極側に曲がる，陽極側に曲がる，そして電場の影響を受けないものがあることがわかった。順に，α 粒子，β 粒子，γ 線と名づけられた。これらは放射線（radioactive ray）と総称されており，電荷，質量，そして透過力によって区別される。

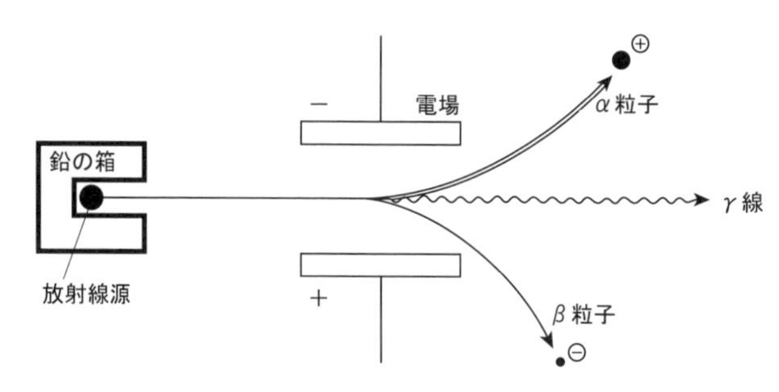

図 23.1　放射線（α 粒子，β 粒子，γ 線）の性質

α 線は，ヘリウム He の原子核（陽子 2 個，中性子 2 個）から成り，1 回の α 崩壊で原子番号が 2 減り，質量数が 4 減る。空気中をほんの数 cm しか伝わることができないほど透過力は弱い。

β 線とは，高速電子の流れであり，この電子は核外電子ではなく，核内の中性子が陽子に変わるときに生じた電子が核外に放出されたものである。中性子 1 個が陽子に変わるので，β 崩壊では原子番号が 1 増えるが質量数は変化しない。

γ 線は，X 線より短い波長で高エネルギーの電磁波で透過力は最も強い。α 崩壊，β 崩壊に伴って，余分になったエネルギーが γ 線となって放出される。γ 線が放出されても原子番号および質量数ともに変わらない。

放射線の測定法

放射線によってもたらされる危険性を避けるためにも，放射線を検出することは，極めて重要である。現在では，放射線がもつ電離作用を利用して検出されている。微弱な光を光電子増倍管などで増幅し，電気パルスとして検出するシンチレーション検出器（scintillation detector）として利用されている。

ドイツのガイガーとミュラーが開発したガイガー・ミュラー管を応用したガイガー・ミュラー

計数管（Geiger-Müller counter）という放射線検出器がある。この検出器は，GM 計数管あるいはガイガーカウンターとも呼ばれている。GM 計数管は，貴ガスなどの入った筒と，その中心に伸びた電極とで構成されている。そして，筒を陰極，電極を陽極として高電圧がかけられており，電流は流れていない状態になっている。また，筒の一方は塞がれており，他方には薄い窓がついている。薄い窓から筒の中に放射線が入ると，筒内の気体が電離し，正に帯電した陽イオンと電子に分かれる。陽イオンは筒に，電子は電極に引き寄せられ，短く強いパルス電流が流れるので，このパルスをカウンターで計測することで放射線を検出する。

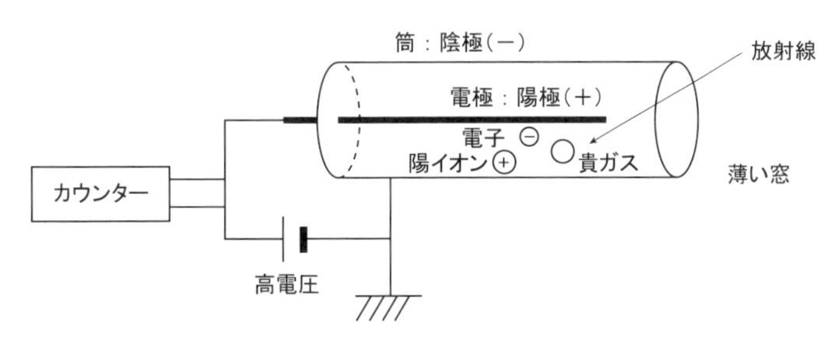

図 23.2　ガイガー・ミュラー計数管の構造
薄い窓を通過した放射線が貴ガスに当たり，陽イオンと電子に分かれている様子。電子は陽極（電極）に，陽イオンは陰極（筒）に移動している。

放射能・放射線量の単位

放射能（radioactivity）とは，原子核が外からの刺激なしで自発的に放射線を放出する性質（このような性質を示す物質を放射性物質という）のことを意味するが，放射性物質の能力の数値的表現も放射能といわれ，1 秒間に壊変する原子核の数で表される（個 / 秒）。国際単位系 SI ではベクレル（Bq）という。1 秒間に 1 個の原子核が崩壊するのが 1 Bq である。

一方，放射性物質から放出され続ける放射線の量は，先に述べたように電離作用によって測定される。その量は吸収線量（absorbed dose）と呼ばれ，1 ㎏の物質に 1 J のエネルギーを与えられる吸収線量の単位を 1 グレイ（Gy）と定められた。$1\ \mathrm{Gy} = 1\ \mathrm{J\ kg^{-1}}$ である。

吸収線量の値には放射線の線種は考慮に入れず総エネルギーのみに注目している。放射線の人体への影響は線種によって異なるので，各放射線の線質係数（dose coefficient）と呼ばれる荷重係数を乗じて求められるのが線量当量（dose equivalent）である。単位はシーベルト（Sv）で，Sv=Gy ×線質係数である。線質係数は，電離作用が最も強い α 線が 20 で，その他は 1 である。

これらの放射線量に関するイメージを図 23.3 に示した。。

線量当量［Sv］＝線質係数×吸収線量［Gy］

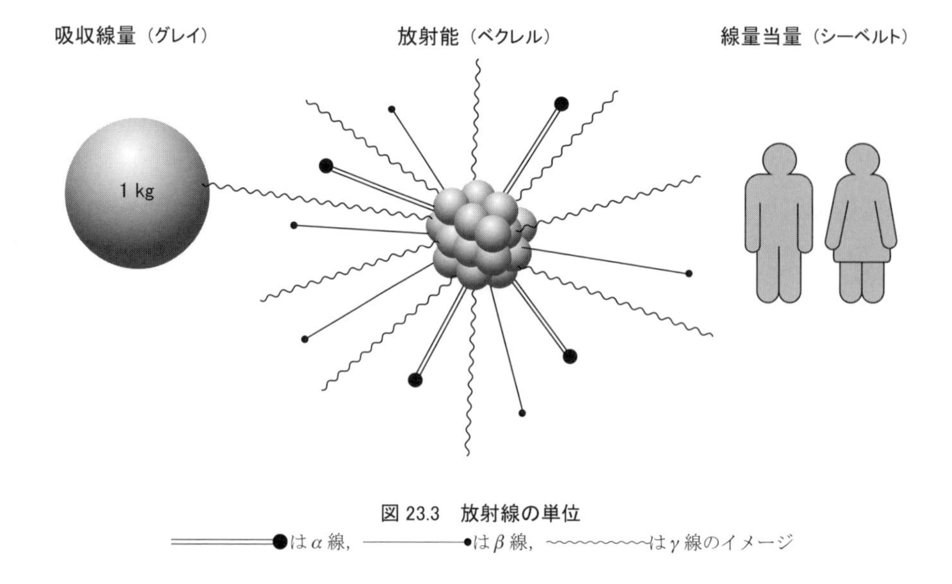

図 23.3　放射線の単位

══●はα線，──•はβ線，〰〰はγ線のイメージ

例題 23-1　Ci と Bq の関係

キューリー夫妻にちなんで 1 g のラジウム226 が 1 秒間に壊変する原子の個数を 1 Ci（キューリー）と定義していた。現在の国際単位系（SI）で用いられている Bq との関係を求めよ。ただし，ラジウム226 の半減期は 1600 年で，1 g あたり 2.66×10^{21} 個の原子核がある。半減期の式は 23.3 を参照せよ。

1. **分　析**　Ci はラジウム226 に関する値であるが，Bq は一般的な放射性物質 1 g に関する単位である。

2. **計　画**　ラジウム226 の半減期が与えられているから，1 秒ごとに壊変する原子数は半減期の式から求めればよい。

3. **解　答**　1600 年は，$1600 \times 365 \times 24 \times 60 \times 60 \fallingdotseq 5.05 \times 10^{10}$ 秒である。

   したがって，1 秒あたり

   $N = 2.66 \times 10^{21} \times (1/2)^{(1/5.05 \times 10^{10})} = 3.64 \times 10^{10}$

   個の原子が壊変することになる。すなわち

   $1\ \mathrm{Ci} = 3.64 \times 10^{10}\ \mathrm{Bq}$

4. **チェック**　この計算値は，文献にある関係式

   $1\ \mathrm{Ci} = 3.7 \times 10^{10}\ \mathrm{Bq}$

   と誤差の範囲で一致する。

例題 23-2　放射線の線量

日本の自然放射線による年間線量の平均は 2.1 mSv である。1 時間当たりの自然放射線の線量を求めよ。

1. **分　析**　人は，毎日のように宇宙，空気，大地，そして食物などから自然放射線を被曝していると考えられる。
2. **計　画**　有効数字 2 桁で計算すると，1 年間は 365 日，1 日は 24 時間である。
3. **解　答**　1 年間は $365 \times 24 = 8760$ 時間である。

このため，$\dfrac{2.1\ \mathrm{mSv\ y^{-1}}}{8760\ \mathrm{h\ y^{-1}}} = 0.24 \times 10^{-3}\ \mathrm{mSv\ h^{-1}} = 0.24\ \mu\mathrm{Sv\ h^{-1}}$ となる。

4. **チェック**

$0.24\ \mu\mathrm{Sv\ h^{-1}} \times 365\ \mathrm{d\ y^{-1}} \times 24\ \mathrm{h\ d^{-1}} = 2100\ \mu\mathrm{Sv\ y^{-1}} = 2.1\ \mathrm{mSv\ y^{-1}}$

例題 23-3　放射線の線量

胸部 X 線検査 1 回分の線量は 0.06 mSv である。何日分の日本の自然放射線に相当するか。ただし，日本の自然放射線による年間線量の平均は 2.1 mSv である。

1. **分　析**　人は，毎日のように宇宙，空気，大地，そして食物などから自然放射線を被曝していると考えられる。
2. **計　画**　有効数字 2 桁で計算すると，1 年間は 365 日とする。
3. **解　答**　1 年間は 365 日である。

このため，$\dfrac{0.06\ \mathrm{mSv}}{2.1\ \mathrm{mSv\ y^{-1}}} \times 365\ \mathrm{d\ y^{-1}} = 10\ \mathrm{d}$，10 日分となる。

4. **チェック**

$0.06\ \mathrm{mSv} \times \dfrac{365\ \mathrm{d\ y^{-1}}}{10\ \mathrm{d}} = 2.2\ \mathrm{mSv}$

23.2　放射線の人体に及ぼす影響

人体を構成している組織の多くは有機化合物です。有機化合物の各元素を結合させているのは電子であることは以前に学びました。この化学結合に強い放射線が当たると、電子が弾き飛ばされて結合が切れたり、ラジカルが発生したりします。その結果、細胞が傷ついて腫瘍などが発症すると考えられています。

がん治療

物質に当たったとき，イオン化を引き起こす電離放射線（ionizing radiation）と非電離放射線（non-ionizing radiation）がある。通常は，水をイオン化できる 1216 kJ mol^{-1} 以上のエネルギーをもつ放射線を電離放射線というが，生体組織を通過すると細胞内の水がイオン化されて H_2O^+ ができる。H_2O^+ は反応性が高く，他の水分子と次のように反応する。

$$H_2O^+ + H_2O \longrightarrow H_3O^+ + OH$$

このとき生じたOHは不安定であり，反応性が高いため，生体分子を攻撃する。健康な細胞が損傷を受けることもあれば，腫瘍細胞の機能を失わせることもある。

放射線治療に用いられる線源は，体内に置かれるときと体外に置かれるときとがある。内部照射法としては，α線とβ線を遮蔽してγ線だけが透過するようにコートしたイリジウム-192を体内の腫瘍組織に埋め込み外部の健康な組織になるべくダメージを与えないような治療が行われている。

一般的にコバルト照射と呼ばれているのは，コバルト-60が次のように崩壊するときに放出されるγ線を腫瘍部に照射することで治療する。γ線は，健康な細胞を損傷することは避けられないため，腫瘍部を多方向から照射して損傷を最小限にとどめ患者が副作用に苦しまないように考慮されている。

$${}^{60}_{27}Co \longrightarrow {}^{60}_{28}Ni + e^- + \gamma$$

放射線による遺伝子の損傷　人体組織のうちで造血組織（骨髄・リンパ節・脾臓），生殖腺，胃腸上皮，そして胎児の放射線感受性が特に高く損傷を受けやすい。これらはいずれも細胞再生系であって幹細胞の分裂頻度が高い部位である。ということは，これらの部位では遺伝子DNAの活動が盛んであるといえる。さきに述べた腫瘍も細胞分裂が異常に高い細胞群である。正常細胞に対しては損傷を与える放射線を腫瘍細胞に対しては集中的に照射して死滅除去するのが放射線治療である。

したがって，DNAに対する電離放射線の作用が重要な鍵をにぎる。その作用は，直接作用と間接作用の2種に分けて考えられる。後者は，さきに述べた水の放射線分解によるもので，発生した・OHなどの活性な酸素がDNAの塩基部分などに付加したり，結合している水素を引き抜いてラジカルを発生させて損傷を与える。

直接作用によっては，DNA鎖が切断される恐れが出てくる。とくにDNAが一本鎖の状態で切断された場合断片化する可能性が高くなる。2本鎖を支えている水素結合の切断も起こり得る。

地球上に誕生以来，太陽から降り注ぐ電離放射線の下で進化してきた生物群は，DNAを防御し損傷を修復する機能を獲得して生きのびてきた。たとえば，活性酸素に対しては各種の坑酸化物質を体内に蓄えている。切断されたDNAを修復する酵素も見つかっているから遺伝子の損傷をうけても直ちにがんになるわけではない。

23.3　放射線の利用

放射性同位元素（ラジオアイソトープ）の活用が，科学研究分野・工業技術分野で発展しています。その理由は，放射能の検出感度が極めてたかいこと，半減期が環境条件に影響を受けないこと，同位体間で化学的な物性・反応性がほとんど変わらないことにあります。

半減期と年代測定　自然に起こる原子核の壊変速度は，その放射性元素の単位時間内での崩壊の確率で表され濃度に比例する。一般の化学反応と違って温度，圧力などの要因にはほとんど影響を受けないのが特徴である。その崩壊速度は核種によるが，全て1次の反応速度式（19章参照）に従い，崩壊速度Vは原子数Nに比例する。

$$V = \frac{dN}{dt} = kN \quad (k \text{ は崩壊定数})$$

これから，時間$t = 0$のときの初期数をN_0とすると

$$N = N_0 e^{-kt}$$

となる。

その速さは各放射性元素固有の値となり，半減期T（量が半分になる時間，half-value period）で，次のように表される。

$$N = N_0 \left(1/2\right)^{t/T}$$

例えば，放射性の炭素-14半減期は5730年で，さらに同じ年数が経てば初めの4分の1となる。

このことを利用して，堆積物や化石・出土物などの考古学的な年代測定が行われる。炭素-14は大気中の窒素に宇宙線（中性子，${}^{1}_{0}n$）が衝突して核反応

$${}^{14}_{7}N + {}^{1}_{0}n \longrightarrow {}^{14}_{6}C + {}^{1}_{1}H$$

によって生成する。また，中性子が過剰の炭素-14は電子を放出して窒素-14に戻る。

$${}^{14}_{6}C \longrightarrow {}^{14}_{7}N + {}^{0}_{-1}e$$

このため，大気中の二酸化炭素などを構成する炭素は一定濃度の炭素-14をごくわずか含む。その二酸化炭素などを取り込んでいる生体（植物・動物）中の同位体は一定に保たれるが，生命現象が終わると大気中の二酸化炭素などの取り込みがなくなるため，炭素-14の濃度は崩壊によって少しずつ減少するようになる。放射線はごく微量まで感度よく測定できるため年代測定に利用が可能となる。このような手法を放射性炭素年代測定（radiocarbon dating）という。

トレーサー利用

放射性同位体は，化学変化や移動経路を追跡するために利用されている。例えば，酸素-18で標識化した水を植物に与えると，光合成で生じる酸素が水に由来することがわかる。また，炭素-14で標識化することで，二酸化炭素がグルコースに変換されるということを示すこともできる。このような手法を放射性同位元素（RI）トレーサー（tracer，追跡子）法，あるいは同位体標識法という。

$$6CO_2 + 12H_2{}^{18}O \longrightarrow C_6H_{12}O_6 + 6\,H_2O + 6\,{}^{18}O_2$$

$$6\,{}^{14}CO_2 + 12H_2O \longrightarrow {}^{14}C_6H_{12}O_6 + 6\,H_2O + 6\,O_2$$

甲状腺機能の診断では，ヨウ素-131を服用し，甲状腺に集まったヨウ素-131の分布を調べる方法がとられている。甲状腺機能亢進症の場合はヨウ素-131の蓄積量が多く，甲状腺機能低下の場合は蓄積量が少ないことがわかっている。亢進症の場合は，診断よりも多くのヨウ素-131を投与する。ヨウ素-131が甲状腺にたまり，β線で細胞を壊すと甲状腺ホルモンの分泌が減り，機能が正常に近づく。

調査考察課題

1. α 線でも β 線でもなく，γ 線ががん治療に用いられているのはどうしてだろうか。これらの放射線の性質の違いから考察せよ。
2. 放射線汚染が恐れられている理由を科学的に説明せよ。
3. 2011 年 3 月 11 日に起きた東日本大震災による東京電力福島第一原子力発電所の事故で大量の ^{131}I が放出され，福島県民にヨウ素剤（ヨウ化カリウム，KI）の配布が検討された。これはどのような目的だったのか考察せよ。
4. 汚染土壌の中の放射性の同位元素だけを選択的に除去できる化学的方法があるか君の意見を述べよ。
5. 2011 年 8 月，福島第一原子力発電所から北西 3.5 km の福島県双葉町新山地区の年間被曝総量は 28.6 mSv，西 7 km の石熊地区は 126.6 mSv であった。国際原子力機関（IAEA）は，年間被曝線量 20 mSv まで国際基準の許容量であると勧告している。事故前，両地区の大地からの年間の被曝量は 0.5 mSv（世界平均は 2.4 mSv）であった。両地区の被曝が，半減期の長い ^{137}Cs（半減期約 30 年）のみによるものと仮定し，次の問いに答えよ。
   (1) 両地区の被曝線量がそれぞれ国際基準許容量以下になるのは何年後か。
   （答　新山地区は約 16 年後）
   (2) 世界平均になるのは何年後か。
   （答　石熊地区は約 187 年後）
   (3) 事故以前に戻るのは何年後か。
6. 東電福島第一原発事故の後，校庭での空間線量率（air dose rate, μSv h^{-1}）が各地方自治体で問題となった。スポーツ活動などで生徒が放射性セシウム（^{134}Cs，^{137}Cs）を体内に取り込み内部被曝を受けるおそれが懸念されたからである。千葉県習志野市立習志野高校の校庭の空間線量率は，2011 年 0.17 μSv h^{-1} で除染基準を（0.23 μSv h^{-1}）を下回っていた。セシウム 1 Bq m^{-2} 汚染された地面から 1 m で観測されるセシウムの γ 線の空間線量率は 3.4×10^{-6} μSv h^{-1} と見積もられている。この校庭 1 m^2 あたりの放射能を推定せよ。
7. 放射性核種の半減期を短くすることが可能であるか考察せよ。
8. 1972 年，日本では，ジャガイモに放射線処理をすることが許可された。何のために放射線を照射しているのか。
9. 沖縄でウリミバエが根絶されたため，ゴーヤーなどの農産物を日本全国で食べることができるようになった。放射線の果たした役割を調べてみよ。
10. 食品容器，化粧品容器，そして注射器などの医療器具は，梱包されたまま滅菌されている。このとき，放射線の果たした役割を調べてみよ。
11. 製品の厚さを測るため，放射線が利用されている。どのような製品の厚さを測るときに放射線が利用されているかを調べてみよ。

UNIT X 物質材料の化学

「化学の世界」からの贈り物（Gifts from the chemistry world）

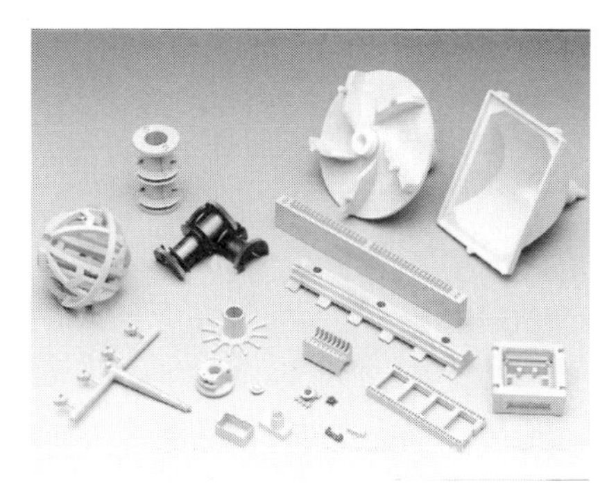
液晶ポリマー製品

炭素繊維素材

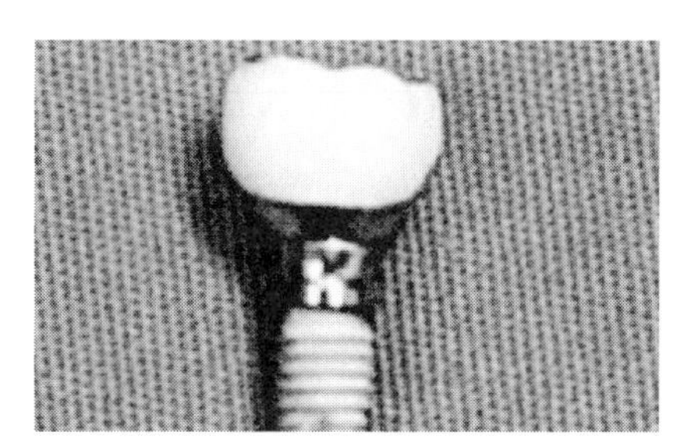
セラミックス製人工歯根

白色 LED 懐中電灯

UNIT X 各章の構成

「化学の世界」からの贈り物（Gifts from the chemistry world）

人類は，天然に存在する材料を加工（つまり物理変化）して道具として用いてきました。しかし，化学の力は，素原料を物質的に変化（つまり化学変化）させて天然にはなかった新しい物質材料（ニューマテリアル）の創生を可能にしたのです。現代社会に溢れかえっている全てのモノは「化学の世界」からの贈り物といってもいいでしょう。ここまで目に見えない「化学の世界」をずっと学んできた皆さんに，この最後のUNITでは，目にすることのできる物質材料のほんの一端をご紹介することにしましょう。

実は，材料の開発は，世界中でわが国が研究面でも産業面でも最も強い分野なのです。開発者として日本人の名前がたくさん出てきますからお楽しみに･･･

24 章　高分子材料

大きな分子を表す英語に，polymer と macromolecule があります。それぞれ，有力な学術雑誌のタイトル名ともなっているくらいで，かなり重複した概念と見なされているということでしょう。しかし，もともと polymer はある特定の二官能性分子が線状に結合したものです。語源的にも「poly＝たくさんの」，「～mer＝（連なった）もの」ということですから，同じ要素をもったものが，ある規則性を持ってたくさん連なった多量体が「ポリマー」です。それに対して，macromolecule は分子の構造が繰り返しユニットをもたない「巨大分子」という概念です。

日本語の学術用語では，いずれも「高分子」となっています。「高分子量の分子」ということでしょう。高分子は，物質の三態のうちの固体状態のものがほとんどで，私たちの身の周りの材料として活用されます。

24. 1　「物質」と「材料」

この 2 つの概念はあいまいに用いられがちで，英語でも material が両方の意味に使われている。しかし，ここであえて両者の概念の化学的な違いを，高分子を例として考えてみよう。「化学の世界」としての日常生活の一側面が見えてくることが期待できるからである。

われわれ人類の生活は，多くの「材料」によって支えられている。われわれが普通「材料」として見なすものは，大部分が固体状である。固体は，気体や液体と比較すると動きにくい状態にあり，材料としては空間を区切る役割（つまり容器あるいは空間的間仕切り）を果たすことができる。

高分子は，本来「分子性固体」である。分子性固体では，分子と分子が非共有結合型の分子間力で結びつけられている。その主役はファンデルワールス力，あるいは水素結合である（8.2 参照）。ファンデルワールス力は小さい力であるのにもかかわらず，多くの高分子は有機固体として高く安定化されている（そのため，材料として利用することができるのである）。それは，高分子では多くの原子が密集していて，ファンデルワールス力の総和が大きくなることと，これらのエンタルピー的な結合推進要因に拮抗するエントロピー要因（21.2 参照）が相対的に小さくなるということが相乗的に働くからであると考えることができる。

高分子は大きくても分子であるから，これまで学んできた分子の振る舞いを拡張して理解することも可能なはずである。しかし，分子の大きさの増大に伴って，分子間の相互作用が分子の形とサイズの制約を大きく受けたものに変わっていくのに加えて，高分子の塊はあるところで「分子性固体」から「有機固体」としての性質を現すように変わる。その変化は連続的で両者の境界ははっきりとしないが，「物質」（分子）から，目に見え，手にとって加工（つまり物理的変化）を加えることができる「材料」（有機固体）へと変わるのである。

24. 2　高分子の特性と解析

高分子の「材料」として評価方法について以下に示す。高分子を理解するのには，「物質」としての分析方法（例えば，化学的な結合を調べる元素分析，スペクトル測定）に加えて，「材料」としての試験が必要である。

(1) 分子量

高分子は同族体の混合物であり，分子の大きさ（平均分子量）や分子サイズのバラツキかた（分子量分析）は重要な性質である。

(2) 熱的性質

高分子の熱的性質は大きく「熱相転移」と「熱分解」に分けられる。通常は，熱重量分析（熱天秤），示差走査熱量分析等を測定して，熱的性質を評価する。いずれも分子間の状態の変化，分子内の部分構造の運動性の変化が絡み合っていて，一般には小さな分子量の分子性固体に比べて複雑である。

ガラス転移温度　熱相転移の1つである。ガラス状態と流動状態の間の変化が起る温度。融点を持つものもあり，軟化点がみられるものもある（14.2参照）。

熱分解温度　高分子内の共有結合の切断を伴う化学変化が起る温度。

(3) 溶解性

溶媒への溶解性と高分子どうしの溶解性を考慮する必要がある。

溶　媒　高分子に溶媒分子が溶媒和して溶解がおこる。溶解が可能なレベルまで溶媒和させるのはかなり大変なことなので難溶性なのが普通である。

相溶性　基本的には異種ポリマーであれば混じり合うことはない。混じり合わせるためには特殊な工夫が必要で，相溶化剤を用いるのもその1つである。

(4) 機械的強度

引張り強度，曲げ強度など金属材料と同様な試験を行う。非常に複雑な要因に支配されている。

24.3　高分子材料の用途

高分子材料はその使用形態によって，ゴム（エラストマー），繊維，プラスチック・フィルムに従来区分されてきた。現在使われているものは，ほとんど合成ポリマーであり，物質的にはポリ（○○○）とよばれる。例えば，ポリ（エチレンテレフタラート）という高分子物質は，通称ポリエステルという合成繊維の素材でもあり，PETボトルといわれているプラスチック容器の素材でもある。

(1) ゴ　ム

高分子材料のうちで，最初に企業的に生産されるようになったのはゴムである。1839年，アメリカのグッドイヤーが偶然にゴムの加硫法を見いだして以来，天然ゴムが各方面で利用されるようになった。19世紀末頃の自転車，さらには20世紀はじめの自動車の量産化にともなってゴムタイヤの需要も伸長していった。その後南方のゴム園を植民地支配できなかったアメリカやドイツを中心に合成ゴム開発の競争が続き，1930年代となってカロザースの発明によるデュポン社のクロロプレンゴム，あるいはドイツIG社のブナS（ブタジエン・スチレン共重合体），ブナN（ブタジエン・アクリロニトリル共重合体）が企業化された。現在ではスチレン・ブタジエン共重合体のゴム（SBR）が主流となっている。

高分子物質がゴム弾性を示すエラストマー（elastomer）となるためには，外力に対してすばやく変形するために分子間の凝集力が低いこと，外力が除かれたときもとに回復するためには変形に制限を加える必要があり，そのためゆるく架橋していること，さらに伸長された場合強い強度を示すために伸長によって分子鎖がそろい結晶度が上ることなど，かなり複雑な条件が必要となる。ただし，ゴム弾性があってもさらに耐熱性，耐寒性，耐摩耗性，耐水性，耐光性，気体透過性などの諸物性が合格しないと工業材料としては使用できない。

(2) 再生繊維と合成繊維

木綿や絹，羊毛などの天然繊維に代わって人工的に繊維をつくろうとする試みは19世紀後半以来続けられている。まずパルプとして容易に手に入るセルロースを糸とする方法が研究された。パルプは部分的に結晶性で，これを糸とするには延伸紡糸して結晶性を高めなければならない。そのためにセルロースを可溶化する方法が考えだされ，1884年にニトロ化したセルロースをアルコール・エーテルに溶解する方法，1898年にアンモニア性水酸化銅溶液に溶解するベンベルグ法，1906年にカセイソーダと二硫化炭素でキサントゲン酸塩とするビスコース法がそれぞれ企業化された。このようにして得られたセルロースを再生した繊維は「レーヨン」と名付けられた。

合成繊維としては，1930年代に開発された縮合重合によるポリアミド（「ナイロン」）とポリエステルが代表的である。これらは加熱して熔融紡糸することができ結晶性がよく強い繊維となる。このほかアクリル繊維はアクリロニトリルを主なモノマー成分とする共重合体をジメチルホルムアミド（DMF）あるいは硝酸に溶かして紡糸する。とくに硝酸に溶かして湿式紡糸する方法はわが国の独創的な技術で，その製品は「カシミロン」と名付けられている。さらに水溶性のポリビニルアルコールをアセタール化して不溶化することに成功したのは，1939年，桜田一郎を中心とするグループで，この繊維は「ビニロン」とよばれている。ポリビニルアルコールの非晶性の部分の水酸基がアセタール化されるため耐水性となり，かつ結晶性は保持して強度が保たれると考えられている。

繊維として使用されるために必要な特性としては，強度，染色性，難燃性，吸湿性，さらには風合い，感触といったことなどが重要となる。繊維強度を高めるには分子が配向し，結晶性がよく，分子間力が強く，さらに分子量分布が高い方に偏っている方がよい。したがって繊維となりやすい高分子は，極性官能基をもつものが多い。

(3) プラスチック

19世紀において材料となる高分子物質は，いずれも天然物で天然ゴムとセルロースであった。先に述べたように天然ゴムの加硫は1839年に発明されたが，その4年後ゴムには多量の硫黄（30%前後）を加えると，ゴム弾性が失なわれ「エボナイト」という樹脂になることが見いだされた。一方，1868年にはニトロセルロースに可塑剤として樟脳（カンファー）を加えて150～200℃に加熱して圧力をかけると成形できることが発見された。これが「セルロイド」である。さらにビスコースから再生されたセルロースのフィルムに柔軟剤としてグリセリンを吸収させて「セロファン」をつくる方法が1908年に発明されている。

合成樹脂のはしりは，フェノール・ホルムアルデヒド樹脂で，一度中間生成物（レゾールという）とし，加熱加圧によって不融不溶性にする方法が，1907年ベルギーのベークランドによって特許がとられ，「ベークライト」として商品化された（レゾールとは別のノボラックと分類されるフェノール・ホルムアルデヒド樹脂も広く用いられている）。その後尿素・ホルムアルデヒド樹脂など熱硬化性樹脂を中心に開発されたが，1920年代末になってポリスチレン，ポリメタクリル酸メチル（「有機ガラス」），次いでポリ塩化ビニル（PVC）といった熱可塑性樹脂（plastics）の製造が企業化された。その後，大量に製造されている樹脂は熱可塑性のものが大部分なので，一般に合成樹脂のことをプラスチックとよぶようになった。

現在，プラスチックあるいはフィルムとして最も汎用されているポリエチレン（PE）は，少し遅れて1942年になって工業的規模の高圧法プラントが操業された。例えば170℃，2000気圧といった苛酷な条件にしないとエチレンが重合せず，当時そのような条件に耐える装置の開発に非常な努力がなされた。その後1953年にチーグラーによって常圧で重合でき結晶性のよいポリエチレンを与える触媒が見いだされた。この方法によるポリエチレンは結晶性がよいため硬さ，強度，耐熱性などに優れている。前者を高圧ポリエチレン（低密度ポリエチレン）というのに対して，後者を低圧ポリエチレン（高密度ポリエチレン）とよんで区別することもある。

PVC，PEにポリスチレン，ポリプロピレンを加えて4大汎用プラスチックとよんでいる。

24. 4　複合材料

鉄筋コンクリートと同じような発想で，引張り強度を高める目的でガラス繊維（次章で述べる炭素繊維も）などと複合化して強化した繊維補強プラスチック（FRP, fiber reinforced plasitics）が開発された。例えば，スキー板，テニスラケット，ボートのようなレジャー用品のほか，自動車，航空機，スペースシャトルなどの構造材料としてあらゆる産業分野で使用されている。

24. 5　エンジニアリングプラスチック

FRPの場合，引っ張り試験における切断は，繊維とプラスチックの界面のずれによるが，均一な高分子材料の場合には，高分子鎖自体の切断ではなく，実際には高分子鎖どうしの撚りがずれることによる。そこで，高分子鎖どうしがそろい，分子間の相互作用が強められる化学構造としたプラスチックが開発され，金属に匹敵するような機械的強度，耐久性を示すものが開発され，通称“エンジニアリング・プラスチック”と呼ばれている。軽くて腐食に耐えるという点では鉄などの金属より優れている。さらに近年では，機械的強度の面でも金属を上回る“スーパーエンジニアリング・プラスチック”あるいは液晶ポリマー（LCP : liquid crystal polymer）とも呼ばれるものも開発されている（扉写真）。その化学構造の一例を挙げると次式のように全芳香族ポリエステルで，平面構造をしている芳香環部分が液晶のように配列するので高い強度が得られると考えられている。

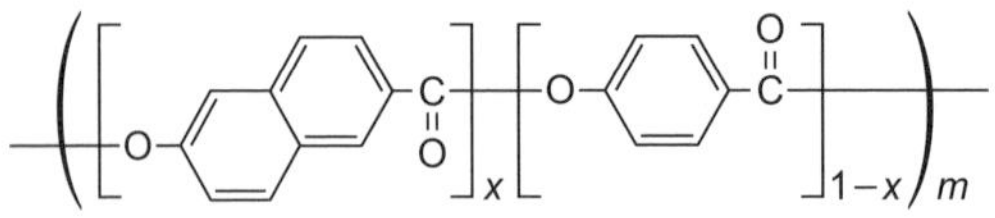

24. 6　機能性高分子材料

機能性材料という意味は，これまでの高分子材料が構造材料として考えられてきたのに対して，高分子の物質的特性を生かし外部からの刺激に対して応答する機能を持っているという先端的な材料といえる。その特性としては，物理化学的な特性に留まらず，生物化学的な特性も含まれたものも開発されている。高分子材料の機能とその応用分野の一例を表 23.1 に列挙する。

表 24.1　機能性高分子材料の機能と応用

機能性	応用例	機能性	応用例
導電性	エネルギー変換	選択透過性	分離膜
半導性	センサー	選択吸着性	水処理
イオン伝導性	電池	固定化（微生物）	バイオリアクター
イオン交換性	脱塩	固定化（酵素）	バイオセンサー
触媒作用	高分子触媒	生体適合性	医用高分子
光感応性	フォトレジスト	徐放性	医薬，農薬

調査考察課題

1. 高分子物質の分子量には分布がある。分子量分布の測定法について調べよ。
2. 汎用プラスチックに関して重合反応式と重合方法について調査せよ。
3. プラスチック製品についている識別マークについて調べ，それぞれどのように廃棄物回収しているか調査せよ。

グラフェン

2010 年のノーベル物理学賞は，「二次元グラフェン」の発見に与えられた。グラフェン（graphene）とは，多層構造として知られる黒鉛すなわちグラファイト（graphite）の単層シート（炭素原子 1 個分の厚さ，約 0.34 nm）のことである。2004 年にマンチェスター大学のガイムらにより実験室的に作り出された。その方法は，セロファンテープに張り付けてグラファイトの層を引きはがす操作を繰り返すという，誰にでもできるローテクであった。

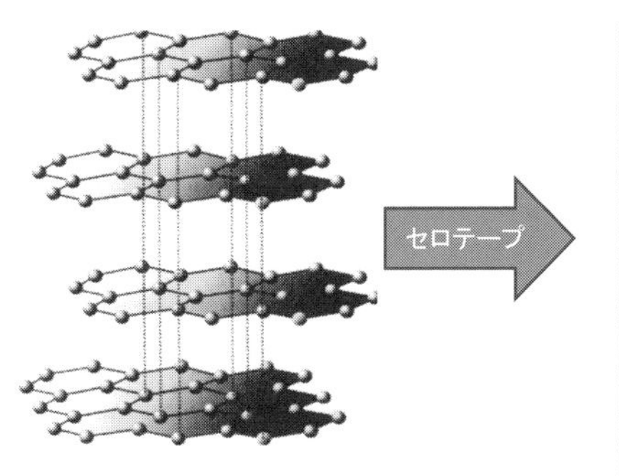

グラファイト　　　グラフェン

同じ炭素同素体であるダイヤモンドの炭素が全て sp^3 混成軌道である（8.3 参照）のに対して，グラフェンの炭素はすべて sp^2 混成軌道を形成している。そのため，1 原子分の厚さしかないシートであるにもかかわらず強度は強く，電気伝導性は驚異的に高い。

そのほか，特異的な性能が次々と見いだされ，次世代デバイスの中核的な機能材料としての応用研究が爆発的になされている。

25章　炭素材料

炭素と聞けば，木炭や煤(すす)を思い浮かべ，真っ黒になって汚れてしまう印象が強いのではないでしょうか。また，地球温暖化に関係して大気中の二酸化炭素濃度増加が問題視され，CO_2⇒炭素⇒悪⇒不必要，と連想する人もいるかもしれません。果たしてそうなのでしょうか？　じつは，原子番号6番，炭素は，他の元素と比肩できない多様性をもつ，マルチタレントといえるのです。その限りない可能性を秘めた炭素材料の未来を展望して見ましょう。

25.1　炭素材料の多様性

「古くて新しい炭素材料」。炭素材料について触れるとき，必ず取り上げられるフレーズである。炭素材料と人類との付き合いは，人類が火を手に入れた頃，焚き火の後に残った炭を手に洞窟や岩盤に絵を描いた頃にまで遡ることができるだろう。その後，炭の持つ調湿効果を使い，亡骸を大切に保存したり，炭を燃料としたり，煤を集めて水に溶かして文字や絵を描いたり，長い期間，牧歌的な付き合いをしてきた。しかし，電球のフィラメントに竹から作られた炭の繊維が使われるようになった頃から，その重要性が増してきた。現代で活躍する「炭」，すなわち炭素材料は，化学的な安定性，機械的強度，電気伝導性，熱的安定性などに優れ，人間社会のあらゆる場面（エネルギー，エレクトロニクス，産業生産部材，構造材，環境，バイオ・ライフサイエンスなど）で重用されて，20世紀の社会を支える技術に不可欠な存在となった。新しい姿の「炭」の発見は驚きと科学技術の飛躍的進歩をもたらし，私達はその恩恵を享受している。現代の「炭」達の活躍を，そして次世代の鍵を握る新しい「炭」の世界を覗いてみる。

特性を決定づけるもの　炭素材料の特性は，軽量，機械的強度，電気伝導性，化学的安定といえる。これに加えて，炭素の特性に中性子減速能がある。これらの特性が炭素材料が広範な用途を持つ理由なのである。

炭素原子の結合様式は直線的なsp混成，平面的なsp^2混成，三次元的なsp^3混成の3種類があり，それぞれの代表としてカルビン，黒鉛（グラファイト），ダイヤモンドがあり，フラーレンやカーボンナノチューブが同素体に加わった（7章参照）。

炭素は高圧条件下でダイヤモンドが安定であるが，1気圧のような低圧条件下では黒鉛が安定である。炭素材料は1気圧，3000℃近くで高温処理すると黒鉛を主体とする構造に変化するが，黒鉛の大きな結晶構造を得るのは極めて難しい。一般に炭素を大量に含む有機物を無酸素条件下で加熱処理していくと，熱分解過程で炭素以外の元素がなくなり（炭素化），芳香族縮合環（炭素六角網面）が積層し，成長して微細な黒鉛結晶（結晶子）が形成される。さらなる熱処理過程でこの結晶子が厚み，広がりを増すことで黒鉛に近い構造になる（黒鉛化）。

この熱処理過程に従って黒鉛結晶構造が発達しやすい炭素（易黒鉛化性炭素）と，3000℃近くで高温処理しても黒鉛のような平面構造が発達しない炭素（難黒鉛化性炭素）がある。

黒鉛結晶において，六角網面方向の電気伝導は，垂直方向と比較して1万倍よい。熱処理過程では六角網面方向には収縮するのに対し，垂直方向は膨張する。六角網面に平行な剪断に対して容易に変形するが，網面を断ち切る方向には非常に大きな力を要する。例えば，発達した黒鉛構造によるしなやかさで優れたガスケット（密閉状態を作るためのシーリング材）に用いられる。このように結晶子の大きさと配向状態，結晶子内の乱層構造の有無といった微視的な要素と，その他に細孔の有無と細孔構造などの炭素材料の構造や組織といった巨視的な要素がその物性を決定づけ，同時に炭素材料の多様性をもたらしている。

また，黒鉛は常温では多くの酸や塩基に耐え，高温ではガラス，石英，多くの熔融金属と反応しない化学的に極めて安定な物質である。しかし，濃硝酸のように強力な酸化力を持つ物質や，KOH など層間化合物を作る物質と反応し，高温では水素，窒素，ホウ素など異種元素と容易に反応する。これは短所ではなく，異種元素導入や化学的修飾に利用できる長所と言える。

生体組織との接着性や生物個体の親和性が極めて高いことも炭素材料の特徴である。

25.2 活躍する炭素材料

(1) 炭素繊維

製　造　炭素繊維（carbon fiber，扉写真）はほとんどが炭素で構成されている，微細な黒鉛結晶構造をもつ繊維状の炭素物質である。炭素繊維は，衣料製品として馴染み深いアクリル樹脂や石油ピッチ，石炭ピッチ等の有機物を繊維化し，特殊な熱処理工程を経て製造される。

現在工業的に生産されている炭素繊維は，PAN 系，ピッチ系およびレーヨン系と原料によって大きく 3 つに分類される。このうち，ポリアクリロニトリル繊維（PAN）を原料とする PAN 系炭素繊維は，1961 年わが国の進藤昭男によって初めて作り出された。その生産量および使用量は日本が最大である。PAN 系炭素繊維は高強度・高弾性率の性質をもち，後述のように航空宇宙や産業分野の構造材料向け，スポーツ・レジャー分野など広範囲な用途に使われている。出発原料に，コールタールまたは石油重質分を用いたピッチ繊維を炭素化して得られるものをピッチ系炭素繊維といい，製造条件により，低弾性率から超高弾性率・高強度と様々に性質を制御できる。超高弾性率であれば，高剛性用途のほか，優れた熱伝導率や導電性を活かす用途がある。

わが国の炭素繊維の商業生産は 1970 年代初期から PAN 系とピッチ系（等方性）から始まり，80 年代後期から異方性ピッチ系炭素繊維が加わり，現在では日本の炭素繊維生産は品質，生産量共に世界一の実績を誇っている。

特長と用途　「軽く，強く，腐食しない」炭素繊維の特長は，炭素材料としての特徴（低密度，低熱膨張率，耐熱性，化学的安定性，自己潤滑性など）と，機械的性能（高比強度，高比弾性率）を最大限に活かした材料であり，様々な用途に幅広く用いられている。

炭素繊維の機械的性質は繊維軸方向に結晶子がどのように配向しているが大きく影響する。繊維軸に結晶子の六角網面が配向していると引っ張り強度に優れ，大きな結晶子が配向していると剛直で曲げにくい優れた弾性率を持つ炭素繊維が得られる。

炭素繊維は他の材料との複合化が容易であり，これが広範な利用を可能にしている。異なる材料を会わせる相乗効果による飛躍的な性能向上が期待できる。その代表格が炭素繊維強化熱硬化性プラスチック（CFRP : carbon fiber reinforced plastics）である。ほかにも，樹脂・セラミックス・金属などを母材とする複合材料の強化および機能性付与材料があげられる。

航空機はその用途に応じた様々な型式があるが，いずれにおいても軽量化と高性能化への要求から様々な複合材料が使われている。CFRP が最初に民間航空機に採用されたのは，ボーイング社の B757 や B767 の方向舵であり，その後昇降舵や二次構造材に拡大した。B777 では，垂直・水平尾翼安定板などの，損傷許容性が重視される一次構造材として高靭性 CFRP が使用されている。最新鋭の B787 では CFRP が 35 t 使用され，機体重量の半分を占めている。軽量化による燃費向上で，地球温暖化防止への貢献だけでなく，航続距離延長と言った経済性，耐腐食性向上により客室内環境の改善に繋がっている。CFRP は他にもロケットや人工衛星の構造材として宇宙開発を支えている。環境技術として注目される風力発電用風車の大型ブレードにも CFRP が用いられている。

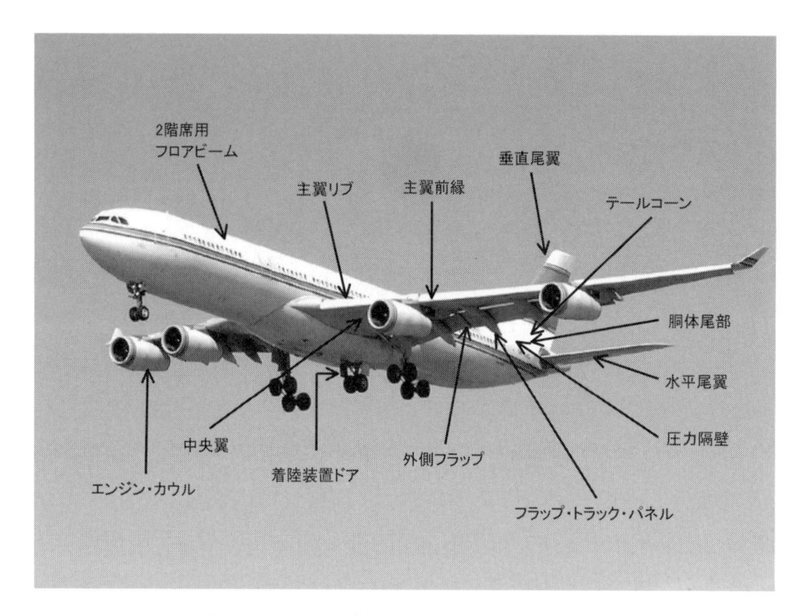

図 25.1　CFRP が使われている航空機の部位

自動車産業においても環境に優しく低燃費化は重要な戦略であり，軽量化を目的として車体の構造部品に CFRP を採用している。また，温暖化対策等の環境対策が不可避である現在，天然ガス自動車搭載用の圧縮天然ガス（CNG）タンクや環境技術の切り札と期待される燃料電池自動車搭載用の水素タンクには炭素繊維が使用されている。軽量で高圧に耐えうる圧縮ガスタンクはアルミやプラスチックでできたタンクに炭素繊維を巻きつけて補強してある。

軽量で高比強度，高比弾性率という炭素繊維の特長は，スポーツシーンで遺憾なく発揮される。釣り竿ではしなやかで強く，微妙な手応え（ひき）をも伝えることができる。テニスラケットのフレームはフレーム変形や衝撃吸収，タッチの向上，軽量化に伴うプレーヤーへの負担軽減も重要である。ゴルフクラブのシャフト，マリンスポーツ用の船体やマスト，ウィンタースポーツ用具などにも，丈夫であること，スピードアップが図れることから利用が拡大している。

炭素繊維は導電性を持つので，短く裁断した炭素繊維をプラスチックに添加し複合体（コンパウンド）にして,エレクトロニクス機器の筐体などに静電気防止や電磁波遮蔽機能を付与したり，軽量化や薄肉化したりすることができる。

また，炭素の熱的安定性を利用して，炭素繊維成型物や炭素繊維のフェルトは断熱材に使用する。例えば，不活性雰囲気下で黒鉛成型体に大電流（5 V，300 A 程度）を流し，黒鉛成型体自身が発熱して3000℃付近で高温処理が可能になるが，この断熱材に炭素繊維成型体が用いられている。アスベストは安価で安定な断熱効果に優れて重用されたが，その発ガン性のため現在は使用禁止となった。このため，炭素繊維がその代替品として注目されている。

(2) 等方性炭素材料

材料に電流を流すとき，電流が流れにくい，つまり抵抗の大きいところは発熱して温度が上昇する。炭素材料の場合，それを構成する，炭素の結晶子の六角網面に平行な方向は，素直方向に比較して電流が流れやすい。結晶子が配向している場合，つまり異方性（anisotropy）がある場合，電流の流れに偏りができ，炭素材料内部の温度分布が不均一である。また，結晶子には熱的な膨張収縮に異方性があり，熱的衝撃による劣化の原因になる。このように，炭素材料の用途によっては，結晶子が配向していない方がむしろ都合がよい場合もある。高密度等方性（isotropy）炭素材料は炭素の結晶子が配向しないように製造された，緻密で機械的強度のある炭素材料である。

高密度等方性炭素材料は，例えば，人造黒鉛電極，放電加工用電極，ヒータなど，大電流を必要とする用途に利用されている。また，導電性に優れ，摺動部材（ものが滑って動く場所の部品）として低摩擦で低摩耗性にも優れるので，モータ用ブラシやパンタグラフの摺り板に用いられる。

原子力発電では，ウラン235の核分裂が連続的に繰り返されることで，安定的供給される熱エネルギーで水蒸気を作り，蒸気タービンを稼働させ，発電している。しかし，ウラン235の核分裂で生じた中性子は非常に高速で，そのままでは次の核分裂を引き起こすことができず，核分裂が連鎖的に起こらない。そこで炭素原子によって，核分裂で生じた高速中性子を減速させ，減速された中性子が別のウラン235に衝突して，次の核分裂をおこすことができる。この中性子減速のために，高密度等方性炭素材料が原子炉用黒鉛として利用されている。

(3) 多孔質炭素材料

炭素材料の特性を決める要因の1つに，非常に小さい空隙（細孔）がどのように発達しているか，すなわち細孔構造がある。数多くの細孔を持つ炭素材料は，多孔質炭素材料，一般には活性炭（active carbon）とよばれる。

多孔質炭素材料の性能は，細孔の大きさ，その分布，細孔の成り立ち，表面の化学的性質などの細孔構造によって決まる。細孔は大きさによって，ミクロ孔（2 nm 以下），メソ孔（2～50 nm），マクロ孔（50 nm 以上）に分類されている。性能評価の1つに表面積があり，表面に吸着できる物質量を推し量る尺度になる。一般に，ミクロ孔を多く持つ多孔質炭素材料は表面積が大きく，物質を多く吸着でき，吸収な吸着剤として用いることができる。

多孔質炭素材料の例としては，ヤシ殻や果実種などの有機廃棄物を原料とする粒状活性炭や，炭素繊維に大量のミクロ孔を導入した活性炭素繊維がある。粒状活性炭は悪臭除去や水道水の浄化，身近なところでは使い捨てカイロの内容物に使われている。安価であることから，気体分離精製のように大量に用いる工業的用途に用いられる。一方，活性炭素繊維は迅速な吸着が可能であるが比較的高価であることから，大量に使用する用途には向いてない。少量かつ短時間で効果的な吸着・除去が要求される家庭用浄水器，空気清浄機，防毒マスクなどに使われている。

他には電気二重層キャパシタの電極や，溶剤回収装置などの高度な用途に利用されている。さらに，燃料電池やリチウムイオン電池など，将来のエネルギー利用を支える電極材としての研究開発が盛んに行われている。

(4) カーボンブラック

カーボンブラックは油やガスの不完全燃焼により得られる炭素微粒子で，カーボンブラックに近い煤（すす）として古来より文字を書くために使用されてきた。カーボンブラックは表面酸化処理で疎水性から親水性まで制御され，様々な溶剤中に分散できる。

カーボンブラックの特長は紫外線吸収能と安定した導電性であり，高い着色力と熱的安定性により広範な用途がある。樹脂やゴム製品に少量添加するだけで，優れた紫外線劣化防止効果が得られる。このため，タイヤなどの長期間耐用が要求される自動車部材や電線被覆材に配合されている。また，ディスプレイ用部材や磁気記録部材など電子機器の用途の他に，プラスチック，フィルム，弾性高分子，塗料，接着剤などの導電性フィラーや静電気防止剤として添加されている。印刷用インクなどの着色剤，インクジェットインクやトナー用の黒色顔料としても，カーボンブラックが使われている。

25.3　未来社会と炭素材料

(1) 新たなカーボンファミリー，ナノカーボン類

現在，ナノカーボン類と総称される，ナノからミクロンオーダーの構造を持つ新規物質がその形状と潜在用途から最も注目集めている。特に繊維状ナノカーボン類（カーボンナノチューブやヘリングボーン型カーボンナノファイバー，カーボンナノコイル，カーボンナノホーン等）は，日々新しい発見・研究・開発が連続して行われている。

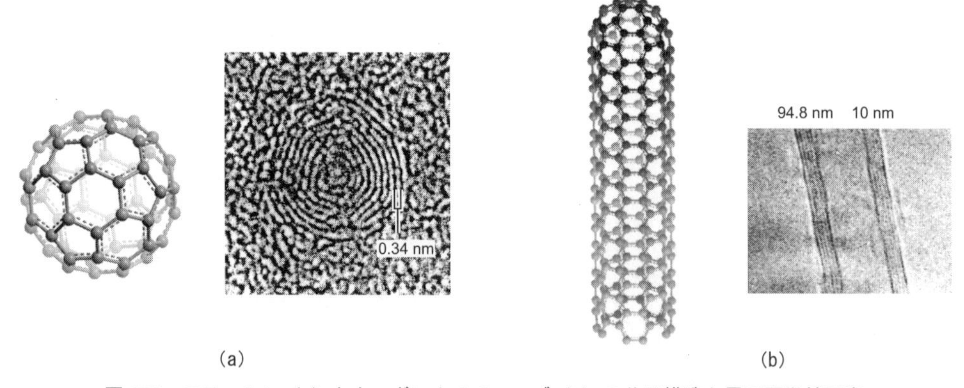

図 25.2　フラーレン（a）とカーボンナノチューブ（b）の分子構造と電子顕微鏡写真

フラーレンは1985年に新たな炭素の同素体として，炭素原子60個からなるサッカーボール状（切頂二十面体）の美しい構造を持ち，驚きとともに発見された。フラーレンの分子性結晶にアルカリ金属などがインターカーレションした物質は超伝導を示すものがある。サッカーボール骨格内に金属原子を包み込んだ内包フラーレンや，表面処理によって水溶性にしたフラーレンもある。MRI造影剤，ドラッグデリバリーシステム担体，HIVプロテアーゼ阻害剤，DNAの塩基識別と選択的切断能などへの応用が検討されている。

カーボンナノチューブは，1991年にわが国の飯島澄男がフラーレンの電子顕微鏡観察中に発見した炭素の同素体の1つである。黒鉛（グラファイト）を構成する炭素六角網面のシートが丸まってチューブ状になり，それが単層（チューブが一重である）あるいは多層（同軸状にチューブが重なっている）になった構造である。また，底が抜けた紙コップが積み重なったような構造のカップスタック型ナノチューブもある。チューブの太さはナノメートルオーダー，長さはその数千から数万倍にまでなる。

カーボンナノチューブの特長は驚異的な機械的強度，熱伝導性，電気伝導性を持つことである。引っ張り強度はダイヤモンドと同等かそれ以上で，どんなに強く曲げてもカーボンナノチューブがうねり構造をとりながら変形して破断せず，そして元のままに復元する。強くて，しなやかで柔軟性に富んでいる。熱伝導性は銅の10倍程度，高密度電流耐性は銅の1000倍程度である。密度はアルミニウムの約半分で，非常に軽量である。高温耐性，化学的安定性に優れている。「夢の新素材」と言うにふさわしい。また，カーボンナノチューブを構成するグラフェンシートの丸め方によって，良導体にも半導体にもなり，チューブ端が先鋭である。チューブ内部やチューブ間の空隙は分子サイズであり，優れた吸着材や物質を内包させる担体としても期待されている。非常にユニークな特長から，トランジスタ素子といった半導体や放熱体などの電子機器部品，低電力で超薄型高精細ディスプレイと言ったエレクトロニクス分野，小型燃料電池，水素の貯蔵媒体などのエネルギー利用分野，ドラッグデリバリシステム担体やバイオセンサーなどの医療・生体分野と，未来を担う技術への利用が活発に研究開発されている。

(2) 環境保全のための炭素材料

炭素材料の優れた生物親和性は，湖沼や河川の水質浄化，魚類ための人口藻場，人工漁礁に応用されている。例えば，炭素繊維の束を汚染された池に沈めたところ，炭素繊維へ大量の汚泥が付着する。炭素繊維素そのものに浄化機能があるのではなく，生物代謝の担体として機能した結果水質浄化に至る。この効果は海水中でも確認できる。安価で安全な方法として，海外での試行実験も行われている。

最後に，今後のエネルギー問題の決定打と目される再生可能エネルギーによる風力発電や太陽光発電，エネルギー利用段階の省エネルギー対策としての燃料電池やリチウムイオン電池，それらを支える技術のどこをとっても炭素材料が関与しない領域はない。今後の環境問題解決の鍵を握るのは炭素材料で，二酸化炭素排出量減少にはより多くの「炭素」が必要なのである。

調査考察課題

1. トーマス・エジソンの白熱球の発明（1879年）は有名であるが，彼は初めフィラメントとして炭素繊維を用いた。京都の孟宗竹で作った炭素が最もよかったという。発明王といわれるエジソンの化学的成果を数え上げてみよう。
2. 現在，諸君の身近にある炭素材料は何だろうか。鉛筆かな？鉛筆の芯の作り方を調べてみよう。ついでに，書道で用いる墨はどうやって作るのだろうか。
3. わが国で発明されたPAN系炭素繊維がポリアクリロニトリルからどのように製造されているか，その化学反応式を含めて調査せよ。
4. 1991年わが国で見出されたカーボンナノチューブは，さまざまな用途が考えられるようになりすでに工業的規模で製造されるようになった。期待されている用途と現在の製造法について調べよ。
5. 活性炭の表面積は1 g当たりで1500 m^2 以上にもなる。どのようにして表面積や細孔径を測定できるのか調べよ。

26章　無機材料

現代の人間生活を支えているかけがえのないものの１つに，無機材料があります。無機材料の構成元素は広範囲にわたっており，酸化物，炭化物，チッ化物，ホウ化物，ケイ化物などを形成して，多くの機能性材料をつくりあげています。一般的に，無機材料は融点，沸点が高く，また電気や熱の不良導体で，硬いがもろいという特徴があります。個々の材料の欠点は製造技術の向上などにより改善され，さらに付加価値が高く，多種多様な高機能性の無機材料が開発されています。本章では，代表的な無機材料に関する基本的な事柄を学びます。

26.1　ガラス

形を比較的容易に，そして自由に作ることができ，硬く，化学的耐久性に優れ，電気絶縁性をもち，しかも向こうが透けて見えるモノは，私たちにとって非常に便利で，魅力的であると誰もが思うであろう。その魅力的な特性を持っているのがガラスである。ガラスの歴史は非常に古く，石器時代における黒曜石（天然ガラス）の利用も含めれば，人類と共に歩んできたといえる。

構　造　不規則な配列をもつ液体の温度を融点付近まで下げ，構成粒子を規則正しく配列した固体が結晶である。このとき，再配列する速度よりも速く冷却し，液体状態に近い構造のまま固化してしまえばガラスとなる。どんな物質でも，無限大の速度で冷却すれば理論的にはガラスになる。逆に，ガラス化しやすい物質でも，極めてゆっくり冷却すれば結晶化する（図15.9参照）。

どのような物質がガラス化しやすいか考えてみよう。結晶化するための原子や分子あるいはイオンの移動や再配列がしにくい状態を想定してみる。このような状態とは，融点付近での液体の粘度が高い場合や，複雑な結晶構造を有する場合，さらに結合様式に分布がある場合である。結合様式に分布があると，融点付近で結合が一気に切れず，部分的に切れる。その結果，液体に切断された部分と固体的に結合した部分が共存し，粘性の高い状態を保ち，規則正しい再配列が困難となってガラス化する。

主成分が SiO_2 である物質はガラス化しやすく，その他網目構成体とよばれるP，B，Al，Geなどの元素は酸素と強く結合してガラスを作りやすい。また，石英ガラスに Na_2O を加えた場合，Na_2O により所々で連続網目構造が切断されるため，軟化点は低くなり，加工や成形がしやすくなるという利点が発生する。Na，Ca，K，Baなどは酸素との結合が弱く，その酸化物は網目構造を切断する作用をもつので網目修飾体とよばれる。

種　類　ガラスの種類は多彩で厳密に分類するのは困難であるが，一般的には次のように分類されている。

① ソーダ石灰シリカガラス（Na_2O-CaO-SiO_2）　板ガラスや容器ガラスなど大量に実用ガラスとして使用するため，容易にそして安価に製造される必要がある。そのためには，主成分の SiO_2 に修飾酸化物として Na_2O や CaO などを加えることにより溶融温度を下げ，製造に適した粘度に調整する必要がある。

硬質ソーダ石灰シリカガラスである板ガラスや容器ガラスでは，Na_2O-CaO-SiO_2 の一部を他の酸化物で置換しており，(Na, K)$_2$O-(Ca, Mg)O-Al_2O_3-SiO_2 のような組成となる。また，蛍光灯用の軟質ソーダ石灰シリカガラスの組成は，(Na, K)$_2$O-(Ca, Mg)O-(Al, B)$_2$O$_3$-SiO_2 である。これらの組成中の酸化物は次のような効果を発揮する。

CaO： Na_2O の混入による化学的耐久性の低下を改善する。

MgO：Na_2O-CaO-SiO_2 系ガラスの化学的耐久性および失透性を実用範囲内に納める。

K_2O： Na_2O との混合アルカリ効果により化学的耐久性が改善し，電気抵抗が増大し，さらに徐冷温度を低下することにより表面張力が減少する。また，液相温度が低下して失透を抑制される。

Al_2O_3：耐水性，耐酸性および耐アルカリ性を改善し，液相温度を低下させて結晶化を抑制する。

② 鉛ガラス（K_2O-PbO-SiO_2）　鉛ガラスは，クリスタルガラス，光学ガラスおよび放射線遮蔽用ガラスなどに用いられ，PbO の融剤効果によりアルカリ含有量を抑えることが可能で，電気抵抗の大きなガラスとなる。また，屈折率が大きいことも特徴の 1 つである。

③ ホウケイ酸塩ガラス（Na_2O-B_2O_3-SiO_2）　ホウケイ酸塩ガラスは熱膨張係数が小さく，耐熱性・耐食性が大きいため，耐熱ガラス・理化学用器具（耐熱ガラス）として用いられている。この他にも，アルカリ分を添加しないことにより耐食性や絶縁性を増したものを無アルカリガラス（R'O-Al_2O_3-SiO_2, R': 2 価金属元素）といい，電池の隔壁やガラス繊維などに使用される。

④ その他（特殊ガラス）　シリカガラス（SiO_2）は，網目形成酸化物単独の 1 成分ガラスの中で唯一の実用ガラスである。溶融に高温（2000℃以上）を要し，実用ガラスとしては高価であるが，化学的耐久性，耐熱性，耐熱衝撃性など優れており，特殊ガラスとして広く用いられている。高純度シリカガラスは，光ファイバーに利用され，光学ガラス，強化ガラス・安全ガラス，結晶化ガラス，感光性ガラス，多孔質ガラス，ガラス繊維，リン酸塩ガラスなど多彩な種類がある。

26.2 セメント

高層ビル，高架道路・鉄道の橋桁や土台などはコンクリートでできているものが大部分である。コンクリートは，セメント，砂，砂利と水とを混練りし，型枠内などで固めたものである。実際には，鉄筋などを内部に配した鉄筋コンクリートなどとして広く用いられている。セメントは安価で大量に製造することができ，しかもコンクリートなどとして使用した場合，長期にわたり高強度を保つ非常に有用な無機材料である。

セメントの歴史は古く，古代エジプト時代のピラミッド構築での使用（セッコウと石灰）にはじまる。そして 1824 年，イギリス人のアスプディンが原料の調合を工夫し，現在最も多く生産されているポルトランドセメントを発明した。わが国では，1875 年にポルトランドセメントの製造が開始された。その後，セメント製造技術の改善，品質の改良などがはかられ，種々の用途に適したさまざまなセメントがつくられるようになった。セメントは広義では接着剤という意味の材料であるが，狭義では無機質の接着剤を指し，大別して水硬性セメントと気硬性セメントに分類される。水硬性セメントは水中でも硬化したままの状態に保たれるセメントで，気硬性セメントは水中では崩壊し，大気中でのみ硬化可能なセメントである。

水硬性セメント：ポルトランドセメント，高炉セメント，シリカセメント，フライアッシュセメント，アルミナセメントなど

気硬性セメント：石灰，苦土石灰，セッコウ，マグネシアセメント，漆喰(しっくい)など

ポルトランドセメントの原料と製造法

ポルトランドセメントの主原料は石灰石，粘土，ケイ石および鉄くずなどの鉄原料である。また，仕上げ工程でセッコウを加える。ポルトランドセメントの製造は，乾式法と湿式法に大別されるが，近年は乾式法による製造が主である。製造工程は原料の調合，焼成，粉砕およびセッコウの添加，包装からなっている。焼成は最も重要な工程であり，以前はとっくりの形をしたとっくり窯を用いていたが，温度分布などのばらつきにより一定品質のものが得られなかった。近年は，回転窯（ロータリーキルン）を用い，品質の均一化が改善されるとともに，連続的な製造が可能となった。回転窯は鉄製大円筒状の内側に耐火れんがを張った焼成窯であり，3 ～ 4° 傾いた支持ローラー上に設置され，緩やかに回転している。原料調合物は上側の入り口から投入され，下側の出口より燃料を吹き込んで燃焼させる。原料調合物は，ロータリーキルン内を上側から下側へ回転移動するうちに焼成され，直径が 5 ～ 10 mm 程度の焼塊（クリンカー）となる。クリンカーは出口よりクーラー（空気急冷装置）に入り，室温付近まで急冷される。

ロータリーキルン内では，最高で約 1500℃の高温に達する。調合原料は脱水・脱炭酸反応後に 1000℃付近からビーライトが生成し始め，1200℃を超えるとアルミネート相やアルミノフェライト相の固溶体が生成する。1400℃以上でエーライトが生成するとともに，ビーライトは高温型の相になる。焼成後急冷するのは，ビーライトを高温型の β 相のまま安定化させるためである。クリンカーを徐冷した場合は，水硬性のない低温型のビーライト（γ 相）が生成する。急冷したクリンカーは，作業に適した凝結時間を保持するために凝結遅延効果のあるセッコウを添加し，微粉砕し製品とする。

その他のセメント

アルミナセメント：カルシウムアルミネートを主成分としたセメントで，寒冷地用あるいは耐火物用として使用される。初期強度は高いが，硬化物は水和物の結晶転移により強度劣化を起こす欠点がある。

膨張セメント：セメントの欠点の 1 つである収縮を防ぐ目的で開発され，無収縮性を利用したひび割れ発生防止の他，膨張により発生した応力の拘束により曲げ強度の改善を図る目的にも利用される。

油井・地熱井セメント：油井や地熱井などは高温・高圧・強酸性状態の場合が多いため，特殊な性質のセメントが要求される。油井セメントには，粉末度を大きくし，さらに凝結遅延剤を加えた耐硫酸塩セメントなどが用いられる。一方，地熱井セメントには，高温用凝結遅延剤を添加したものやフライアッシュを添加したセメントなどが用いられる。

26.3　陶　磁　器

陶磁器の歴史は人類が火を知ったときから始まる。陶器の利用は紀元前 15000 年ごろに始まり，粘土で形を作り，低温で焼成した有史以前の土器にはじまり，古代オリエントの陶器，ギリシャ・ローマや中国の陶器から炻（せっ）器，磁器へと進歩していく。わが国では，紀元前 3000 年ころの縄文式土器や弥生式土器からはじまり，400 年代中頃の陶器（須恵器），桃山時代の楽焼きや陶器（志野，織部，信楽，備前，唐津），江戸時代の磁器（有田，瀬戸）を経て，工芸や食器などとして盛んに製作された。

焼成方法は伝統的な穴窯や登窯から近代的なトンネル窯に変わり，製品の品質や焼成能力も向

上した。また，用途も多様化し，従来の食器や装飾品，工芸品を中心としたものから，ガイシや衛生陶器，タイルなど多岐にわたるようになった。現在では，従来の陶石，粘土，ケイ石などを原料とした伝統的な陶磁器のほかに，新しい無機物質を原料に用いた特殊磁器も製造されている。

種　類　陶磁器は素地（きじ）の組成と釉（ゆう）掛けの有無により，一般には次のように分類される。

土器：純度の低い粘土を原料とし，約800℃の比較的低温で焼成する。赤褐色に着色しているのが通例であり，多孔質で吸湿性が高い。（例）かわら，れんが，植木鉢など。

陶器：粘土に陶石などを加えた調合物を成型後，1000～1200℃で焼成する。素地は多孔質であるが，釉薬をほどこすことによって吸水性はなくなる。指先ではじくと濁音を発する。（例）食器類，台所用品，衛生陶器など。

炻器：陶器と磁器の中間に位置するもので，1200～1300℃で焼成する。素地は焼結が進んでち密度が高く，不透明で吸水性がなく，機械的強度も大で指先ではじくと金属音を発する。釉薬を用いない場合もある。（例）茶器，耐酸容器など。

磁器：原料には白色の粘土を用い，長石，石英などを加えた調合物を成型後，1300℃以上で焼成して釉薬を用いる。素地はガラス化した部分が多く，ち密で透明性がある。（例）高級食器，理化学用品，ガイシ，タイルなど。

特殊磁器：原料に粘土質を含まない鉱物あるいは人工原料を使用し，従来の一般陶磁器にはない特別の機能をもたせたものである。$MgO\text{-}Al_2O_3\text{-}SiO_2$ 系のコーディエライト磁器，$MgO\text{-}SiO_2$ 系の滑石磁器，$ZrO_2\text{-}SiO_2$ 系のジルコン磁器，Al_2O_3 からなるアルミナ磁器などがあり，低熱膨張性，誘電性，高周波絶縁性などの特性を有し，電気・電子用，耐熱用，理化学用などの特殊な用途に用いられる。

26.4　ファインセラミックス

近年，特殊な機能を持つセラミックスが必要とされてきている。このような新しいセラミックスは，従来からの伝統的なセラミックスと区別する意味でファインセラミックス（fine ceramics，ニューセラミックスともいう）と呼ばれ，非常に期待される無機材料の一分野である。ファインセラミックスは，セラミックスの中で，高純度の原料を用い精度良く製造されたものの総称である。すなわち，天然物質を精製して純度を高くした原料，あるいは人為的に合成された人工原料を使用し，化学組成を一定に保ち，よく制御された製造技術により製造・加工された優れた特性（機能性）をもったセラミックスのことである。用途は多岐にわたるため，使用される原料（化合物）の種類も多い。表26.1にファインセラミックスを分類した例を示す。なお，表中には複数の機能を兼ね備えたものもある。

また，図26.1には，人工股関節の人工骨頭に使用されているアルミナセラミックスを示す。アルミナセラミックスとは，アルミナ（Al_2O_3）を主成分とした焼結体である。

身近な一例として，ライターの圧電セラミックスを用いたガスライターの着火部の概要を図26.2に示す。チタン酸バリウム $BaTiO_3$ や PZT（$Pb(Ti,Zr)O_3$）などの圧電セラミックスに圧力を加えて変形させると，片面に正電圧，他面に負電圧が発生し，電極間にスパーク（電気火花）が飛んでガスに着火する。

表 26.1　ファインセラミックスの分類

機　能	物　質	用　途　例
電気的機能	Al_2O_3，BeO，$2MgO \cdot SiO_2$ $BaTiO_3$，$SrTiO_3$ $BaTiO_3$，PZT SiC，$BaTiO_3$，V_2O_5 系 ZnO-Bi_2O_3，SiC β-Al_2O_3，ZrO_2-CaO（15%）	IC 基板，ガイシ，点火プラグ コンデンサー 振動子，圧電着火素子 発熱体，サーミスター バリスター，電圧安定素子 固体電解質，酸素センサー
磁気的機能	Mn-Zn-フェライト Sr-フェライト	磁心，磁気テープヘッド 磁石
熱的機能	ThO_2，BeO，MgO 安定化 ZrO_2	特殊耐火物 耐火物
機械的機能	Si_3N_4，SiC TiC，B_4C，TiN，BN，Al_2O_3 SiC ホイスカー 部分安定化 ZrO_2	タービンブレード 切削具，チップ 複合材料強化材 機械部品，ナイフ
光学的機能	Al_2O_3，MgO，$Y_3Al_5O_{12}$ PLZT	光学窓材料，レーザー材料 電気光学材料
化学的機能	SnO_2，ZnO，NiO MgCrO-TiO Al_2O_3，コーディエライト Fe-Mn-Zn 化合物-アルミン酸石灰	ガスセンサー 温度センサー 触媒担体 触媒（臭気）
生体機能	Al_2O_3，アパタイト，リン酸塩ガラス	人工骨，人工歯根
原子力関連機能	UO_2，C，B_4C SiC，Li_2O	原子炉燃料，中性子減速材料 核融合炉材料

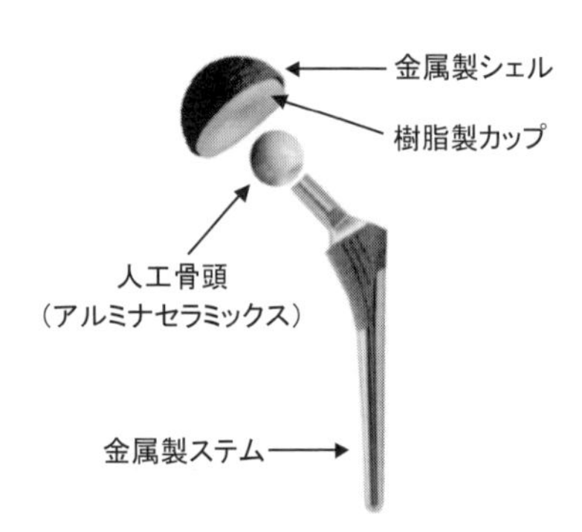

図 26.1　人工股関節に使用されているセラミックス

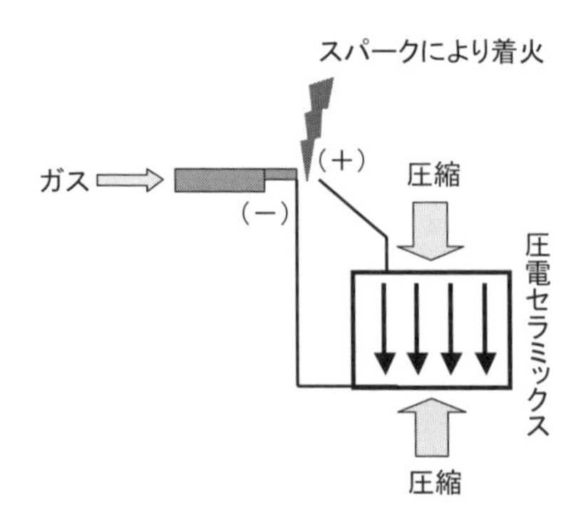

図 26.2　圧電発火素子によるライターの着火

調査考察課題

1. 液体を冷却するとき，ガラス状となるときと結晶化するときがあるのはどうしてか。冷却速度と関係があるのはどうしてだろうか。
2. ガラスの主成分はケイ酸である。どうして SiO_2 はガラス化しやすいのだろうか。構造的に考察せよ。
3. 古代エジプトなどそれ以前の遺跡が石灰岩などでできていたのに対して，ローマ時代の建造物は石灰岩を焼いて作った消石灰セメントによる造形的なものであった。セメントの歴史と文化について調査せよ。
4. 1824 年に発明されたポルトランドセメントはどうして水と混ぜると硬化するのだろうか。化学的に説明せよ。
5. 陶磁器製造で用いられる釉薬（うわぐすり）とはどのようなものか。化学的な組成とその役割について説明をせよ。

27章 電子材料

現代では携帯電話，パソコン，薄型テレビ，ICカードなどはごくありふれた道具として使われていますが，これらが広く普及したのは1990年代以降であり，君たちとともに育ってきたといえます。それ以前は，これらはSF小説，空想映画・漫画の世界に夢物語として登場するだけでした。このように電子情報機器が実用化され広く普及したのは，新しい機能をもった電子材料が次々と開発されてきたお蔭です。我々の生活を目に見えて豊かにしてくれている電子材料についてその一端を概観し，電子材料開発の最前線を垣間見ることにしましょう。

27.1　IC（集積回路）

1935年頃からアメリカのベル研究所でショックレーがプロジェクトリーダーとなり，真空管に代る機能性素子の開発研究が開始された。点接触ゲルマニウムトランジスタが発明され，荷電体の注入，pn接合，接合トランジスタへと発展し，1950年には理論的な形がまとまった。トランジスタの発明はエレクトロニクス時代の幕明けといえる。電信，電話などの通信方式，回路，電子計算機などの画期的な発展をもたらす基となったのである。結晶を利用したエレクトロニクスは固体電子工学として1つの重要な学問の分野である。

トランジスタを集積し，複合化したものがIC（Integrated Circuit）である。製造プロセスを化学的に見ると，まず天然の高純度のケイ砂やケイ石（成分SiO_2 99%以上）を原料として，電気炉中で炭素還元して単体シリコンを得て，これを揮発性化合物$HSiCl_3$や$SiCl_4$などに変換して精製した後，水素還元してIC用高純度シリコンを得る。高純度シリコンを溶融して高純度シリコン単結晶をつくり，これを薄い板状に切り出して単結晶板にする。単結晶板を適当な大きさに切り揃えたものをシリコンウェハーとよんでいる。このシリコンウェハー上にシランを酸素と混ぜて熱分解し堆積させる気相成長法などにより，SiO_2の薄膜またはSi_3N_4の薄膜など素子間の絶縁体や電導性金属薄膜を形成する。

この薄膜上に集積回路構成のための微細図形を形づくるプロセスがリソグラフィーとよばれる手法である。まず感光性樹脂または感電子性樹脂を塗布し，光あるいは電子線を用いて図形を画き，その樹脂膜を耐食マスクとして下地をエッチングする。樹脂膜はレジストとよばれ，ポリメタアクリル酸メチルやクロルメチル化ポリスチレンなどは電子線レジストの代表的なものである。これらの発光ターンに基づいて基板のシリコン内部にその電気的特性を制御するために，微少量の不純物元素を入れる。その方法はガス状不純物雰囲気で熱拡散させる方法が早くから用いられてきたが，イオン注入法に代りつつある。

半導体（semiconductor）には金属半導体，酸化物半導体，セラミックス半導体，有機高分子化合物半導体など多数の種類があり，その特性に応じてトンネルダイオード，発光ダイオード，ダイオードレーザー，強磁性体などを含め，多様な性質，用途をもっている。

27. 2　LED（発光ダイオード）

発光ダイオード（Light Emitting Diode，LED）は電圧をかけると発光する半導体素子であり，長寿命，高いエネルギー効率，低消費電力，小型，構造が簡単なため安価に大量生産が可能，などの長所を生かして，電光掲示板，信号機，ディスプレイ，各種照明などに応用されている。当初は，熱に弱い，高輝度にできない，発光波長が狭い範囲に限定されるため表現できる色が少ない，光の3原色が揃っていないためフルカラーにできない，などの難点があったが，新規の材料が開発され，これらの欠点も克服されつつあり，最近ではLEDを使った薄型テレビや大光量の自動車ヘッドランプも開発されている。

LEDには現在，表27.1のような半導体材料が用いられている。赤や緑のLEDは早い段階で開発されていたが，作成が困難で最後まで残っていた高輝度の青色LEDが1990年代に中村修二らの日本の研究者によって開発されて光の3原色（Red・Green・Blue，RGB）がようやく揃い，現在はフルカラー表示や白色LEDも可能になっている。

表27.1　LEDの材料

材　料	発光色
アルミニウムガリウムヒ素　AlGaAs	赤外線～赤
ガリウムヒ素リン　GaAsP	オレンジ～黄
窒化インジウムガリウム　InGaN	緑～青～紫～紫外
窒化ガリウム　GaN	緑～青～紫～紫外
窒化アルミニウムガリウム　AlGaN	緑～青～紫～紫外
リン化ガリウム　GaP	赤～黄～緑
セレン化亜鉛　ZnSe	緑～青
アルミニウムインジウムガリウムリン　AlGaInP	赤～黄～黄緑

27. 3　導電性高分子

有機高分子であるプラスチックは一般に電気を通さない絶縁体であることが常識であったが，1970年代に白川英樹らがポリアセチレン$(CH)_n$にハロゲンなどを添加することによって金属に迫る電気伝導性を示すようになることを発見し（2000年度ノーベル化学賞），この常識が覆されることになった。これを契機にして，高い電気伝導性を持つプラスチックである導電性高分子（conductive polymer）がその後各種開発され，近年では低温で超伝導を示す有機物質も合成されるようになってきている。導電性高分子は，その薄型・軽量・高い柔軟性の特徴を生かして，携帯電話の電池，有機ELディスプレイ，タッチパネル，太陽電池などの電子材料として使われ始めている。

表27.2　代表的な導電性高分子

物質名	化学式
ポリチオフェン	$(C_4H_2S)_n$
ポリアニリン	$[(C_6H_4NH\text{-}C_6H_4NH)_x(C_6H_4N\text{-}C_6H_4N)_y]_n$　$(x+y=1)$
ポリピロール	$(C_4H_3N)_n$
ポリフルオレン	$(C_{13}H_8)_n$
ポリパラフェニレンビニレン（PPV）	$(C_6H_4CHCH)_n$

27.4　有機EL（エレクトロルミネッセンス）

有機エレクトロルミネッセンス（Organic Electro-Luminescence，有機 EL）は，有機物質に電圧をかけたときに蛍光やリン光として発光する現象である。この有機 EL を使ったディスプレイや薄型テレビが注目を集めているのは，低電力で高い輝度を得ることができ，また視認性，応答速度，寿命，消費電力の点で非常に優れているからである。有機 EL に使われている有機材料はアントラセン $C_{14}H_{10}$ やアミノ基 NH_2- を 2 つ持つジアミン，有機金属錯体などであり，より高性能の大型有機 EL ディスプレイ開発に向けて使用する有機材料の試行錯誤・開発が進められている。上記の導電性高分子も有機 EL 用の材料として実用化に対する期待も大きく広がりをみせている。

27.5　太陽電池

時計や電卓など身の周りの電気製品の電源として，なじみ深い太陽電池は，光のエネルギーを直接電力に変換している。この光を電力に変える半導体素子を太陽電池と呼ぶ。光を照射すると電気が発生する現象は，19 世紀にフランスの物理学者 ベクレルによって報告された。その後，1954 年にアメリカのベル研究所で，シリコン太陽電池が開発され，太陽電池開発はシリコン結晶を主流として進められた。シリコン太陽電池は，光エネルギーを電力に変化する変換効率が高く，人工衛星の電源に使われるなど，宇宙開発に欠かせない電源であったが，製造コストが高く，大量生産の面で課題があり，一部の用途にしか利用されなかった。現在は，主流となっている多結晶シリコン太陽電池の他，さまざまな太陽電池が開発され，それぞれに対して，高効率化，低コスト化，耐久性の向上などがはかられ，用途が拡大している。最近では，光合成に似た発電メカニズムをもつ色素増感太陽電池や，シリコンのかわりに有機半導体を使った有機薄膜太陽電池などの開発も進められている。

太陽電池は，光を照射すると内部に電気が発生し，様々な機器の電源となることができるため，非常に便利であるが，一般に知られている乾電池と違い，電気を貯蔵する能力はない。その意味では，太陽電池は，光エネルギーを電気に変える変換装置なのである。ではどのようにして，光を電気に変えているのだろうか。

一般に，太陽電池は，n 型半導体と p 型半導体を組み合わせて作られる。シリコン半導体を例にとって説明すると，n 型半導体は，シリコン（Si）結晶にリン（P）原子などの不純物を加えることで，電子が過剰な状態になっている半導体である。この過剰な電子は，半導体中を自由に動き回ることができる。逆に，p 型半導体はシリコン結晶にホウ素（B）原子などを加えることで電子が不足した状態になった半導体である。電子が不足していることで，結晶中に電子が入っていない穴ができ，これを正孔（hole）と呼び，＋e の電荷をもつ仮想的な粒子と考える。正孔もまた，p 型半導体内を自由に動くことができる。この p 型半導体と n 型半導体を接合させ，pn 接合を形成すると，p 型半導体内の正孔は，n 型の方へ移動し，n 型半導体内の電子は，p 型の方へ移動することで，電子と正孔が衝突して消滅する（再結合）。すると pn 接合部に正の電荷を持つ層と，負の電荷を持つ層が形成される。この 2 つの層によって太陽電池に内部電界が発生する。

pn 接合半導体に光を照射すると，正孔と電子が発生し，発生した正孔と電子は，内部電界によって，正孔はp型側に，電子はn型側に集められpn接合間で電位差が生じる。そのため，p型側とn型側を導線でつなぐと電流が流れる（図27.1）。

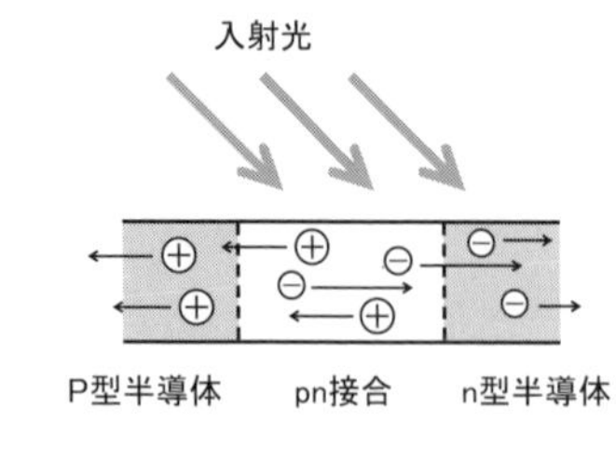

① 半導体に光を照射すると，正孔と電子が発生し，正孔はp型半導体側へ，電子はn型半導体側へ移動する。

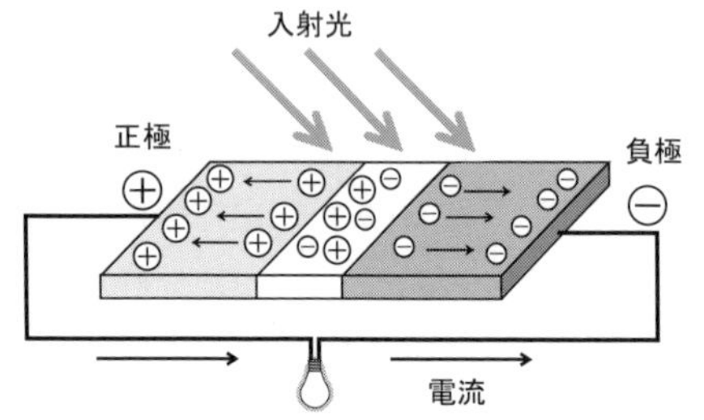

② 両電極を導線でつなぐと電流が流れる。

図27.1　太陽電池の発電の仕組み

調査考察課題

1. 液晶とはどのようなもので，液晶パネルの構造と原理を調査せよ。
2. 28.3で述べた，導電性高分子であるポリアセチレン（白川英樹，2000年度ノーベル化学賞，研究発表1977年）を電極として，1981年吉野彰らが開発したのが，現在スマホなどで使われているリチウムイオン二次電池である。その原理と特性を調べ，多用されている理由を述べよ。

索　引

さ　行

た　行

な　行

は　行

ま　行

や　行

ら　行

著者紹介（＊ 編著者）

有瀬忠紀（東海大学付属高輪台高等学校）（4，5 章）
伊藤眞人（創価大学）（3，6 章）
尾身洋典（千葉工業大学）（27 章）
河野博之（工学院大学）（6 章）
＊小林憲司（千葉工業大学）（1，7，8，10，17，18 章）
＊三五弘之（日本大学）（7，11，12，13，15，16 章）
清水昭夫（創価大学）（20 章）
菅野雅史（日本大学）（14，26 章）
高江洲瑩（武蔵中学校・高等学校）（18 章）
＊中村朝夫（芝浦工業大学）（17，18，19，20，21 章）
西山正樹（武蔵中学校・高等学校）（17 章）
半沢洋子（千葉工業大学）（25 章）
引地史郎（神奈川大学）（9，10 章）
＊南澤宏明（日本大学）（2，7，8 章）
米澤宣行（東京農工大学）（9，24 章）
＊山口達明（千葉工業大学）（1，2，3，4，5，6，22，23 章）
＊渡部智博（立教新座中学校・高等学校）（12，22，23 章）

（所属は初版時）

化学の世界への招待（第 3 版）

2009年 4 月15日　初　版第 1 刷発行
2018年 3 月20日　初　版第12刷発行
2019年 3 月31日　第 2 版第 1 刷発行
2023年 3 月10日　第 2 版第 5 刷発行
2024年 3 月20日　第 3 版第 1 刷発行

© 編著　山口達明 ほか
発行者　秀島　功
印刷者　荒木浩一

発行所　三共出版株式会社
郵便番号 101-0051
東京都千代田区神田神保町 3 の 2
振替 00110-9-1065
電話 03 3264-5711　FAX03 3265-5149
https://www.sankyoshuppan.co.jp/

一般社団法人 日本書籍出版協会・一般社団法人 自然科学書協会・工学書協会　会員

Printed in Japan　　印刷・製本　アイ・ピー・エス

ISBN 978-4-7827-0825-5

付表 1　基本物理定数の値

物理定数	記号	数値と単位	
真空中の光速度	c_0	$2.997\,924\,58\times10^{8}$	$\mathrm{m\,s^{-1}}$
真空の誘電率	$e_0=\mu_0{}^{-1}c_0{}^{-2}$	$8.854\,19\times10^{-12}$	$\mathrm{Fm^{-1}}$
真空中の透磁率	μ_0	$4\pi(=12.56637)\times10^{-7}$	$\mathrm{H\,m^{-1}\,(=N\,A^{-2})}$
重力定数	G	$6.672\,59\times10^{-11}$	$\mathrm{m^3\,kg^{-1}\,s^{-2}}$
自由落下の標準加速度	g_n	9.806 65	$\mathrm{m\,s^{-2}}$
電気素量	e	$1.602\,176\,634\times10^{-19}$	C
プランク定数	h	$6.626\,070\,15\times10^{-34}$	J s
アボガドロ定数	L, N_A	$6.022\,140\,76\times10^{23}$	$\mathrm{mol^{-1}}$
ファラデー定数	$F=N_A e$	$9.648\,533\,212\times10^{4}$	$\mathrm{C\,mol^{-1}}$
気体定数	R	8.314 47	$\mathrm{J\,K^{-1}\,mol^{-1}}$
絶対ゼロ度	T_0	−273.15	℃
ボルツマン定数	$k, k_B=R/N_A$	$1.380\,649\times10^{-23}$	$\mathrm{J\,K^{-1}}$
理想気体 (1.01325×10^5 Pa, 273.15K) のモル体積	V_0	22.413 996	$\mathrm{L\,mol^{-1}}$

付表 2　化合物名に用いられる数の接頭語[a]

数	和　語[b]	IUPAC[b,c]	数	和　語[b]	IUPAC[b,c]
1	モノ	mono	14	テトラデカ	tetradeca
2	ジ	di	15	ペンタデカ	pentadeca
3	トリ	tri	16	ヘキサデカ	hexadeca
4	テトラ	tetra	17	ヘプタデカ	heptadeca
5	ペンタ	penta	18	オクタデカ	octadeca
6	ヘキサ	hexa	19	ノナデカ	nonadeca
7	ヘプタ	hepta	20	イコサ	icosa
8	オクタ	octa	21	ヘンイコサ	henicosa
9	ノナ	nona	22	ドコサ	docosa
10	デカ	deca	30	トリアコンタ	triaconta
11	ウンデカ	undeca	40	テトラコンタ	tetraconta
12	ドデカ	dodeca	50	ペンタコンタ	pentaconta
13	トリデカ	trideca	60	ヘキサコンタ	hexaconta

a) ギリシャ語の数詞を語源とする。b) 国際純正及び応用化学連合。c) 錯塩を表記する場合には，数詞として 2：ビス，3：トリス，4：テトラキス，5：ペンタキスなどの語を用いる。